中国科学院大学研究生教材系列

国际环境公约履约及技术实践

陈　扬　刘俐媛　冯钦忠 等 编著

科学出版社

北　京

内 容 简 介

为了更好地普及环境外交和国际环境公约知识，本书设置了十章内容进行讲解，分别是"全球环境问题与国际环境管理""公约与议定书履约中的国际融资机制""《关于汞的水俣公约》""《关于持久性有机污染物的斯德哥尔摩公约》""《控制危险废物越境转移及其处置的巴塞尔公约》""《关于在国际贸易中对某些危险化学品和农药采用预先知情同意程序的鹿特丹公约》""《关于保护臭氧层的维也纳公约》和《关于消耗臭氧层物质的蒙特利尔议定书》""《联合国气候变化框架公约》及相关多边协定""《生物多样性公约》及相关多边协定""《联合国防治荒漠化公约》"。

本书适合高等学校环境科学、环境工程、资源与环境等相关专业本科生或研究生根据学习需要开展选择性教学和阅读，同时也可供从事国际环境公约履约及相关行业工作从业人员、管理人员阅读参考。

图书在版编目（CIP）数据

国际环境公约履约及技术实践 / 陈扬等编著. -- 北京：科学出版社，2025.4. --（中国科学院大学研究生教材系列）. -- ISBN 978-7-03-081754-9

Ⅰ.X

中国国家版本馆 CIP 数据核字第 2025X18K68 号

责任编辑：刘　冉 / 责任校对：杜子昂
责任印制：赵　博 / 封面设计：东方人华

科 学 出 版 社 出版
北京东黄城根北街 16 号
邮政编码：100717
http://www.sciencep.com
北京华宇信诺印刷有限公司印刷
科学出版社发行　各地新华书店经销

*

2025 年 4 月第 一 版　开本：720×1000　1/16
2025 年 7 月第二次印刷　印张：19 3/4
字数：400 000

定价：**120.00 元**
（如有印装质量问题，我社负责调换）

前　言

　　1972 年召开的联合国人类环境会议是国际环境外交的开端,此后相继制定的国际环境公约也在环境外交中起到了十分重要的作用。为了更好地普及环境外交和国际环境公约知识,本书设置了十章介绍这方面的知识,分别是"全球环境问题与国际环境管理""公约与议定书履约中的国际融资机制""《关于汞的水俣公约》""《关于持久性有机污染物的斯德哥尔摩公约》""《控制危险废物越境转移及其处置的巴塞尔公约》""《关于在国际贸易中对某些危险化学品和农药采用预先知情同意程序的鹿特丹公约》""《关于保护臭氧层的维也纳公约》和《关于消耗臭氧层物质的蒙特利尔议定书》""《联合国气候变化框架公约》及相关多边协定""《生物多样性公约》及相关多边协定""《联合国防治荒漠化公约》"。

　　本书适合高等学校环境科学、环境工程、资源与环境等相关专业本科生或研究生根据学习需要开展选择性教学和阅读,同时也可供从事国际环境公约履约及相关行业工作从业人员、管理人员阅读参考。我们在编撰过程中,一是力求全面介绍国际环境公约内容及履约活动,完整地反映研究共识,博采众家之长,充分借鉴履约案例,适当取舍综合,形成有中国特色的国际环境公约履约及技术实践书籍。二是较为全面地介绍中国在面向国际环境公约谈判及履约活动的负责任大国形象。三是根据在国际环境公约履约的活动实践,选取有代表性的案例供参考和借鉴。

　　本书是不同研究机构和高校团队紧密结合、分工协作的集体智慧结晶。第 1章由中国科学院大学的陈扬、冯钦忠、刘俐媛、王志斌等负责编写,第 2 章由北京科技大学的岳涛和中国科学院大学的冯钦忠、陈扬、刘俐媛等负责编写,第 3章由生态环境部对外合作与交流中心的邵丁丁、赵媚、钦兆森和中国科学院大学的陈扬、冯钦忠、刘俐媛等负责编写,第 4 章由生态环境部对外合作与交流中心的彭政、苏畅、姜晨，广西壮族自治区环境保护科学研究院的孙阳昭和中国科学院大学的陈扬、冯钦忠、刘俐媛等负责编写，第 5 章由清华大学的赵娜娜、董庆银、李影影和中国科学院大学的刘俐媛、陈扬、冯钦忠等负责编写，第 6 章由中国科学院大学的刘文彬、刘俐媛、陈扬、冯钦忠等负责编写，第 7 章由中国科学院大学的冯钦忠、陈扬、刘俐媛等负责编写，第 8 章由生态环境部对外合作与交流中心的郑文茹和中国科学院大学的刘俐媛、陈扬、冯钦忠等负责编写，第 9 章由中国科学院大学的陈扬、冯钦忠、刘俐媛等负责编写，第 10 章由中国科学院大学的刘俐媛、陈扬、冯钦忠等负责编写。同时也要感谢中国科学院大学的郭剑波、刘晗、张瑞琦、寸猛、尹智滨、刘桂莹、刘耀辉、刘晏均、白少轩、黄焱华、汪良、朱铭、李欣茹、孙雨润、王又丹、皮淑贤、李恒奕、智育博、李嘉欣、张佩雯为本教材提供的资料和做的文字校对工作。本书的出版获中国科学院大学教材出版中心资助。

国际环境公约的履约和谈判活动还在不断进行，本书难免有不当和疏漏之处，敬请读者批评指正，以便在今后再版时进行修订。当然，随着我国环境公约履约工作的推进，好的管理模式和先进技术将不断涌现，也确有及时修正完善的必要。

编著者

2025 年 2 月

目　　录

1　全球环境问题与国际环境管理

本章旨在了解全球环境问题的基本科学事实、起源和原理，掌握当今主要全球环境问题的国际应对进展、相关协定背景及要求、全球环境治理基本框架，熟悉中国在解决全球环境问题的对策和管理机制，了解应对全球环境问题的议事规则和立场。

1.1　全球环境问题

1.1.1　什么是全球环境问题

全球环境问题是指伴随着经济全球化产生的在全球范围内引发严重的生态和环境破坏，进而对经济社会发展产生长期而广泛的不利影响的一系列问题[1]。这些问题涉及超越单个主权国家的边界和管辖范围的环境污染和生态破坏。全球环境问题主要包括全球气候变化、化学品和废物管理、臭氧层破坏、生物多样性丧失、水资源危机与水污染、土地荒漠化、大气污染以及酸雨等，有全方位、大尺度、多层次、长时期、全球化、综合化、社会化、政治化等特点。

飞速发展的工业化时代同时造成了大量的环境污染，20 世纪 30～70 年代的 "八大公害" 事件（比利时马斯河烟雾事件、美国洛杉矶光化学烟雾事件、美国宾夕法尼亚州多诺拉镇烟雾事件、英国伦敦烟雾事件、日本熊本县水俣病事件、日本四日市哮喘病事件、日本爱知县米糠油事件、日本富山县骨痛病事件）对人类社会和生态环境都造成了巨大的伤害。其中，前四个事件均与烟雾污染密切相关[2-5]。

20 世纪 60 年代，全球范围内出现严重的环境恶化和生态失衡。同时，石油紧缺、粮食问题、气候变化、环境变迁和资源匮乏成为影响全球安全的重要环境问题。基辛格曾经说过："如果你控制了石油，你就控制了所有国家；如果你控制了粮食，你就控制了所有的人；如果你控制了货币，你就控制了整个世界。"1962 年出版的《寂静的春天》一书揭开了人类对全球环境问题探索的序篇。《寂静的春天》揭露了由滴滴涕（DDT）等有机氯农药引起的生态危机。半衰期 $t_{1/2}$ 长达 8 年、高生物富集性的 DDT 造成白头海雕几近灭绝。1987 年出版的《我们共同的未来》[6] 指出："尽管地球是独一无二的，但世界却是由多元的社会和国家构成的。在各自为生存与繁荣努力的同时，我们时常忽略了这些行动可能对其他国家带来的深远影响。"报告以"可持续发展"为基本纲领，提出了三个紧密相连的核心议题，即环境危机、能源危机与发展危机，它们相互交织，不可分割；同时，我们必须正视一个严峻的现实，那就是地球现有的资源和能源远远无法满足人类持续发展的需求[7]。联合国原秘书长科菲·安南曾指出"在人类的历史上没有任何危机像环境危机这样，如此清晰地展示国家之间的相互依存"[8]。

在上述背景下，1992 年 5 月联合国总部通过了《联合国气候变化框架公约》，并于 1994 年 3 月 21 日生效[9]。2007 年 12 月的联合国全球气候变化大会形成"巴厘岛路线图"，为人类应对气候变化指明了方向。联合国安全理事会将气候变化提升到了全球安全的高度。

国际上推动环境公约的内在动力起源于全球环境问题和影响，而后环境问题逐渐向重大国际关系问题演变。环境安全被纳入国家的基本利益范畴，具有举足轻重的影响。此外，发达国家利用其在南北格局中的既得优势，在国际环境事务中规避历史环境责任，强调发展中国家的环境义务，为发展中国家的发展增加了新的障碍。发达国家借助环境保护的名义，动辄干涉和指责发展中国家的生态环境问题，制造发展中国家生态威胁的国际舆论，也不利于发展中国家社会经济的健康发展。1997 年，因环境问题导致的阻碍，我国至少有 74 亿美元的出口商品面临困境[10]。

随着地球环境状况的恶化，人们的环境意识在不断提高，主要表现在发达国家保护生态环境的呼声及对工业集团的压力，以及发展中国家对环境与贫困互为因果的觉醒。全球环境问题需要国际合作共同行动，但不同国家对保护环境与发展经济关系认识仍然存在着巨大差异。全球环境问题不仅对地球生态系统本身带来显著的影响，而且对社会价值体系、世界政治格局甚至经济格局也产生深刻的影响。环境退化和资源短缺在世界许多地方促成暴力冲突。在未来几十年，日益加剧的环境压力，可能改变全球政治体系和经济格局的基础。

1.1.2 全球环境问题发展历程

1972 年 6 月在斯德哥尔摩召开的联合国人类环境会议通过了包含 109 项建议在内的行动计划，建议成立一个新的联合国机构（联合国环境规划署，UNEP，于 1973 年成立），并发表了人类环境宣言，确立每年 6 月 5 日为"世界环境日"。在此次会议上，中国代表团首次参与此类环境外交活动，亮相环境外交舞台。周恩来总理亲自组织代表团，并制定了我国环境保护的基本方针，包括全面规划、合理布局、综合利用、化害为利等原则。

20 世纪 70～80 年代全球环境继续恶化，主要表现在臭氧层破坏、气候变暖、生物多样性锐减、酸雨蔓延、固体废物污染、森林毁坏、土地荒漠化、大气污染、水质恶化、海洋污染等方面。在此背景下，1992 年，联合国环境与发展大会在巴西里约热内卢召开，178 个国家的代表参与其中，会议通过了一系列重要文件，包括《关于环境与发展的里约宣言》《21 世纪议程》《关于森林问题的原则声明》《联合国气候变化框架公约》《生物多样性公约》等[11]。此次大会的重要意义在于提出了"可持续发展"的全新发展理念，提升了全球环境保护意识，并推动了"南北对话"进程，其中《里约宣言》明确提出了各国应承担起"共同但有区别的责任"的原则，尤其强调了发达国家在推动全球可持续发展方面的关键作用[12]。2002 年 8 月 26 日至 9 月 4 日，于约翰内斯堡举行了世界可持续发展首脑会议，共有 192 个国家的代表参会。会议通过了《约翰内斯堡可持续发展宣言》和《世界可持续发展首脑会议实施计划》，进一步重申了"共同但有区别的责任"原则，并推动了国际社会在可持续发展议题上的政治意愿和社会力量的参与。

2012 年 6 月于里约热内卢召开了联合国可持续发展大会，来自 188 个国家的代表出席了此次会议，并通过了《我们憧憬的未来》文件，确认了"可持续发展和消除贫困背景下的绿色经济"及"促进可持续发展机制框架"两个主要议题。会议 LOGO 包含了可持续发展的三大方面——社会公平、经济增长和环境保护，这三方面互相联系、相辅相成。

1972 年 6 月召开的斯德哥尔摩联合国人类环境会议、1992 年在里约热内卢召开的联合国环境与发展大会、2002 年在约翰内斯堡召开的世界可持续发展首脑会议、2012 年在里约热内卢召开的联合国可持续发展大会，这四次会议可以称之为全球坏境治理的"四大里程碑"（图 1-1）。

2012
里约热内卢
联合国可持续发展大会

2002
约翰内斯堡
世界可持续发展首脑会议

1992
里约热内卢
联合国环境与发展大会

1972
斯德哥尔摩
联合国人类环境会议

图 1-1　全球环境治理的"四大里程碑"

针对全球环境问题的可持续发展目标，国际社会上也根据实际情况提出了具体的内容。在 2000 年 9 月的联合国首脑会议上，189 个国家签署了《联合国千年宣言》，共同通过了一项旨在到 2015 年将全球贫困水平减半（以 1990 年的水平为基准）的行动计划，即"联合国千年发展目标"（Millennium Development Goals，MDGs）。该计划共分 8 项具体目标，见表 1-1。

表 1-1　"联合国千年发展目标"具体内容[13-16]

发展目标	具体目标
消除极端贫穷和饥饿	• 1990～2015 年间，将每日收入低于 1.25 美元的人口比例减半 • 使所有人包括妇女和青年人都享有充分的生产就业和体面工作 • 1990～2015 年间，挨饿的人口比例减半
实现普及初等教育	• 确保到 2015 年，世界各地的儿童，不论男女，都能上完小学全部课程
促进两性平等并赋予妇女权利	• 争取到 2005 年消除小学教育和中学教育中的两性差距，最迟于 2015 年在各级教育中消除此种差距
降低儿童死亡率	• 1990～2015 年间，将五岁以下死亡率降低三分之二
改善产妇保健	• 1990～2015 年间，产妇死亡率降低四分之三 • 到 2015 年实现普遍享有生殖保健
与艾滋病、疟疾和其他疾病作斗争	• 到 2015 年遏制并开始扭转艾滋病毒/艾滋病的蔓延 • 到 2010 年向所有需要者普遍提供艾滋病毒/艾滋病治疗 • 到 2015 年遏制并开始扭转疟疾和其他主要疾病的发病率
确保环境的可持续能力	• 将可持续发展原则纳入国家政策和方案，并扭转环境资源的损失 • 减少生物多样性的丧失，到 2010 年显著降低丧失率 • 到 2015 年将无法持续获得安全饮用水和基本卫生设施的人口比例减半 • 到 2020 年使至少 1 亿贫民窟居民的生活明显改善
制定促进发展的全球伙伴关系	• 进一步发展开放的、有章可循的、可预测的、非歧视性的贸易和金融体制 • 满足最不发达国家的特殊需要 • 满足内陆国和小岛屿发展中国家的特殊需要 • 全面处理发展中国家的债务问题 • 与制药公司合作，在发展中国家提供负担得起的基本药物 • 与私营部门合作，普及新技术特别是信息和通信的利益

2015 年，在 MDGs 到期之后，联合国通过了可持续发展目标（Sustainable Development Goals，SDGs），涵盖 17 项具体目标（包括无贫穷，零饥饿，良好健康与福祉，优质教育，性别平等，清洁饮水和卫生设施，经济适用的清洁能源，体面工作和经济增长，产业、创新和基础设施，减少不平等，可持续城市和社区，负责任消费和生产，气候行动，水下生物，陆地生物，和平、正义与强大机构，促进目标实现的伙伴关系，见图 1-2），以继续指导 2015～2030 年的全球发展进程，旨在从社会、经济和环境三个维度全面解决发展问题，推动可持续发展[17-22]。

图 1-2　联合国 2030 可持续发展目标

1.2　全球环境治理机制

1.2.1　什么是全球环境治理机制

全球环境治理机制就是由相应的条约、协议、组织所形成的复杂网络；它是国际社会行为体（主要指主权国家和国际组织）在解决日益严峻的全球环境危机过程中建构起来的一系列制度化（正式和非正式）的组织机构、原则和程序，主要由结构主体、议题领域、作用渠道、原则规范、操控方式来构成和运作[23]。

全球环境治理机制包括组织机构、法律体系和资金构成三部分。全球环境治理机制的组织机构包括联合国系统和系统外组织，其中联合国系统包括联合国大会和经社理事会，联合国大会下又包括在环境领域有任务的专门组织或机构（如粮农、卫生、工业发展、教科文、气象、劳工、国际海事等）、含环境议程的专门机构（开发署、人居署、贸易和发展会议等）、联合国环境规划署及理事会等。系统外组织主要包括其他政府间组织和民间组织（图 1-3）。

联合国环境规划署，简称"环境署"，是联合国系统内负责全球环境事务的牵头部门和权威机构，环境署激发、提倡、教育和促进全球资源的合理利用并推动全球环境的可持续发展。1972 年 12 月 15 日，联合国大会作出建立环境规划署的决议。1973 年 1 月，作为联合国统筹全世界环保工作的组织，联合国环境规划署（United Nations Environment Programme，UNEP）正式成立。联合国环境规划署的使命是"激发、推动和促进各国及其人民在不损害子孙后代生活质量的前提

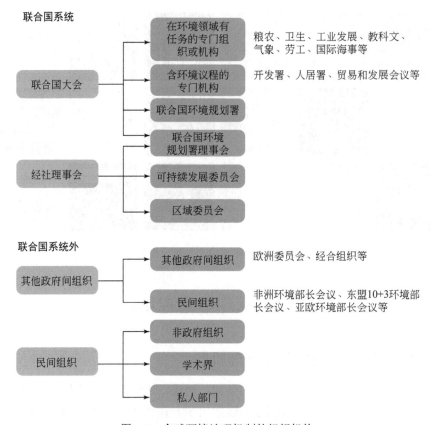

图 1-3 全球环境治理机制的组织机构

下提高自身生活质量，领导并推动各国建立保护环境的伙伴关系"。联合国环境规划署的任务是"作为全球环境的权威代言人行事，帮助各政府设定全球环境议程，以及促进在联合国系统内协调一致地实施可持续发展的环境层面"。联合国环境规划署的宗旨是：促进环境领域国际合作，并为此提出政策建议；在联合国系统内协调并指导环境规划；审查世界环境状况，以确保环境问题得到各国政府的重视；定期审查国家和国际环境政策和措施对发展中国家造成的影响；促进环境知识传播及信息交流。联合国环境规划署的主要职责是：贯彻执行环境规划理事会的各项决定；根据理事会的政策指导提出联合国环境活动的中、远期规划；制订、执行和协调各项环境方案的活动计划；向理事会提出审议的事项以及有关环境的报告；管理环境基金；就环境规划向联合国系统内的各政府机构提供咨询意见等。在国际社会和各国政府对全球环境状况及世界可持续发展前景愈加深切关注的 21 世纪，联合国环境规划署受到越来越高度的重视，并且正在发挥着不可替代的关键作用。联合国环境规划署的组织机构如图 1-4 所示。

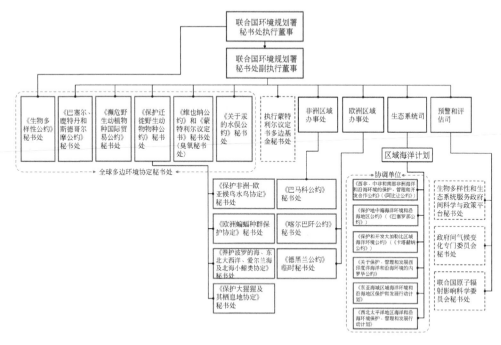

图 1-4 联合国环境规划署的组织机构

全球环境治理机制的法律体系包括 500 多个与环境有关的国际条约及其他约定，其中包括 300 多个区域性条约/协定和 100 多个全球性条约/协定。中国签署或加入的与环境有关的国际条约和约定且影响比较大的主要包括《控制危险废物越境转移及其处置的巴塞尔公约》（1990 年）、《关于保护臭氧层的维也纳公约》和《关于消耗臭氧层物质的蒙特利尔议定书》（1991 年）、《生物多样性公约》（1992 年）、《联合国气候变化框架公约》（1994 年）、《联合国防治荒漠化公约》（1995 年）、《关于在国际贸易中对某些危险化学品和农药采用预先知情同意程序的鹿特丹公约》（1999 年）、《关于持久性有机污染物的斯德哥尔摩公约》（2001 年）、《关于汞的水俣公约》（2013 年）等（图 1-5）。

图 1-5 中国签署的部分有关环境的国际条约标志

全球环境治理机制的资金机制包括与多边机制挂钩的资金机制（GEF、MP-MLF、GCF）、国际机构资金、官方发展援助（ODA）、各国国内自有资金和私营部门资金（图 1-6）。这部分内容会在第 2 章详细讲解。

图 1-6　全球环境治理机制的资金机制

1.2.2　"框架公约-议定书"模式

国际环境法以条约为主体。条约大多采用"框架公约+议定书+附件"的形式。

框架公约（framework convention）：一般是由缔约方经过多边谈判达成的有关解决某个环境问题的基本原则、宗旨和与多边环境协定相关的程序性规定列入一个框架公约，以国际条约的形式予以颁布，并开放签署，吸引大多数的国家参与其中。通常只作出原则性的规定，一般包括五大内容：目标、原则、机构、科研与信息交流、决策程序。

议定书：通常作为一个主条约的附属文件，用来说明、解释、补充或改变主条约的规定，规定缔约方具体的权利义务和保护措施。议定书具有独立性，是广义的国际条约的一种，通常包括具体的权利义务分配、资金机制、管制措施等。

附件：提出更详细的清单；通常由针对框架公约或议定书的一系列数据或列表组成，与框架公约或议定书一起构成完整的文本。这些数据或列表代表的可能是受控物质或缔约方的量化义务等。

"框架公约-议定书"模式的四个阶段包括：①识别问题，发现事实，设定议程；②对采取何种行动进行谈判、协商，并达成协议；③正式批准协议；④执行，监管，评价，强化。

框架公约方法的优势体现在：①以结构上的弹性应对科学不确定性和争取尽可能高的缔约国的普遍性；②克服主权与效率之间的内在矛盾；③体现出一种间接迂回的谈判策略。

框架公约方法的缺陷体现在：①容易导致冗长的谈判过程；②会强化寻找"最小公分母"条约的倾向；③有可能忽视科学技术的要求而屈从于政治需要；④容易为大国所支配；⑤上述内在缺陷决定了其实际效能有限。

1.2.3 国际公约的类型及管控要点

与环境保护相关的国际公约按照公约内容和目的可分为全球生物多样性、全球化学品和废物、全球气候变化等公约集群（图 1-7）。

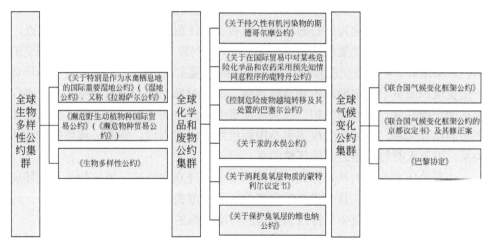

图 1-7 国际公约集群分类

1.3 环境外交与谈判

1.3.1 环境外交的定义、要素及特点

在过去的五十年中，国际环境协议的数量大幅增加。根据联合国环境规划署的最新估计，全球已签署了 500 多项国际公认的协议，其中包括 61 项与大气相关，155 项与生物多样性相关，179 项涉及化学品、有害物质和废物，46 项土地条约，以及 196 项与水资源问题相关的公约。如今，环境问题已成为全球规则制定中仅

次于贸易的主要领域。

随着经济全球化的加速，环境外交逐渐从国际关系的边缘跃升为中心，成为主流的外交形态。尽管环境外交的起源可以追溯到 1900 年召开的非洲动物保护国际会议，但现代环境外交真正兴起于 20 世纪 70 年代初。1972 年，在瑞典斯德哥尔摩召开的联合国人类环境会议上，110 多个国家的代表共同发表了《人类环境宣言》，标志着环境外交在短时间内成为国际关系中的重要议题之一。

"环境外交"一词于 1983 年在《环境外交：对美、加越境环境关系的回顾和展望》一书中首次明确提出。环境外交是指国际关系行为体（主要是国家）通过谈判和协商等外交方式来处理和协调环境领域国际关系的一切活动，其内容涵盖环境信息、人才、技术和资金的跨国合作，国际环境立法的谈判，国际环境条约的履行，以及国际环境纠纷的解决等[24, 25]。1992 年，联合国环境与发展大会在巴西里约热内卢召开，此次大会为环境外交的发展奠定了重要里程碑。进入 21 世纪以来，以气候变化为核心的环境议题和发展议题成为了环境外交的新焦点。

环境外交的三个要素包括主体、目的和调整对象[26]。主体指的是环境外交的承担或实施者。环境外交的目的是捍卫国家的环境主权（环境权），或者借助环境外交实现和服务于特定的政治和战略目标。调整对象则涉及国际环境关系，不仅包括因合理开发、利用和保护、改善环境资源所产生的主权国家之间、国家集团之间的相互关系，还包括主权国家与国际组织之间在人口、资源、环境等方面的关系，以及人类与自然之间的环境关系。

谈判是环境外交的基本方式，通过和平谈判建立和维护环境伙伴关系、环境事务的正常国际秩序，是人类文明发展到一定程度的有效形式。此外，交涉、沟通和访问也是环境外交中保持或调整国际环境关系的基本方式。

环境外交的现实基础可以分为直接和间接两个方面。直接现实基础指的是国际环境关系，包括国家间的竞争、冲突与合作等。随着全球环境问题的日益加剧，环境安全逐渐受到广泛关注，国际环境关系对全球政治与经济的影响也进一步加深。间接现实基础则包括全球化背景下的国际政治经济秩序、外交政策、法律法规等。此外，科学技术的快速发展与环境问题的跨界特性，增加了各国在环境外交中的相互依赖和矛盾。当前的南北差距格局预计仍将继续，发达国家将在国际秩序中保持主导地位，而发展中国家在环境外交中争取平等的话语权和影响力依旧面临挑战。环境外交还具有预防性、区域性、相对性和灵活性等特点（图 1-8）[27]。

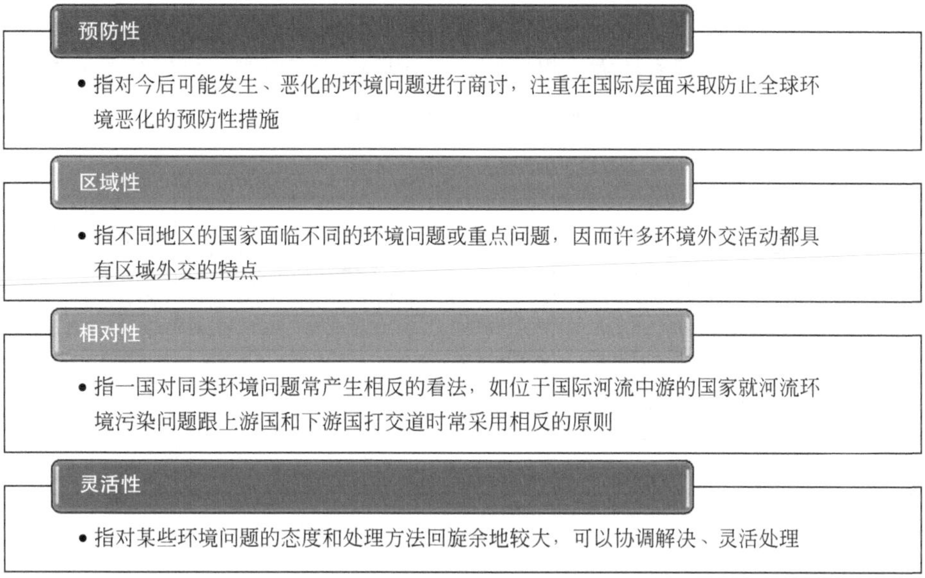

预防性

- 指对今后可能发生、恶化的环境问题进行商讨，注重在国际层面采取防止全球环境恶化的预防性措施

区域性

- 指不同地区的国家面临不同的环境问题或重点问题，因而许多环境外交活动都具有区域外交的特点

相对性

- 指一国对同类环境问题常产生相反的看法，如位于国际河流中游的国家就河流环境污染问题跟上游国和下游国打交道时常采用相反的原则

灵活性

- 指对某些环境问题的态度和处理方法回旋余地较大，可以协调解决、灵活处理

图 1-8　环境外交的特点

环境外交的客体是国际环境关系，是主权国家之间、国家集团之间在人口、资源、环境、发展等方面的相互关系。环境外交与传统外交既对立又统一。国际环境关系是环境外交的基础。环境外交的形式主要包括环境条约外交、环境争端外交、环境会议外交、环境民间外交以及相关国际合作等多种形式[28]。环境外交大致可以按主体、空间范围或主题进行分类，如图 1-9 所示。

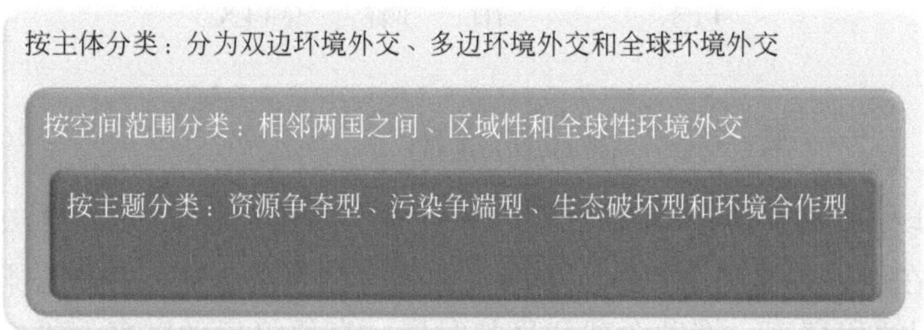

按主体分类：分为双边环境外交、多边环境外交和全球环境外交

按空间范围分类：相邻两国之间、区域性和全球性环境外交

按主题分类：资源争夺型、污染争端型、生态破坏型和环境合作型

图 1-9　环境外交的分类

1.3.2　环境外交的法律依据和指导原则

环境外交的法律依据主要包括《联合国宪章》、国际环境法、贸易和环境法则、国内有关外交及环境的法规等。《联合国宪章》明确提出了主权平等、和平解决国

际争端、互不使用武力、不干涉任何国家的内政与民族自决五项原则。环境外交的指导原则主要包括国家环境主权原则、国际环境合作原则、可持续发展原则、共有资源共享原则、国际环境损害责任原则（图 1-10）[29]。

国家环境主权原则	国际环境合作原则	可持续发展原则	共有资源共享原则	国际环境损害责任原则
国家环境权益是国际环境法的一个核心问题，是国家主权、发展权、政治经济权在国际环境保护领域的综合反映。维护国家的环境主权，是开展环境外交的首要任务和第一原则。	世界各国建立共识、广泛合作，是国际环境治理得以开展和进行的前提和出发点；广辟国际合作渠道、建立常态化的国际环境交流和协调机制，是国际环境治理的具体体现。	可持续发展在成为国际习惯法一项基本原则的同时，许多发达国家和新兴的工业化国家都将可持续发展原则确定为一项国家战略，予以贯彻和落实。	共有资源包括由两国或多国共同占有和使用的资源，如跨国性的河流、湖泊、公海海底矿藏、南极大陆、全球气候等。	国家负有保证在其管辖和控制范围内的活动不损害其管辖范围以外的国家和地区的环境的责任。

图 1-10　环境外交的指导原则[24, 25]

　　目前，针对环境保护的国际条约和其他协定已有 700 多项，涵盖了臭氧层保护、危险废物管理、气候变化和生物多样性等多个领域。与贸易相关的环境法规主要指世界贸易组织（WTO）中涉及环境问题的具体条款。随着"绿色壁垒"与"反绿色壁垒"之争的日益激烈，贸易自由化与环境保护之间的矛盾也逐渐加剧。此外，各国国内关于外交及环境保护的法规也是环境外交的重要法律基础。

1.4　"一带一路"倡议

1.4.1　"一带一路"倡议的提出

　　推动共建丝绸之路经济带和 21 世纪海上丝绸之路（以下简称"一带一路"），旨在促进共建国家的经济繁荣，加强区域经济合作，并增进不同文明之间的相互理解和交流，推动全球和平与发展。自倡议启动以来，"一带一路"建设展现出强大动力，多项重大工程及国际产能合作项目成功落地，显著推动了我国在国际上营造的有利发展环境[30]，中国与共建国家深化了多双边对话与合作，特别是在环境标准、技术和产业合作领域取得了显著进展。为了贯彻落实《推动共建丝绸之路经济带和 21 世纪海上丝绸之路的愿景与行动》（简称《愿景与行动》）、《"一带一路"生态环境保护规划》以及《关于推进绿色"一带一路"建设的指导意见》，中国环境保护部编制了《"一带一路"生态环境保护合作规划》，以进一步加强生态环境合作，促进绿色"一带一路"建设，发挥生态保护在服务、支撑和保障方面的作用。这一合作规划对于实现绿色发展具有重要意义（图 1-11）。

（1）生态环保合作是绿色"一带一路"建设的根本要求。	（2）生态环保合作是实现区域经济绿色转型的重要途径。	（2）生态环保合作是落实2030年可持续发展议程的重要举措。
中国高度重视绿色"一带一路"建设。中国国家主席习近平多次强调，要践行绿色发展理念，着力深化环保合作，加大生态环境保护力度，携手打造绿色丝绸之路。《愿景与行动》提出，在投资贸易中突出生态文明理念，加强生态环境、生物多样性和应对气候变化合作。推进生态环保合作是践行生态文明和绿色发展理念、提升"一带一路"建设绿色化水平、推动实现可持续发展和共同繁荣的根本要求。	"一带一路"共建国家多为发展中国家和新兴经济体，普遍面临工业化和城镇化带来的环境污染、生态退化等多重挑战，加快转型、推动绿色发展的呼声不断增强，中国和一些共建国家积极探索环境与经济协调发展模式，大力发展绿色经济，取得了一些成功经验。开展生态环保合作有利于促进共建国家生态环境保护能力建设，推动共建国家跨越传统发展路径，处理好经济发展和环境保护关系，最大限度减少生态环境影响，是实现区域经济绿色转型的重要途径。	绿色发展已成为世界各国发展的共识，联合国《2030年可持续发展议程》旨在共同提高全人类福祉，明确提出绿色发展与生态环保的具体目标，为未来十几年世界各国可持续发展和国际发展合作指引方向。"一带一路"生态环保合作将有力促进共建国家实现2030年可持续发展议程环境目标。

图 1-11 "一带一路"生态环境保护合作规划的重要意义

习近平主席多次在重大场合提出"一带一路"倡议的重要意义（图 1-12）。

1.4.2 "一带一路"倡议的总体要求

"一带一路"倡议的总体要求包括合作思路、基本原则和发展目标等内容（图 1-13）[26, 31-33]。

中国始终秉持绿色发展理念，发起系列绿色行动倡议，启动"一带一路"生态环保大数据服务平台（图 1-14）[30]。梳理了"一带一路"共建国家的生态环境状况，并重点就蒙古国、马来西亚、柬埔寨、菲律宾、伊拉克、以色列、阿曼等 24 个国家的环境要素开展分析，构建了"一带一路"共建国家生态环境评价体系，阐析了"一带一路"对外投资面临的生态环境挑战及潜在机遇，为对外投资和实施海外工程项目机构提供决策支持。

2013.9-10

2013年9月和10月，中国国家主席习近平在出访中亚和东南亚国家期间，先后提出共建"丝绸之路经济带"与"21世纪海上丝绸之路"的重大倡议，得到国际社会高度关注。

2015.3

2015年3月，国家发展改革委、外交部、商务部联合发布《推动共建丝绸之路经济带和21世纪海上丝绸之路的愿景与行动》，提出"在投资贸易中突出生态文明理念，加强生态环境、生物多样性和应对气候变化合作，共建绿色丝绸之路"。

2016.6

要着力深化环保合作，践行绿色发展理念，加大生态环境保护力度，携手打造"绿色丝绸之路"。
——习近平主席在乌兹别克斯坦最高会议立法院的演讲

2017.5

我们将设立生态环保大数据服务平台，倡议建立"一带一路"绿色发展国际联盟，并为相关国家应对气候变化提供援助。
——习近平主席在首届"一带一路"国际合作高峰论坛开幕式上的致辞

2018.8

过去几年共建"一带一路"完成了总体布局，绘就了一幅"大写意"。今后要聚焦重点、精雕细琢，共同绘制好精谨细腻的"工笔画"……要规范企业投资经营行为，合法合规经营，注意保护环境，履行社会责任，成为共建"一带一路"的形象大使。
——习近平主席在推进"一带一路"建设工作5周年座谈会上的讲话

2019.4

我们要坚持开放、绿色、廉洁理念，不搞封闭排他的小圈子，把绿色作为底色，推动绿色基础设施建设、绿色投资、绿色金融，保护好我们赖以生存的共同家园，坚持一切合作都在阳光下运作，共同以零容忍态度打击腐败。
——习近平主席在第二届"一带一路"国际合作高峰论坛开幕式上的致辞

2020.10

推动共建"一带一路"高质量发展。坚持共商共建共享原则，秉持绿色、开放、廉洁理念，深化务实合作，加强安全保障，促进共同发展。
——《中共中央关于制定国民经济和社会发展第十四个五年规划和二〇三五年远景目标的建议》

2021.4

完善"一带一路"绿色发展国际联盟、"一带一路"绿色投资原则等多边合作平台，让绿色切实成为共建"一带一路"的底色。
——习近平主席在博鳌亚洲论坛2021年年会开幕式上的主旨演讲

2021.9

中国将大力支持发展中国家能源绿色低碳发展，不再新建境外煤电项目。
——习近平主席在第76届联合国大会一般性辩论的重要讲话

2021.11

要支持发展中国家能源绿色低碳发展，推进绿色低碳发展信息共享和能力建设，深化生态环境和气候治理合作。
——习近平主席在第三次"一带一路"建设座谈会上的讲话

2022.4

中国将坚持高标准、可持续、惠民生的目标，积极推进高质量共建"一带一路"。
——习近平主席在博鳌亚洲论坛2022年年会开幕式上的主旨演讲

2023.10

中方将持续深化绿色基建、绿色能源、绿色交通等领域合作，加大对"一带一路"绿色发展国际联盟的支持，继续举办"一带一路"绿色创新大会，建设光伏产业对话交流机制和绿色低碳专家网络。
——习近平主席在第三届"一带一路"国际合作高峰论坛开幕式上的主旨演讲

图 1-12　习近平主席"一带一路"讲话节选

合作思路

牢固树立和贯彻落实创新、协调、绿色、开放、共享的发展理念，秉持和平合作、开放包容、互学互鉴、互利共赢的丝绸之路精神，坚持共商、共建、共享，以促进共同发展、实现共同繁荣为导向，有力有序有效地将绿色发展要求全面融入政策沟通、设施联通、贸易畅通、资金融通、民心相通中，构建多元主体参与的生态环保合作格局，提升"一带一路"共建国家生态环保合作水平，为实现《2030年可持续发展议程》环境目标作出贡献。

基本原则

理念先行，绿色引领。以生态文明和绿色发展理念引领"一带一路"建设，切实推进政策沟通、设施联通、贸易畅通、资金融通和民心相通的绿色化进程，提高绿色竞争力。共商共建，互利共赢。充分尊重共建国家发展需求，加强战略对接和政策沟通，推动达成生态环境保护共识，共同参与生态环保合作，打造利益共同体、责任共同体和命运共同体，促进经济发展与环境保护双赢。政府引导，多元参与。完善政策支撑，搭建合作平台，落实企业环境治理主体责任，动员全社会积极参与，发挥市场作用，形成政府引导、企业承担、社会参与的生态环保合作网络，统筹推进，示范带动，加强统一部署，选择重点地区和行业，稳步有序推进，及时总结经验和成效，以点带面，形成辐射效应，提升生态环保合作水平。

发展目标

到2025年，推进生态文明和绿色发展理念融入"一带一路"建设，夯实生态环保合作基础，形成生态环保合作良好格局。以六大经济走廊为合作重点，进一步完善生态环保合作平台建设，提高人员交流水平；制定落实一系列生态环保合作支持政策，加强生态环保信息支撑：在铁路、电力等重点领域树立一批优质产能绿色品牌；一批绿色金融工具应用于投资贸易项目，资金呈现向环境友好型产业流动趋势；建成一批环保产业合作示范基地、环境技术交流与转移基地、技术示范推广基地和科技园区等国际环境产业合作平台。
到2030年，推动《实现2030可持续发展议程》环境目标，深化生态环保合作领域，全面提升生态环保合作水平。深入拓展在环境污染治理、生态保护、核与辐射安全、生态环保科技创新等重点领域合作，绿色"一带一路"建设惠及沿线国家，生态环保服务、支撑、保障能力全面提升，共建绿色、繁荣与友谊的"一带一路"。

图 1-13　"一带一路"倡议的总体要求

图 1-14　"一带一路"生态环保大数据服务平台（www.greenbr.org.cn）

参 考 文 献

[1] 黄晶，李高，彭斯震. 当代全球环境问题的影响与我国科学技术应对策略思考[J]. 中国软科学, 2007(7): 79-86.

[2] 张榕. 从世界十大环境污染事件看环境污染后果及对策[J]. 当代化工研究, 2019(2): 6-8.

[3] 焦晶，李源，蒋彦鑫. 苏丹红事件始末[J]. 中国新时代, 2005(5): 34-39.

[4] 郭天配. 中国环境质量评价方法及实证研究[D]. 大连: 东北财经大学, 2010.

［5］雨辰, 龚常. 污染: 触目惊心的生态噩梦与环境灾难[J]. 上海城市管理, 2012, 21(1): 76-81.

［6］World Commission on Environment and Development (WCED). Report of the World Commission on Environment and Development: Our Common Future[M]. Oxford: Oxford University Press, 1987. https://sustainabledevelopment.un.org/content/documents/5987our- common-future. pdf.

［7］钱易. 努力实现生态优先、绿色发展.环境科学研究[N]. 2020-05-07.

［8］王辉. 全球化挑战与中国经济的转型[J]. 国际关系学院学报, 2009(5): 49-54.

［9］United Nations. Framework Convention on Climate Change[EB/OL]. https://unfccc.int/process-and-meetings/what-is-the-united-nations-framework-convention-on-climate-change. 1987-03-04.

［10］廖海蓉. 儒家义利观和企业家的社会责任[D]. 西宁: 青海师范大学, 2017.

［11］杨丽琴. 环境影响评价制度[J]. 金属世界, 1997(4): 16-19.

［12］唐洁. 论国际环境法中共同但有区别的责任[J]. 法制与社会, 2013(25): 18-19.

［13］联 合 国 . 千 年 发 展 目 标 [EB/OL]. https://www.un.org/zh/millenniumgoals/poverty.shtml. [2024-11-22].

［14］祁怀高. 联合国千年发展目标与中国发展理念的互动[J]. 国际关系学院学报, 2012(6): 51-61.

［15］王民, 蔚东英. 解读《联合国可持续发展教育十年纲领》[C]//联合国大学高等教育研究所, 国际地理联合会地理教育委员会, 中国地理学会, 北京师范大学, 北京市昌平区教育委员会. 可持续发展教育专业区域中心国际论坛论文集. 北京师范大学地理学院, 北京师范大学地理学院, 2007: 150-155.

［16］虞永平. 在疫情中重新认识学前教育可持续发展[J]. 学前教育研究, 2020(6): 3-8.

［17］童彤. 重申兑现可持续发展议程涉水目标决心[EB/OL]. 中国经济时报.(2018-03-28) [2024-05-23]. https://www.sohu.com/a/226534679_115495.

［18］李鲁冰. 基于生态系统服务价值的长三角城市群生态风险评价[D]. 上海: 上海师范大学, 2022.

［19］林卡. 社会福利、全球发展与全球社会政策[J]. 社会保障评论, 2017, 1(2): 16-29.

［20］张承晋. 联合国 SDGs 与我国家政学未来发展之思考[J]. 家政学研究, 2023(1): 12-29.

［21］UNEP. The 17 Goals[EB/OL]. The global goals.(2015-09-25)[2024-05-23]. http://www.globalgoals.org/.

［22］王佳宁. 中国启动联合国 17 个"可持续发展目标"推广活动[EB/OL]. 新华网.(2015-09-16) [2024-03-29]. http://www.xinhuanet.com//world/2015-09/16/c_1116585332.htm.

［23］蔺雪春. 全球环境治理机制与中国的参与[J]. 国际论坛, 2006(2): 39-43+80.

［24］冯海姣. 可持续发展原则在国际法院判决中的应用[J]. 法制博览(中旬刊), 2012(1): 32-33.

［25］黄政. 跨行政区域水污染的矛盾和冲突[C]//国家环境保护总局, 中国法学会环境资源法学研究会, 西北政法学院. 适应市场机制的环境法制建设问题研究——2002 年中国环境

资源法学研讨会论文集. 上册. 武汉大学环境法研究所, 2002: 217+222-223.

[26] 环保部发布《"一带一路"生态环境保护合作规划》[J]. 资源再生, 2017(5):46-50.

[27] 蔡守秋. 论环境外交的发展趋势和特点[J]. 上海环境科学, 1999, 18(6): 3.

[28] 环境保护部发布《"一带一路"生态环境保护合作规划》[J]. 建筑技术开发, 2017, 44(10): 116.

[29] 李金惠, 贾少华, 谭全银. 环境外交基础与实践[M]. 北京: 中国环境出版社, 2018.

[30] 赵阳. 42家机构成为"一带一路"绿色发展国际联盟首批会员[EB/OL]. 新华网.(2023-05-11) [2024-08-05]. http://www.news.cn/2023/05/11/c_1129607192.htm.

[31] 刘媛媛, 张晓进. "一带一路"倡议下的国际环境争端解决机制研究[J]. 国别和区域研究, 2018(2): 147-157+170-171.

[32] 环境保护部. 关于印发《"一带一路"生态环境保护合作规划》的通知[EB/OL]. 中华人民共和国生态环境部. (2017-05-12)[2024-08-05]. https://www.mee.gov.cn/gkml/hbb/bwj/201705/t20170516_414102.htm.

[33] 鲁政委, 汤维祺. 如何构筑绿色的"一带一路"?[J]. 金融市场研究, 2017(6): 33-39.

推 荐 阅 读

李金惠, 贾少华, 谭全银. 环境外交基础与实践. 北京: 中国环境出版社, 2018.

莫汉·穆纳辛哈, 罗布·斯沃特. 气候变化与可持续发展入门教程——事实政策分析及应用. 徐影, 马世铭, 郭彩丽, 等译. 秦大河, 丁一汇, 罗勇, 译校. 北京: 气象出版社, 2013.

张小平. 全球环境治理的法律框架. 北京: 法律出版社, 2008.

邹骥, 等. 论全球气候治理. 北京: 中国计划出版社, 2015.

Mitchell R B. International environmental agreements: A survey of their features, formation, and effects. Annual Review of Environment and Resources, 2003, 28: 429-461.

思 考 题

1. 什么是全球环境问题？

2. 什么是全球环境治理机制？

3. 什么是环境外交？

4. 什么是"框架公约-议定书"模式？该模式的四个阶段是什么？

5. 全球化学品和废物公约集群包括哪些？

6. 2021年4月22日，习近平在"领导人气候峰会"上发表讲话，其中指出要"坚持共同但有区别的责任原则"，这个"共同但有区别的责任"最早是在哪次会议的重要文件中提出的？其背景和内涵是指什么？

2 公约与议定书履约中的国际融资机制

本章旨在了解公约与议定书履约中的国际融资机制，具体包括全球环境基金（GEF）、清洁发展机制（CDM）等。了解全球环境基金的基本情况，具体包括其历史进程、执行机制、资金机制及公约履约项目的政策战略，掌握全球环境基金项目的分类，了解项目申报流程与执行要求。

2.1 全球环境基金

2.1.1 全球环境基金产生的背景

全球环境基金（Global Environment Facility，GEF）成立于 1991 年，是多个国际公约的资金机制，旨在支持《联合国气候变化框架公约》《生物多样性公约》《关于持久性有机污染物的斯德哥尔摩公约》《关于汞的水俣公约》《联合国防治荒漠化公约》等[1-5]，在支持发展中国家履行这些公约规定的义务和承诺方面发挥了关键作用[6-8]。

全球环境基金（GEF）是一个国际合作机构，旨在资助环境项目并促进可持续发展。其核心使命是帮助确保所有生命所依赖的自然得到保护和可持续利用，致力于应对生物多样性丧失、气候变化和污染，并支持陆地和海洋健康，支持发展中国家应对复杂挑战，并努力实现国际环境目标（图 2-1）。

图 2-1 GEF 提供资金机制的国际公约

GEF 拥有 186 个成员国和 18 个执行机构，通过提供全额项目、中型项目、能力建设项目及规划型项目的赠款，帮助发展中国家及经济转型国家履行国际环境公约，以实现全球环境效益[3]。在过去三十年里，GEF 筹集了 1450 亿美元，并为国家驱动的优先项目提供了 250 多亿美元的资金。这些资金不仅助力了发达国家，同时也支持了发展中国家，用于推动与生物多样性保护、气候变化应对、国际水域治理、土地退化缓解、化学品管理以及废弃物处理相关的环境和可持续发展项目的实施与规划[1, 9, 10]。在 1994 年的里约峰会期间，全球环境基金经历了重要的重组，与世界银行脱离关系，正式成为了一个独立的常设机构[11]。截至2023 年 6 月底，GEF 已召开 64 届理事会。GEF 向发展中国家及经济转型国家提供了 230 多亿美元的赠款和混合融资，重点资助了 5000 多个国家和区域项目，并调动了 1290 亿美元的配套资金，取得了显著的全球环境效益，得到了国际社会的高度肯定[12]。

2.1.2 全球环境基金的执行机构

全球环境基金的执行机构和实施机构负责提出项目建议，并管理全球环境基金项目的实施。全球环境基金执行机构和实施机构在全球环境基金项目的实际管理方面发挥着关键性的作用，特别是帮助有资格的政府和非政府组织开发、实施和管理全球环境基金项目。通过与这些机构的协作，全球环境基金的项目投资总额快速增长，已经实现了针对发展中国家、东欧和俄罗斯联邦的多样化服务。另外，这种合作伙伴关系也使各机构加大了使全球环境关注主流化并将其纳入自己内部政策、计划和项目的努力。根据要求，全球环境基金执行和实施机构应该重点介入那些可以发挥他们各自相对优势的项目。在介入包含某一机构所缺乏或属于该机构薄弱环节的专业和经验的综合性项目时，该机构应该与其他机构合作，建立互补关系，以便管理好项目的各个方面。

GEF 的组织结构包括 GEF 成员国大会、理事会、秘书处、18 个 GEF 机构、科学与技术咨询委员会、独立评估办公室（图 2-2）。

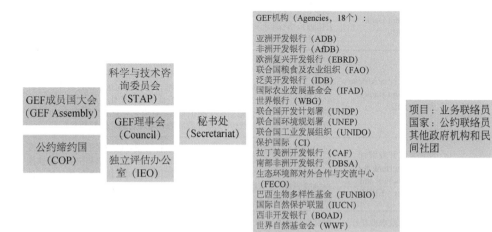

图 2-2　全球环境基金的组织框架

GEF 成员国大会（GEF Assembly）由所有成员国或参与者组成，每三到四年举行一次部长级会议以审查总体政策，根据提交理事会的报告审查和评估 GEF 的运作情况，审查成员资格，并根据理事会的建议审议相关文书的修正案，以协商一致方式予以批准[13]。

理事会（Council）是 GEF 的主要理事机构，由 GEF 成员国任命的 32 名成员组成（14 名来自发达国家，16 名来自发展中国家，2 名来自转型经济体），按每个选区确定的不同间隔进行轮换。理事会每年举行两次会议，制定、通过和评估 GEF 资助活动的业务政策和方案，并审查和批准相关工作计划和项目。

秘书处（Secretariat）负责协调 GEF 活动的总体实施，首席执行官兼主席领导由理事会任命，任期四年（可连任一届）。秘书处执行大会和理事会的决定，协调和监督项目，确保与 GEF 成员机构协商执行政策，主持机构间小组会议等，以确保各机构之间的有效合作。

GEF 机构（Agencies）是 GEF 的业务部门，主要负责制定项目提案，然后实地对项目进行管理，从而帮助符合条件的政府和非政府组织（NGO）制定、实施和执行项目，共包括 18 个组织或机构，见表 2-1 [14]。与这些组织的合作不仅能够采取更全面科学的方法进行资金规划，还加强了各个机构将全球环境问题纳入其内部政策、计划和项目。

表 2-1　全球环境基金执行机构信息

序号	机构名称	机构职能及特点
1	亚洲开发银行（Asian Development Bank，ADB）	对全球环境基金来说，亚洲开发银行的相对优势包括其在亚洲的国家级和多国家级别的投资项目，以及将能力建设和技术援助融合到项目之中的能力。亚洲开发银行在提高能源效率、发展可再生能源、适应气候变化、包括水管理和可持续土地管理在内的自然资源管理方面经验丰富
2	非洲开发银行（African Development Bank，AfDB）	对全球环境基金来说，非洲开发银行的相对优势在于它作为一个地区性开发银行的能力。不过，非洲开发银行在应对全球环境问题方面还处于初始阶段，其环境政策最近才获得批准，还在走向落实的过程中。非洲开发银行主要为全球环境基金在气候变化（气候变化适应、可再生能源、高能效等方面）、土地退化（森林采伐、荒漠化等方面）和国际水域（水管理和捕鱼等方面）这几个重点领域的环境项目建立跟踪档案
3	欧洲复兴开发银行（European Bank for Reconstruction and Development，EBRD）	对全球环境基金来说，欧洲复兴开发银行的相对优势在于：在市场开发和转型方面有着丰富的经验和跟踪记录；在东欧、中欧和中亚国家实施私营部门（包括中、小型企业）和市政部门的国家级和地区级环境基础设施建设项目，保证发展的可持续性，特别是在提高能源效率、生物多样性主流化和水管理等领域
4	联合国粮食及农业组织（Food and Agriculture Organizaton of the United Nations，FAO）	对全球环境基金来说，联合国粮食及农业组织的相对优势在于它在渔业、林业、农业和自然资源管理方面的技术能力和经验。联合国粮食及农业组织在农业生物多样性和生物能可持续利用、生物安全、自然景观可持续开发和病虫害综合管理方面有着丰富的经验

续表

序号	机构名称	机构职能及特点
5	泛美开发银行（Inter-American Development Bank，IDB）	泛美开发银行的相对优势包括在拉美和加勒比地区开展的国家和地区级投资项目。泛美开发银行为全球环境基金在以下重点领域开展的活动提供资助：生物多样性（保护区、海洋资源、森林生物技术）、气候变化（包括生物燃料）、国际水域（流域管理）、土地退化（侵蚀防治）和持久性有机污染物（病虫害管理）
6	国际农业发展基金会（International Fund for Agricultural Development，IFAD）	国际农业发展基金会的相对优势在于它所开展的与土地退化、农村可持续发展、综合土地管理有关的工作，以及它在执行《联合国防治荒漠化公约》中的作用。国际农业发展基金会在应对土地边缘化、生态系统退化和冲突后局势方面开展了大量工作
7	联合国开发计划署（United Nations Development Programme，UNDP）	联合国开发计划署的相对优势在于它拥有一个遍布全球的办事处网络，在综合政策制定、人类资源开发、制度建设、非政府和社区参与方面有着丰富的经验。联合国开发计划署支持各国鼓励和组织实施与全球环境基金授权和国家可持续发展规划一致的活动。联合国开发计划署在制定跨国规划方面经验也很丰富
8	联合国环境规划署（United Nations Environment Programme，UNEP）	联合国环境规划署的相对优势在于是唯一由联合国大会授权负责协调联合国在环境领域工作的联合国机构，其核心业务在环境领域。联合国环境规划署的相对实力体现在：向全球环境基金提供可作为投资依据的大量相关经验、设想论证材料和最佳可用科学知识。联合国环境规划署还为以全球环境基金为其资金机制的三个多边环境协议（MEA）提供秘书处服务。联合国环境规划署的相对优势还包括它可以充当多利益相关方磋商的中间人
9	联合国工业发展组织（United Nations Industrial Development Organization，UNIDO）	联合国工业发展组织的相对优势是，它可以介入全球环境基金项目下列领域的工业部门：产业能效、可再生能源服务、水管理、化学物质管理（持久性有机污染物和消耗臭氧层物质等）和生物技术。对发展中国家和经济转型国家的中、小型企业（SME），联合国工业发展组织也有广泛的了解
10	世界银行（The World Bank Group，WBG）	作为在全球范围内诸多部门发挥作用的主要国际金融机构之一，世界银行有着类似于地区性开发银行的相对优势。在以全球环境基金重点领域的制度建设、基础设施发展和政策改革为重点的投资借贷方面，世界银行有着丰富的经验
11	保护国际（Conservation International，CI）	保护国际在全球范围内与各国政府和社会各界合作，共同为实现改善人类福利的最终目标而努力，尤其关注大自然向人类提供的基本服务。作为全球环境基金项目的实施机构，保护国际充分利用其在金融创新和打造基于社区的解决方案方面的科研成果和经验，依靠其建立法人合作关系、多边合作关系、公民社会合作关系及国家和地方政府合作关系的网络，在生物多样性、气候变化适应与缓解、土地退化和国际水域等重点领域实施有效的创新型项目
12	拉丁美洲开发银行（Development Bank of Latin America，CAF）	通过信贷业务，不可偿还资源以及对拉丁美洲公共和私营部门中项目的技术和财务结构的支持来促进可持续发展模式。CAF通过有效地调动资源，为股东国公共和私营部门的客户及时提供多种金融服务，来提供可持续发展，实现区域一体化
13	南部非洲开发银行（Development Bank of Southern Africa，DBSA）	在某些非洲市场提供可持续基础设施项目的准备，融资和实施支持，以改善人民的生活质量，加速可持续减少贫困和不平等现象，并促进基础广泛的经济增长和区域经济积分。DBSA关注的主要领域是水、能源、信息和通信技术以及运输。DBSA在卫生、教育和住房领域的地方一级提供二级服务

续表

序号	机构名称	机构职能及特点
14	生态环境部对外合作与交流中心（Foreign Economic Cooperation Office, Ministry of Environmental Protection of China, FECO）	与国际金融组织合作，协调和管理项目资金，以执行多边环境协定和双边援助，以及环境保护领域的其他外国合作活动。FECO 的任务是通过引入和导出知识、技术和资金来保护环境
15	巴西生物多样性基金（Brazilian Biodiversity Fund，FUNBIO）	促进执行《生物多样性公约》（CBD），其使命是为生物多样性保护提供战略资源。作为巴西的先驱金融机制，它为保护和气候变化计划的可持续性创造了解决方案。FUNBIO 在与公共部门、私营部门和民间社团的合作中积累了丰富的经验，特别是在扶持地区，设计、管理基金、方案，网络和环境项目方面
16	国际自然保护联盟（International Union for Conservation of Nature, IUCN）	是由政府和民间社会组织组成的会员联盟。它利用其 1300 多个成员组织的经验、资源和影响力以及 10000 多名专家的投入。国际自然保护联盟是全球主管自然界地位及其保护措施的机构
17	西非开发银行（West African Development Bank，BOAD）	促进其成员国的均衡发展，并为实现西非经济一体化作出贡献。它为基础设施中的公共发展项目提供了资金，以支持生产、农村发展和粮食安全以及包括私营部门推动的项目在内的业务。西非开发银行的干预领域包括农村发展、粮食安全与环境、工业和农用工业、基础设施、运输、接待、金融和其他服务
18	世界自然基金会（World Wildlife Fund，WWF）	世界自然基金会是领先的国际保护组织，在 1992 年于里约举行的第一届联合国环境与发展大会上积极参与了建立 GEF 的国际谈判。WWF 自那时以来一直是 GEF 政策的支持者和运营者，参与设计或执行 100 多个 GEF 计划和项目

科学与技术咨询委员会（Scientific and Technical Advisory Panel，STAP）由六名成员组成，是 GEF 关键工作领域的国际公认专家，围绕政策、运营战略、计划和项目向 GEF 提供科学和技术建议，得到全球专家和机构网络的支持，并积极与其他相关科学技术机构进行互动。

独立评估办公室（Independent Evaluation Office）直接向理事会报告，由理事会任命主要负责人，与秘书处和 GEF 各机构合作，分享经验教训和最佳做法。该办公室对 GEF 的影响和有效性进行独立评估，包括重点领域、机构问题或跨领域主题。

全球环境基金通过其多层次的机构设置，确保了决策、执行、监督和协调的一体化，形成了一个高效、透明、广泛参与的环境治理网络。这一网络不仅覆盖全球，还深入到每个国家的具体环境问题中，通过科学指导、资金支持和政策协调，推动了全球环境问题的解决。

2.1.3 全球环境基金的资金机制

全球环境基金管理着不同的信托基金，它们分别是：全球环境基金信托基金（Global Environment Facility Trust Fund）、气候变化特别基金（Special Climate Change Fund，SCCF）、最不发达国家基金（Least Developed Countries Fund，LDCF）、《名古屋议定书》执行基金（Nagoya Protocol Implementation Fund，NPIF）、全球生物多样性框架基金（Global Biodiversity Framework Fund，GBFF）和透明度能力建设倡议信托基金（Capacity-building Initiative for Transparency Trust Fund，CBIT）[9]。

全球环境基金信托基金的资金来源通过每四年一次的增资承诺来实现，捐资周期也以四年为单位。基金可用于支持在增资讨论会上确定的全球环境基金重点资助领域的各项活动。参与捐资的国家（称为"增资参与方"）须依据"全球环境基金增资程序"做出相应的资金承诺。自成立以来，全球环境基金信托基金已获得来自 40 个国家的捐款，这些国家包括阿根廷、澳大利亚、奥地利、孟加拉国、比利时、巴西、加拿大、中国、科特迪瓦、捷克共和国、丹麦、埃及、芬兰、法国、德国、希腊、印度、印度尼西亚、爱尔兰、意大利、日本、韩国、卢森堡、墨西哥、荷兰、新西兰、尼日利亚、挪威、巴基斯坦、葡萄牙、俄罗斯、斯洛伐克共和国、斯洛文尼亚、南非、西班牙、瑞典、瑞士、土耳其、英国和美国。

发展中国家和经济转型国家是全球环境基金支持的接受者。通过他们开展的项目，这些国家实现了全球环境效益，并履行了他们在主要环境公约以及国际水域的承诺。每个国家都通过其理事会成员和候补成员出席全环基金理事会，并通过协调中心管理其全球环境基金投资组合以及与全球环境基金秘书处的关系。

自 1994 年重组以来，全球环境基金（GEF）已经完成了八次增资，具体增资情况见图 2-3 [15]。

气候变化特别基金（SCCF）设立的目的是支持《联合国气候变化框架公约》所有缔约的发展中国家，帮助其进行适应和技术转让工作。具体支持领域包括水资源管理、土地管理、农业、卫生、基础设施建设以及包括山地生态系统在内的脆弱生态系统和沿海地区的综合管理，以支持中短期适应行动。目前已有 15 个国家承诺捐资。

最不发达国家基金（LDCF）是在《联合国气候变化框架公约》下设立的，专门针对 51 个最容易受气候变化影响的最不发达国家，以满足其特殊需求。该基金旨在降低这些国家在发展和生计相关领域的脆弱性，特别是在水资源、农业和食品安全、医疗卫生、疾病风险管理与预防、基础设施及脆弱生态系统等方面。LDCF 还为制定和实施国家适应行动计划（NAPAs）提供资金支持，以帮助各国利用现有信息确定优先的适应行动。该基金是目前唯一强制用于资助 NAPAs 制定与实施的现有基金。目前已有 25 个国家承诺向该基金捐资。

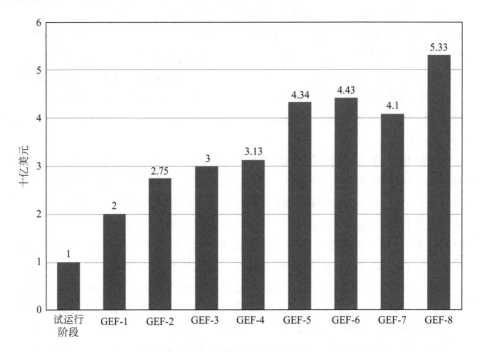

图 2-3　全球环境基金增资情况（1991～2022 年）

图片来源：https://www.thegef.org/who-we-are/funding

　　《名古屋议定书》执行基金是为了向已经签署、准备签署和准备批准《获取遗传资源和公正、公平分享其利用所产生的惠益的名古屋议定书》（《名古屋议定书》）的国家提供支持，以加速议定书的批准和实施[16, 17]。该基金是一项可获得多国政府和私营部门捐资的多捐助者信托基金，用于鼓励有兴趣探索遗传资源经济潜力的私营实体参与基金资助，加快适当技术的转让。通过实施这类项目，相关国家应该总结更多有助于了解自身能力以及资源获取与惠益分享需求的信息，重点在影响遗传资源的现行政策和法律、法规方面。日本、瑞士、法国和英国已承诺向《名古屋议定书》执行基金捐资 1485 万美元。

　　适应信托基金的目的是资助那些加入了《京都议定书》并特别容易受到气候变化不利影响的发展中国家的具体适应项目和适应计划。在清洁发展机制（CDM）下，在发展中国家实施的减排项目可以获得认证减排（CER）信用，这种信用可以由工业化国家进行交易和销售，以部分实现他们在《京都议定书》下的减排目标。适应信托基金融资主要来源于认证减排信用的销售。信用交易的收益额相当于每年向清洁发展项目发放的认证减排信用价值的 2%。该基金还接收来自各国政府、私营部门和个体的捐资。适应信托基金由适应信托基金董事会负责监督和管理。

2.1.4 环境公约履约项目的政策战略

1. 联合融资政策

2014 年 5 月，为响应 GEF-6 增资政策建议，GEF 理事会批准了联合融资政策，适用于由 GEF 信托基金和《名古屋议定书》执行基金资金融资的项目（GEF 融资项目），而不适用于由最不发达国家基金（LDCF）或气候变化特别基金（SCCF）资金融资的项目。该政策主要包括以下内容：确定了 GEF 融资项目中联合融资的目的；定义了 GEF 融资项目中的联合融资；提出了 GEF 融资项目中联合融资的一般性原则与方法，包括如何监测与评估联合融资。

该政策将联合融资定义为"GEF 赠款之外的，由 GEF 伙伴机构自身和/或由其他非 GEF 来源提供的支持 GEF 资助项目以实现项目目标的资金"。该政策提到 GEF 所有全额项目（FSP）、中型项目（MSP）和 GEF 规划性项目均需要联合融资。联合融资对 GEF 基础活动不是必需的。该政策还提及了 GEF 机构和 GEF 秘书处对项目审查、批准和项目监测的要求。

2. 环境与社会保障政策

阐述了 GEF 在其融资活动中采用的社会与环境保障原则，并罗列了所有 GEF 伙伴机构为实施 GEF 资助的项目应符合的环境与社会保障体系方面的标准与最低要求。

3. 性别主流化政策

该政策体现了全球环境基金的承诺，将提升 GEF 及其伙伴机构通过 GEF 业务促进性别平等这一目标的完成水平。该政策呼吁 GEF 及其伙伴机构将性别问题主流化入 GEF 业务中，包括在各项干预活动中恰当分析和解决 GEF 项目中女性与男性的特别需求与角色问题。该政策包括数项要求：GEF 伙伴机构应该制定促进性别平等的政策、战略或行动计划；各机构系统或机构政策需要满足性别主流化最低标准；各机构需要将 GEF 的性别主流化企业指南纳入机构项目建议书之中。

2.1.5 全球环境基金的项目申报

GEF 制定了一套项目筛选标准，要求满足以下所有标准的项目或计划才能够获得 GEF 的资金资助。一是符合条件的国家。满足以下两个条件之一的国家能够获得 GEF 的资助：该国签署 GEF 公约，并符合每项公约缔约方大会决定的资格标准，或该国有资格获得世界银行（国际复兴开发银行和/或国际开发协会）的资金，通过其核心预算资源调拨目标（特别是 TRAC-1 和/或 TRAC-2）成为联合国开发计划署技术援助的合格接受者。二是国家优先事项。即该项目必须由国家（而不是外部合作伙伴）推动，并与支持可持续发展的国家优先事项保持一致。三是 GEF 优先事项。为实现多边环境协定的目标，GEF 必须支持最终旨在以综合方式解决环境退化驱动因素的国家优先事项，包括生物多样性、气候变化、土地退化、国际水域以及化学品和废物等 GEF-8 核心关注领域，为各国提供了参与选定"综合方案"的机会。四是融资。该项目必须仅为实现全球环境效益相关措施的增量成本寻求 GEF 融资。五是参与。项目必须让公众参与其设计和实施，遵循利益相关者参与政策和相应的指导方针。

GEF 按照规模将提供资金的模式分为四类[15]，全额项目（Full-Sized Projects）、中型项目（Medium-Sized Projects）、赋能活动（Enabling Activities）、方案方法（Programmatic Approach）。其中全额项目（FSP）是指 GEF 超过 200 万美元的项目融资。中型项目（MSP）是指 GEF 项目融资金额少于或等于 200 万美元的项目。赋能活动（EA）是指为履行公约规定的义务而准备计划、战略或报告的项目。方案方法（PA）是指各个相互联系的项目的长期战略安排，旨在对全球环境产生大规模影响。选择的方式应该是最能支持项目目标的方式。每个模式都需要完成一个不同的模板。

GEF 项目批准周期确定了一个项目为获得 GEF 的批准及接受资金分配和/或承诺必须经历的阶段。项目周期中有四个地方 GEF 秘书处和/或 GEF 理事会发挥作用，审查并做出提供项目资金的决定。一旦获得首席执行官对 FSP 项目或 MSP 项目的批准，最终项目文件将在 GEF 网站刊出。

2010 年提交给 GEF 理事会的信息文件"GEF 项目和规划方案周期"中罗列了目前管理 GEF 项目周期和规划方案的政策与程序。修订后的项目周期旨在进一步使批准程序合理化。修订后的项目周期的主要内容如下：

中型项目（Medium-Size Project，MSP）的批准有下列两条途径：①单步批准：各机构提交 MSP 最终项目文件供首席执行官批准，之后，各机构按照其内部批准程序开始实施项目；②双步批准：如果准备 MSP 项目时需要项目准备指南（Project Preparation Guidelines，PPG）文件，则应与 PPG 申请一并提交一份项目申请表（PIF），寻求首席执行官批准 PIF 和 PPG；项目最终准备完善时，各机构提交最终 MSP 项目文件，供首席执行官批准，之后，各机构按照其内部批准程序开始实施项目。

　　全额项目（Full-Size Project，FSP）准备的目标时间为 18 个月，自理事会批准工作方案之日起开始计算至首席执行官批准 FSP 的最终项目文件止。需要 PPG 的 MSP 的准备时间是 12 个月，自首席执行官批准带 PPG 的 PIF 之日起至首席执行官批准 MSP 的最终项目文件之日止。为进一步提高透明度，工作方案中 PIF 的所有项目审查表单均与 PIF 文件和 STAP 筛选报告一并刊载在网站上。

　　GEF 主要关注以下领域：生物多样性、气候变化（适应和减缓）、化学品、国际水域、土地退化、可持续森林管理（减少毁林及森林退化带来的温室气体排放）、臭氧层损耗等方面。以化学品和废物领域为例，其规划、预期结果和指标如表 2-2 所示。

表 2-2　化学品和废物领域规划预期结果和指标表

重点领域目标	规划	预期结果与指标
化学品和废物 1 创造基础条件、工具和环境，以管理有害的化学品和废物	项目计划 1： 开发和示范新工具和经济监管手段，从而以可靠的方式管理有害的化学品和废物	成果 1.1：国家具备适当的决策工具和经济手段，从而为有害化学品和废物的完善管理消除壁垒 指标 1.1.1：经示范的管理汞、新型持久性有机污染物、新生的化学品和废物问题的工具的数量 指标 1.1.2：旨在减少/消除化学品和废物的行动的优先列表 成果 1.2：创新型技术得以成功示范、部署和转让 指标 1.2：示范、部署和转让的技术的数量
	项目计划 2： 支持基础活动，并促进将其融入国家预算、规划过程、国家和行业的政策和行动以及全球监测	成果 2.1：某些国家进行了《关于汞的水俣公约》的初步评估活动，并批准了《关于汞的水俣公约》 指标 2.1.1：已完成的初步评估活动的数量和质量 指标 2.1.2：《关于汞的水俣公约》的批准数量 成果 2.2：某些国家评估了其小规模手工开采金矿（ASGM）产业，并制定了国家行动计划（NAP），以解决小规模手工开采金矿产业使用汞的问题 指标 2.2：已完成的国家行动计划的数量 成果 2.3：所有国家都已经按照《斯德哥尔摩公约》更新了其国家实施计划（NIP），并建立了可持续发展机制，以便在未来对其进行更新 指标 2.3.1：已完成的国家实施计划的更新数量 指标 2.3.2：将国家实施计划的更新整合到其预算中的国家的数量 成果 2.4：针对持久性有机污染物和汞的全球监测得以加强和建立 指标 2.4：已建立的基线监测站的数量，得以加强的实验室的数量

续表

重点领域目标	规划	预期结果与指标
化学品和废弃物 2 降低有害化学品和废物的流行程度，并支持清洁的替代技术/物质的使用	项目计划 3： 减少和消除持久性有机污染物	成果 3.1：以吨为单位量化和核查已消除或减少的持久性有机污染物 指标 3.1：已消除或减少的持久性有机污染物的数量和类型
	项目计划 4： 减少汞在环境中的人为排放和释放	成果 4.1：减少汞 指标 4.1：降低的汞含量
	项目计划 5： 在经济转型期国家完成消耗臭氧层物质的逐步淘汰，并协助《蒙特利尔议定书》下第 5 条款国家实现减缓气候变化的效益	成果 5.1：某些国家淘汰消耗臭氧层物质，转而使用臭氧耗减潜能值为零的替代物、低全球变暖潜值的替代物 指标 5.1.1：以吨为单位淘汰的消耗臭氧层物质 指标 5.1.2：以吨为单位淘汰的二氧化碳当量
	项目计划 6： 支持区域性解决办法，从而在最不发达国家和小岛屿发展中国家消除和减少有害化学品和废物	成果 6.1：最不发达国家和小岛屿发展中国家管理有害化学品和废物的能力得以加强 指标 6.1：国家在多大程度上成功地将化学品优先纳入其主流国家预算 成果 6.2：最不发达国家和小岛屿发展中国家的区域或次区域计划包括并针对有害化学品和废物的管理 指标 6.2：针对化学品和废物问题制定的区域或次区域级计划的数量

以独立全额项目（FSP）为例，项目申请文件包括项目申请表（Project Identification Form，PIF）、CEO 认可申请表（CEO Endorsement Request Form）、行动联络人背书（Operational Focal Point Endorsement Letter）和项目准备赠款（Project Preparation Grant，PPG）。

拟定一个项目概念后需要拟定"项目申请表"并将其提交秘书处。各个 GEF 行动联络人都认可 PIF。执行机构向秘书处提交 PIF，并抄送其他机构，如 STAP 和相关的公约秘书处。执行机构可以在 PIF 提交时或在 CEO 认可提交之前的任何时间请求项目准备赠款（PPG）。CEO 决定是否批准此类 PPG。秘书处在考虑到全球环境基金的相关战略、政策和准则（包括审查表中规定的条款）的情况下，对每个合格的 PIF 进行审查，并向执行机构提出意见。收到秘书处的意见后，执行机构对意见做出回应，并在必要时提交修订的 PIF。秘书处确定项目提案符合批准条件后，首席执行官（CEO）将决定是否将其纳入工作计划。在将工作计划发布到 GEF 网站上之前，STAP 会筛选 PIF，以供理事会审核。将为每个工作计划发布封面说明。各个 PIF，以及要求的项目融资金额，任何 PPG 金额和管理费，均附在《世界银行计划封面说明》中。

项目获得 GEF 批准后，需要编制项目执行方案（Project Document，PD）。该文件包括现状分析（Situation Analysis），国家战略（Strategy），项目成果和框架（Results and Resources Framework），年度工作计划（Annual Work Plan），管理附件（Management Arrangements），监测、评估计划和预算（Monitoring and Evaluation Plan and Budget）几部分内容。

在首席执行官认可和机构批准后开始实施。执行机构负责项目的实施，并直接向理事会负责。各执行机构根据全球环境基金的监测和评价政策，开展项目监测和评估活动。机构对正在实施的 FSP 进行中期评估，并将其提交秘书处。机构向全球环境基金独立评估办公室提交 FSP 和 MSP 最终评估报告。在提交最终评估之后的 12 个月内，各机构向受托人报告财务执行情况。秘书处将监督措施的有效性并向理事会报告。

中国是 GEF 的创始成员国、捐资国和最大受援国，在 GEF 理事会的 32 个选区中享有独立席位。自 GEF 成立以来，双方一直保持着良好合作。截至 2021 年 8 月，GEF 累计承诺为 176 个中国国别项目提供约 14 亿美元赠款。财政部是 GEF 在中国的窗口单位，负责 GEF 在中国业务的归口管理。在中国申报全球环境基金（GEF）项目时，首先由中央主管部门或地方财政部门向财政部提交项目文件。随后，财政部会同中国 GEF 秘书处对项目文件进行技术审核，审核通过后再将项目上报至全球环境基金（图 2-4）。

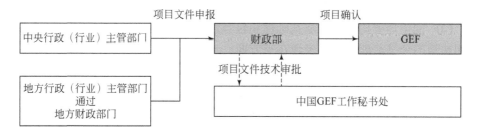

图 2-4　中国 GEF 项目申报流程

GEF 项目加强了中国履行生物多样性、气候变化、持久性有机污染物、荒漠化防治等一系列国际环境公约的能力，促进了一批与可持续发展有关的国家法律法规的建设，引进了一批新技术和先进的管理机制，增强了中国公众的可持续发展意识。中国在接受 GEF 资金支持的同时，也一直自愿向 GEF 捐资。截至 2021 年 12 月，中国已累计向基金承诺认捐 9554 万美元。

2.2　气候投资基金

2.2.1　气候投资基金概况

气候投资基金（Climate Investment Funds，CIF）于 2008 年 7 月成立，由 14 个国家（9 个欧洲国家、2 个北美洲国家和 3 个亚太国家）共同发起设立，其资金由世界银行托管。CIF 旨在助力低收入和中等收入经济体开创气候智能规划和气候行动，通过大规模、低成本和长期的金融解决方案来应对全球气候危机，以支持各国实现其气候目标。CIF 核心理念是帮助社区更快转向清洁和绿色实践，增强人口对气候风险的抵御能力，稳定国家和地区经济，并为不让任何人掉队的可持续发展铺平道路。

自成立以来，CIF 已支持 72 个国家和地区超过 370 个项目，与政府、私营部门、民间社会、当地社区和六大多边开发银行（世界银行、美洲开发银行、非洲开发银行、欧洲复兴开发银行、欧洲投资银行和亚洲开发银行）合作，提供具有竞争力的融资，降低投资者风险和新技术试点的障碍，扩大经验证的解决方案，开放可持续市场，并动员私营部门资本流向气候行动。

2.2.2　气候投资基金的治理架构

CIF 的治理架构体现广泛基础性和包容性，是致力于促进对话、伙伴关系和透明决策的公平治理模式，表现在三方面：一是捐助国和受援国的平等代表权；二是决策共识性；三是给予私营部门、民间社团和当地人民代表观察员席位。

CIF 由两个信托基金构成，分别为清洁技术基金（Clean Technology Fund，CTF）和战略气候基金（Strategic Climate Fund，SCF）。两个基金分别由一个信托基金委员会管理，负责监督和决定其战略方向、运营和其他活动，以及推动这些活动的政策。此外，SCF 指定了三个技术委员会来管理其目标计划：气候韧性试点计划（PPCR）、扩大低收入国家可再生能源计划（SREP）和森林投资计划（FIP），以及一个管理其新项目的小组委员会，即全球气候行动计划（GCAP）小组委员会，负责管理智慧城市，工业脱碳，自然、人民和气候（NPC）以及可再生能源一体化（REI）四个计划（图 2-5）。

2.2.3　气候投资基金的投资领域

清洁技术基金（Clean Technology Fund，CTF）和战略气候基金（Strategic Climate Fund，SCF）侧重于不同的投资领域。CTF 主要投资于中低收入国家的清

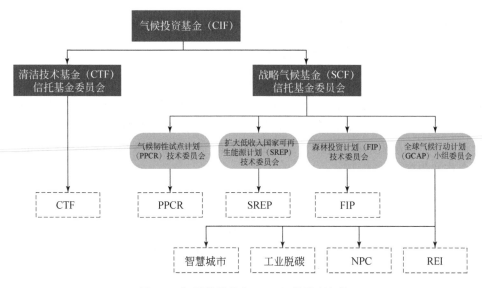

图 2-5 气候投资基金（CIF）的治理机构

CFI Annual Report 2023，https://www.cif.org/sites/cif_enc/files/knowledge-documents/cif_annual_report_2023.pdf；CFI，
https://www.cif.org/about-cif

洁技术项目，这些技术具有较大的温室气体减排潜力。该基金通过赠款、或有赠款、优惠贷款、股权和担保等多种金融工具，使相关投资对中低收入国家的公共和私营部门投资者更具吸引力。SCF 则旨在为试点创新方法或扩大针对特定气候变化挑战或部门应对措施的活动提供资金，具体包括通过边做边学提供经验和教训；为减缓和适应气候变化提供新的和额外的资金；在减贫背景下，为扩大和转型行动提供激励措施，以维护、恢复和加强富含碳的自然生态系统，并最大限度发挥可持续发展的共同效益。

SCF 下包含多项计划：一是气候韧性试点计划（PPCR），即为一些最脆弱的中低收入国家和地区提供资金支持，以建立适应和抵御气候变化的能力；二是扩大低收入国家可再生能源计划（SREP），即支持扩大太阳能和地热等可再生能源解决方案的部署，以提高可再生能源的可用性；三是森林投资计划（FIP），它为解决森林砍伐和森林退化问题提供直接融资，并通过提供赠款和低息贷款，帮助政府、社区和企业共同为依赖森林的人民和经济体制定可持续的解决方案，同时维护重要的生态系统及其服务；四是可再生能源一体化计划（REI），旨在帮助解决将更高比例的间歇性可再生能源发电纳入电网的全系统障碍，并利用清洁能源转型带来的机遇；五是自然、人民和气候计划（NPC），旨在帮助政府、行业和社区在气候行动中利用土地资源和生态系统的潜力，减少农业和粮食系统、森林和其他陆地生态系统等关键领域的可持续性障碍。

2.2.4 气候投资基金的投资进展

截至 2023 年 12 月底，CIF 已贡献 121 亿美元资金，其中已批准为 362 个项目提供 74 亿美元资金支持，其中 MDB 批准的有 350 个项目，规模达 69 亿美元；已为 335 个项目拨付 48 亿美元。此外，CIF 预计与政府、MDB、私营部门等其他合作伙伴共同融资 646 亿美元，是 CIF 批准融资金额的 7.8 倍，体现出 CIF 的广泛合作和包容性。

具体来看，就投资领域而言，已获批的 74 亿美元中，51%的资金投资于可再生能源部门，规模达到 38 亿美元；可再生能源/能源效率和能源效率两个部门投资规模次之，占比均为 10%。此外，还包括农业和土地管理、交通运输、土地方法学、能源储存等领域。就投资部门而言，74%的资金由公共部门提供，约为 5.5 亿元，剩余 1.9 亿元由私人部门提供。就投资地域而言，资金主要流向亚洲地区，资金规模达到 23 亿美元，占比 31%；撒哈拉以南非洲地区次之，资金规模为 17 亿美元，占比 22%。此外，拉丁美洲和加勒比地区、欧洲和中亚、中东和北非也是 CIF 的主要投资地域。

2.3 绿色气候基金

2.3.1 绿色气候基金概况

绿色气候基金（Green Climate Fund，GCF）是全球最大的气候基金，设立于 2010 年召开的坎昆世界气候大会（COP16），是《联合国气候变化框架公约》（United Nations Framework Convention on Climate Change，UNFCCC）下设的一个资金机制运营实体，对缔约方会议负责，由缔约方会议决定相关政策、方案和资格标准等事项。GCF 旨在支持发展中国家向低碳和气候韧性的道路转变，以实现其国家自主贡献（NDC）。

组织架构方面，GCF 董事会负责基金管理的治理和监督。由 UNFCCC 的 194 个主权政府缔约方组成。设有一个独立秘书处，负责执行基金的日常运作，为董事会提供服务并对董事会负责。GCF 员工来自 61 个国家，使用多种语言，且男女比例平均，其多样性反映出气候挑战的全球性。GCF 的总部位于韩国仁川市松岛，于 2013 年 12 月正式运行，约有 220 名员工，并配有咨询顾问和其他国家相关人员提供支持。

GCF 具有以下特点：

第一，绿色气候基金（GCF）的核心原则之一是国家驱动，这意味着由发展中国家主导规划和实施 GCF 框架。通过赋予国家对 GCF 资金使用的自主决策权，发展中国家能够将其国家自主贡献（NDC）目标转化为具体的气候行动。

第二，GCF 通过开放的伙伴关系进行运作，合作网络涵盖 200 多个认证实体和交付伙伴，包括国际和国家商业银行、多边和区域发展金融机构、联合国机构、民间社会组织等。这种合作模式使 GCF 能够直接与发展中国家合作，参与项目的设计和实施。

第三，GCF 提供多样化的融资工具，通过灵活运用赠款、优惠贷款、担保及股权等形式的组合，以混合融资方式吸引私人投资，促进发展中国家的气候行动。

第四，GCF 在资源分配方面强调平衡，将一半的资金用于气候变化的缓解，另一半用于适应。此外，适应资金中的至少一半会投向气候最为脆弱的国家，包括小岛屿发展中国家、最不发达国家及非洲国家。

第五，GCF 具备较强的风险承担能力，通过结合合作伙伴的风险管理能力以及自身的投资、风险和成果管理框架，GCF 能够接受较高的风险，支持早期项目开发及在政策、制度、技术和金融方面的创新，以推动气候融资 GCF 重点关注四个领域，分别为建立环境，能源和工业，人类安全、生计和福祉，以及土地利用、森林和生态系统，并通过四个转型方法来应对气候变化、实现环境目标：一是编制转型规划和方案，即通过促进综合战略、规划和政策的制定，来最大限度发挥缓解、适应和可持续发展之间的协同效益；二是促进气候创新，即通过投资新技术、商业模式和实践来验证观念；三是降低投资风险以增加筹资规模，即利用稀缺的公共资源来改善低排放气候适应型投资和私人融资的风险回报状况，特别是针对适应、基于自然的解决方案、最不发达国家和小岛屿发展中国家；四是将气候风险和机遇纳入投资决策流程，实现金融与可持续发展的一致性。

2.3.2　绿色气候基金的融资机制及进展

GCF 的资金来源主要包括缔约方出资以及公共、非公共和其他资源的捐赠，这些资源包括非缔约方、实体和基金。目前，GCF 已经历三次筹资（表 2-3）。

表 2-3　GCF 充资情况

充资阶段	承诺规模/亿美元	确认规模/亿美元
IRM（2014～2019 年）	103	93
GCF-1（2020～2023 年）	100	99
GCF-2（2024～2027 年）	128	—

2014 年，GCF 进入初始资源调动期（Initial Resource Mobilization，IRM）（2014～2019 年），认缴金额规模达到 103 亿美元，由 49 个国家/地区/城市提供，其中 9 国为发展中国家，包括智利、哥伦比亚、印度尼西亚、墨西哥、蒙古国、巴拿马、秘鲁、韩国和越南。最终确认 93 亿美元。

GCF 首次充资（GCF-1）（2020～2023 年）是履行 UNFCCC 和《巴黎协定》所需财政承诺的重要组成部分，更好满足《巴黎协定》对资金流动性的更高要求。截至 2022 年 8 月 19 日，34 个捐助国已为 GCF-1 认捐 100 亿美元，与初始资源调动期相比，70%以上的捐助者增加了以本国货币认捐的数额，一半的捐助者将认捐额增加了一倍或更多。最终确认金额为 99 亿美元。

GCF 第二次充资（GCF-2）（2024～2027 年）正在进行中。截至 2024 年 7 月，33 个国家和 1 个地区已承诺在未来四年内向 GCF 提供总计 128 亿美元的支持，资金支持发展中国家向低排放和气候适应型发展道路的范式转变，可减少 15 亿～24 亿吨二氧化碳当量，并提高高达 9 亿人的适应能力。

2.3.3 绿色气候基金的投资原则及目标

GCF 理事会通过了《GCF 2024～2027 年战略计划》，为 GCF-2 提供了主要规划方向（表 2-4）。该计划阐明了 GCF 将如何通过其主要资源，包括财政资源、伙伴关系、号召力、人员和知识来加强对发展中国家的支持。相较于前两个阶段的战略，该计划具有几个明显变化：一是更加关注 GCF 将如何帮助发展中国家将其国家自主贡献、国家适应计划和长期气候战略转化为气候投资和规划；二是更明确地定位 GCF 在更广泛的气候融资架构中的附加值，既是气候能力建设者，也是风险偏好型融资者；三是大幅改善发展中国家获得全球合作框架资金的核心业务承诺。

该计划还制定了一套 CGF-2 期间要实现的目标成果，即支持发展中国家实现以下目标：推进其国家自主贡献、国家行动计划或长期支持计划的实施；将获得 GCF 资助的实体数量增加一倍；建立新的或改进的预警系统；使小农户能够采用低排放、气候适应性强的农业和渔业实践，并在重新配置粮食系统的同时确保生计；保护、恢复或可持续管理陆地和海洋区域；开发或确保低排放的气候适应性基础设施；扩大获得可持续、负担得起、有弹性、可靠的可再生能源的机会，特别是对于最难获得的可再生能源，并增加能源结构中的可再生能源；转向运输、建筑和工业部门的清洁高效能源的终端使用；获得适应资金，包括用于地方主导的行动；为当地私营部门的早期企业和中小微企业提供创新气候解决方案、商业模式和技术相关种子和早期资本；使国家和区域金融机构能够获得绿色气候基金资源和其他绿色融资，特别是对中小微企业而言。

表 2-4 GCF 2024～2027 年战略计划结构

事项	内容
UNFCCC 和《巴黎协定》	GCF 的目标是通过连续的周期为 UNFCCC 和《巴黎协定》的目标做出重大而雄心勃勃的贡献
战略眼光	GCF 促进范式转变以及 UNFCCC 和《巴黎协定》的实施： （1）在可持续发展的背景下，推动向低碳和气候韧性发展道路的转变； （2）支持发展中国家在不断变化的气候融资中执行 UNFCCC 和《巴黎协定》
战略方向	GCF 旨在实现 2030 年全球路径的里程碑目标，并在 2024～2027 年的资源基础上取得有针对性的成果： （1）减少 1.5 亿～2.4 亿吨二氧化碳当量 （2）增强 570 万～900 万人的气候韧性
2024～2027 年优先事项	GCF 2024～2027 年规划倾向： （1）准备：更加关注气候规划和直接获取 （2）减缓和适应：支持跨部门的范式转变 （3）适应：解决紧急和立即的适应和韧性需要 （4）私人部门：促进创新，刺激绿色金融
运营和机构优先事项	GCF 将学习和调整其运营，以提高可及性为核心目标，并采取制度措施来校准政策、流程、治理、风险、结果管理以及成功交付的组织能力

资料来源：https://www.greenclimate.fund/document/accreditation-framework-gcf#
https://mp.weixin.qq.com/s?__biz=MzI0MjU3Njg5MA==&mid=2247533239&idx=1&sn=9684094490c41cc4bcbae
8e26f2b4cad&chksm=e9783e22de0fb734d169efb030d74c67ef2517969eadb1dc87f210df5b32bcb118a66fb388ca&scene=
27

2.3.4 绿色气候基金的项目库筛选标准

GCF 制定了一套投资框架，包含投资标准和指标，为 GCF 利益相关方制定、评估和批准项目提供引导，覆盖影响潜力、范式转变的潜力、可持续发展潜力、受援国的需求、国家自主权以及效率和效力六个维度（表 2-5）。

表 2-5 GCF 初始投资框架

标准及领域	定义	领域	次级标准
影响潜力	方案/项目对实现本基金的目标和成果领域作出贡献的潜力	减缓影响	对向低排放型可持续发展道路转变的贡献
		适应影响	对更佳气候适应型可持续发展的贡献
范式转变的潜力	拟议的活动能够在多大程度上在一次性项目或方案投资以外产生影响	在温度上升低于 2℃的情况下，扩大规模和复制的可能性及其对全球低碳型发展道路的总体贡献（仅涉气候减缓方面）	（1）创新 （2）在温度上升低于 2℃的情况下对全球低碳型发展道路的贡献程度 （3）扩大拟议方案或项目的规模和影响的潜力（可扩展性） （4）将拟议方案或项目的关键结构要素输出到同一部门的其他地方以及其他部门、地区或国家的可能性（可复制性）

续表

标准及领域	定义	领域	次级标准
范式转变的潜力	拟议的活动能够在多大程度上在一次性项目或方案投资以外产生影响	产生知识和学习的潜力	对创造或加强知识、集体学习过程或制度的贡献
		有利环境的贡献	（1）干预措施完成后成果和结果的可持续性 （2）市场发展和转型
		对监管框架和政策的贡献	在加强监管框架和政策，以推动对低排放技术和活动的投资，促进制定更多的低排放政策，和/或改善气候适应性规划和发展方面的潜力
		对符合国家气候变化适应战略和计划的气候适应型发展道路的总体贡献（仅涉气候适应方面）	（1）在不同等幅度增加其成本基础的情况下，扩大提案影响的潜力（可扩展性） （2）将提案的关键结构要素输出到其他部门、地区或国家的可能性（可复制性）
可持续发展潜力	更广泛的效益和优先事项	环境共同效益	预期的积极环境影响,包括本基金的其他成果领域中的和/或酌情符合国家、地方或部门层面优先事项的影响
		社会共同效益	预期的积极社会和健康影响,包括本基金的其他成果领域中的和/或酌情符合国家地方或部门层面优先事项的影响
		经济共同效益	预期的积极经济影响,包括本基金的其他成果领域中的和/或酌情符合国家、地方或部门层面优先事项的影响
		对性别问题有敏感认识的发展影响	减少气候变化影响中的性别不平等和/或性别群体平等参与促进预期成果的潜力
受援国的需求	受益国和民众的脆弱性和融资需求	国家的脆弱性（仅涉气候适应方面）	人们和/或社会或经济资产或资本面临的气候变化带来的风险的规模和强度
		弱势群体和性别方面（仅涉气候适应方面）	受益群体的脆弱性相对较高
		国家的经济和社会发展水平以及受影响人口	国家的社会和经济发展水平以及目标群体
		缺乏替代性资金来源	本基金克服具体融资障碍的机会
		需要加强制度和执行能力	在提案范围内加强相关制度的制定和执行能力的机会
国家自主权	受益国对受资助项目或方案（政策、气候战略和制度）的自主权和实施能力	存在国家气候战略	（1）目标与该国家气候战略的优先事项相一致
		与现有政策的连贯性	（2）拟议活动是在考虑到其他国家政策的情况下设计的
		认证实体或实施实体的交付能力	认证实体或实施实体在拟议活动的关键要素方面的经验和绩效记录
		民间社会组织和其他相关利益攸关方的参与	利益攸关方协商和参与

续表

标准及领域	定义	领域	次级标准
效率和效力	方案/项目的经济和（如适用）财务健康	财务和非财务方面的成本效率和效力	财务充分性和优惠适当性成本效益（仅涉气候减缓方面）
		共同供资金额	催化和/或撬动投资的潜力（仅涉气候减缓方面）
		方案/项目的财务可行性和其他财务指标	预期的经济和财务内部收益率长期财务可行性
		行业最佳做法	最佳做法的应用和创新程度

2.3.5　绿色气候基金的投资进展

截至 2024 年 7 月，GCF 共批准 269 个项目，覆盖 129 个发展中国家，预计可减排 30 亿吨二氧化碳当量，资金规模达 149 亿美元，已实施 121 亿美元。

具体来说，就项目主题而言，55%的资金投资于气候适应领域，45%的资金投资于气候减缓领域（按等额口径来计算）。就规模而言，中型项目（最高预计总成本在申请时大于 5000 万美元但小于或等于 2.5 亿美元）和小型项目（最高预计总成本在申请时大于 1000 万美元但小于或等于 5000 万美元）投资比例最大，分别达到 36%和 35%；大型项目（最高预计总成本在申请时超过 2.5 亿美元）比例为 18%，微型项目（最高预计总成本在申请时小于或等于 1000 万美元）比例为 11%。就融资工具而言，以捐赠和贷款为主，占比分别为 42%和 40%；股权投资次之，占比为 12%；基于结果的支付（RBP）和保证金占比均为 3%。就投资领域而言，人民和社区的生计领域项目规模最大，有 167 个项目，融资金额为 19 亿美元；健康、食物和水资源安全领域次之，有 128 个相关项目，融资金额 16 亿美元。此外还涉及基础设施和环境建设、生态系统及服务、能源生产与使用、交通运输、森林和土地使用等领域。

2.4　其他资金机制

2.4.1　清洁发展机制

清洁发展机制（CDM）是由《联合国气候变化框架公约》第三次缔约方会议（COP3，即京都会议）批准的一种履约机制，旨在帮助附件 I 缔约方在境外实现部分减排承诺。CDM 的目标包括协助未列入附件 I 的缔约方实现可持续发展，以及为《公约》的最终目标作出贡献，同时帮助附件 I 国家履行其在《京都议定书》第三条中的量化减排承诺。CDM 的核心是允许发达国家与发展中国家之间进行项目级的减排量抵销交易。此外，《京都议定书》还规定，在 2000 年后一旦其生效至 2008 年第一个承诺期开始这段时期内，CDM 便可实施，发达国家缔约方可获得由 CDM 项目活动产生的经核证的减排量（CERs）。

1998 年 11 月，《公约》第四次缔约方会议（COP4）通过了布宜诺斯艾利斯行动计划（BAPA），该计划要求各缔约方解决京都机制的实施细则，特别是 CDM 的运行模式、规则、操作程序及方法学等悬而未决的问题，以确保在 2000 年前具备充分的可操作性。经过多年的谈判，2001 年 7 月在 COP6 续会上达成了"波恩协议"，为 CDM 的实施奠定了政治基础。根据缔约方会议关于发展中国家能力建设的决议，CDM 相关的能力建设活动被纳入决议的能力建设范围。通过系统的能力建设，提高发展中国家在开发、设计和实施 CDM 项目方面的能力，是确保 CDM 项目环境完整性的重要保障，也是提高项目效率的关键。此外，CDM 项目带来的效益将在国际投资者、项目承担国的相关经济部门以及受气候变化影响的国家中得到分享。

2001 年 11 月，在马拉喀什召开的第七次缔约方会议（COP7）中，关于清洁发展机制（CDM）的谈判取得了新进展，各方就 CDM 的运行模式、规则和程序等重要问题达成了一致，使其实施前景更加明朗。虽然由于谈判妥协的结果，附件 I 缔约方在第一承诺期对 CDM 产生的经核证减排量（CERs）的需求量低于最初的普遍预期，但作为一种国际合作机制，CDM 在全球长期应对气候变化的过程中依然具有重要的战略意义。因此，围绕 CDM 开展能力建设活动依然十分重要。

CDM 支持的业务领域与全球环境基金（GEF）在气候变化领域的支持方向大体一致。两者的区别在于，GEF 更注重能力建设，通常通过多边机制开展，且以政府主导的项目为主；而 CDM 则重点实施可观测的温室气体减排项目，通常由投资主体承担实际项目，以双边机制为主。尽管项目的实施需要政府的认可和批准，但 CDM 项目的主要实施者是企业。

在国际层面上，作为《京都议定书》缔约方会议的《联合国气候变化框架公约》缔约方大会（COP/MOP）是 CDM 的最高管理机构，最终决定关于 CDM 的规则、相关参与者资格等问题，它授权一个执行机构（EB）具体管理 CDM 的运行和规则制定。EB 又通过众多资质认定合并取得授权的经营实体（OE）来完成 CDM 的具体管理职能。

许多联合国机构都积极参与了清洁发展机制（CDM）相关的能力建设工作。例如，自 1998 年以来，联合国开发计划署（UNDP）在秘鲁、菲律宾、南非等国实施了"CDM 能力建设示范活动"。这些项目旨在提升当地私营和公共部门对

CDM 的理解，分析各国优先发展的政策，确定未来可能开展的 CDM 项目领域，并为规范和示范潜在的 CDM 项目提供指导，同时向各方提供咨询与建议。联合国开发计划署还与全球环境基金（GEF）合作开展了"能力建设的初始行动"，这一行动旨在解决广泛环境问题的能力建设，其中也包括 CDM 能力的提升。此外，联合国训练研究所（UNITAR）与气候变化非政府组织联合会合作，实施了"支持发展中国家与京都议定书相关能力需求的国家驱动评估项目"。从该项目中获得的经验显示，能力建设的重点应放在通过利益相关方的参与来确定具体需求；需求评估最好在各个国家独立进行（对于中国等大国，评估可按地区进行）；此外，各国在能力需求方面存在显著差异。

2.4.2　双多边计划

许多附件 I 国家的政府积极参与了清洁发展机制（CDM）、联合履约（JI）和先期联合履约（AIJ）相关的能力建设项目，并通过双边合作推动这些项目的发展。例如，瑞典实施了 AIJ 计划；美国国际开发署（USAID）在印度开展了提升公众对气候变化意识的项目，特别是加强印度工业界对 CDM 的了解；瑞士发展与合作署则在乌兹别克斯坦实施了针对专家和机构的 CDM 能力建设项目。此外，加拿大气候变化开发基金也是积极参与能力建设的机构之一，曾与尼日利亚、阿根廷、智利、突尼斯、洪都拉斯和中国等国家开展了气候变化领域的合作项目。

2.4.3　基金会

许多私人基金会也在全球范围内支持气候变化相关项目。例如，美国能源基金会设立了中国可持续能源项目；此外，世界自然基金会（WWF）和联合国基金会等机构也设立了专门的气候变化基金，以支持我国在温室气体减排等领域的相关项目。

参 考 文 献

[1] 郭新明. 金融支持生物多样性保护的江苏实践与展望[J]. 金融纵横, 2022(1): 3-10.

[2] 陈兰, 王文涛, 李亦欣, 等. 全球环境基金第七增资期政策分析与预测[J]. 气候变化研究进展, 2018, 14(2): 201-209.

[3] 张剑智, 陈明. 推进可持续发展建设全球生态文明的思考[J]. 环境与可持续发展, 2019, 44(4): 19-21.

[4] 刘海鸥, 张风春, 赵富伟, 等. 从《生物多样性公约》资金机制战略目标变迁解析生物多样性热点问题[J]. 生物多样性, 2020, 28(2): 244-252.

[5] 周亚敏. 借助全球环境基金推动构建人类命运共同体的思考[J]. 全球化, 2023(1):

75-84+135-136.

[6] 张剑智, 晏薇, 刘蕾, 等. 全球环境基金的影响、面临的挑战及中国应对策略[J]. 环境保护, 2023, 51(13): 25-27.

[7] 夏堃堡. 中国环境保护国际合作进程[J]. 环境保护, 2008(21): 20-22.

[8] 张晨阳. 浅析全球环境基金在应对气候变化领域的作用[J]. 法制博览, 2016(21): 100-101.

[9] 李宗录. 绿色气候基金融资的正当性标准与创新性来源[J]. 法学评论, 2014, 32(3): 130-137. DOI:10.13415/j.cnki.fxpl.2014.03.013.

[10] 马军, 古强. 跨境草原生态治理社会环境公共物品供给问题研究[J]. 前沿, 2017.

[11] 吴肖丽. 国际气候援助的碳排放效应研究[D]. 武汉: 中南财经政法大学, 2020(6): 86-90.

[12] 张剑智, 晏薇, 刘蕾, 等. 全球环境基金的影响、面临的挑战及中国应对策略[J]. 环境保护, 2023(13).

[13] 丁东霞. 国际应对气候变化资金机制的法律问题研究[D]. 武汉: 武汉大学, 2019.

[14] 吴肖丽. 国际气候援助的碳排放效应研究[D]. 武汉: 中南财经政法大学, 2020.

[15] Global Environment Facility [EB/OL]. https://www.thegef.org/who-we-are/funding.

[16] 李一丁, 武建勇. 澳大利亚生物遗传资源获取与惠益分享法制现状、案例与启示[J]. 农业资源与环境学报, 2017, 34(1): 24-29.

[17] 张丽娜, 江婷烨. BBNJ 国际协定供资机制研究[J]. 中国海洋大学学报(社会科学版), 2020(4): 1-10.

推 荐 阅 读

祁悦, 王田, 樊昊, 等. 应对气候变化国别研究: 基于联合国气候变化框架公约透明度报告信息. 北京: 中国计划出版社, 2019.

莱尔·格洛夫卡, 等. 生物多样性公约指南. 中华人民共和国濒危物种科学委员会, 中国科学院生物多样性委员会, 译. 北京: 科学出版社, 1997.

中华人民共和国生态环境部. 中国履行《生物多样性公约》第六次国家报告. 北京: 中国环境出版集团, 2019.

思 考 题

1. 全球环境基金（GEF）申报的重点领域和提供资金的方式是什么？全球环境基金有哪几种项目类型？

2. 气候投资基金（CIF）由哪几个信托基金构成？有什么区别？

3. 绿色气候基金（GCF）有哪些特点？

3 《关于汞的水俣公约》

本章在学习汞的理化性质、危害性基础上，了解汞的全球分布特征，明确我国典型涉汞行业及排放特征，明确全球开展履行《关于汞的水俣公约》（以下简称《汞公约》）的背景、意义及我国履约的压力和任务。

3.1 汞的特性及其在自然界的循环过程

3.1.1 汞的特性和危害

汞，俗称水银，是一种银白色液体金属。在《本草纲目》中记载"其状如水，似银，故名水银"。汞是元素周期表中第 80 号元素，其元素符号是 Hg，来自拉丁词 hydrargyrum，这是一个人造的拉丁词，其词根来源于希腊文 hydrargyros，这个词两个词根分别表示"水"（hydro）和"银"（argyros）。汞的英文名字为 mercury，与罗马神话中诸神的使者墨丘利（Mercury）同名。当汞撒在地上以后，能变成银色的小珠子四处滚动（这与汞的强大表面张力有关），这也是汞的英文别称 quicksilver 的来源。汞的相对原子质量为 200.59，密度是 13.58 g/cm³（是水的 13.5 倍），是一种密度极大的金属，即使是铅也能浮在汞的液面上。汞的特性如图 3-1 所示。

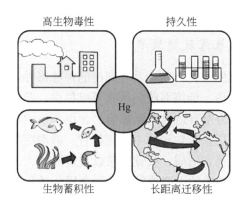

图 3-1 汞的特性

汞是一种极具环境毒性和危害性的物质，对人类和高等生物危害极大，具有显著的神经毒性，并且能够导致畸形、癌症和基因突变，已成为中国乃至全球的优先控制污染物[1]。汞化合物对人体和动物均具有较高的毒性。历史上曾出现过很多汞污染危害事件。最早在 1858 年，俄罗斯圣彼得堡有 60 名建筑工人死于汞蒸气中毒；1950～1960 年，日本水俣湾暴发了"水俣病"，造成 1000 多人死亡，许多人终生致残，最终确诊病例 2127 人。1963 年，危地马拉 45 人因食用经含汞杀虫剂处理过的麦种做的面包而死亡；1971 年，伊拉克发生大规模汞中毒事件，6000 余人中毒，500 余人死亡。这些都是世界上著名的汞污染事件。

不同形态的汞的毒性具有显著差异。通常，汞分为无机汞（如元素汞、一价汞和二价汞）和有机汞（如甲基汞）。其中，甲基汞是毒性最强的汞化合物，而无机汞的毒性相对较低[2, 3]。汞在大气、水体以及土壤中具有不同的价态，其价态客观决定着其环境安全风险等级，也决定着大气、水体以及土壤汞污染治理和修复技术路线的选择和环保目标的确定，体现出较强的差异性。

1. 无机汞的人体暴露和健康危害

无机汞的人体暴露，对普通人群而言，主要为补牙、服用一些中药、使用高汞含量的化妆品和香皂等[2-4]。对于职业暴露，主要针对生产或者使用汞及其化合物的职业人群，如汞矿开采冶炼、氯碱车间、混汞法炼金的金矿、温度计厂、一些金属冶炼车间的工人及牙科医生等[2-5]。在一些使用混汞法炼金的地区，汞蒸气暴露带来的健康危害已经成为一个严重的环境健康问题[3, 6]。

无机汞的毒性主要影响神经系统和肾脏[2, 7]。汞蒸气暴露典型症状包括震颤、情绪不稳、注意力难以集中、失眠、记忆力减退、说话时声音颤抖、视力模糊、肌肉神经功能障碍、头痛及多种神经系统异常。肾脏和中枢神经系统一样，都是汞蒸气暴露的主要受影响器官[3, 8]。

2. 甲基汞的人体暴露及健康危害

甲基汞是毒性最强的汞化合物，具有高度的神经毒性，并且会引发癌症、心血管疾病、生殖系统损伤、免疫系统问题和肾脏损害。孕妇若长期暴露于低剂量甲基汞，会对胎儿的智力发育造成严重影响[3]。甲基汞的毒性主要集中在神经系统，大脑和神经系统是甲基汞中毒的主要靶器官。典型症状包括末梢感觉异常、视野狭窄、运动失调、语言障碍、听觉异常以及震颤[2, 3, 9]。

通常，人类接触甲基汞的主要途径是通过食用鱼类和其他海产品[7]。甲基汞会通过生物积累和生物放大作用在水生食物链的顶端集中[2, 3]。WHO 和我国都将食肉型鱼类的汞含量最大限值设定为 1 mg/kg，而其他鱼类则为 0.5 mg/kg[3, 10]。

3.1.2　汞在自然界的循环过程

汞在自然界以单质、无机和有机三种形式存在，是唯一主要以气相形式存在于大气的重金属元素，也是唯一的常温下存在的液态重金属元素。环境中汞的来源主要包括自然源、人为源和二次释放源[2, 3, 11]。土壤母质中的汞是土壤中汞的最基本来源。不同母质、岩石形成的土壤的汞含量存在很大的差异，原生岩石中汞的含量直接决定着土壤中汞的含量。此外，大气汞沉降也是土壤中汞的重要来源。人类的工农业活动使汞进入大气、水体和土壤（图 3-2）。大气中的汞沉降到土壤后，大部分会因土壤中的黏土矿物和有机物的吸附作用被迅速固定，从而导致表层土壤中汞的富集，提高了土壤中的汞含量。不同类型的土壤母质和岩石形成的土壤本身的汞含量存在差异，再加上人类活动的影响，导致不同条件下土壤汞含量的显著差异[12]。

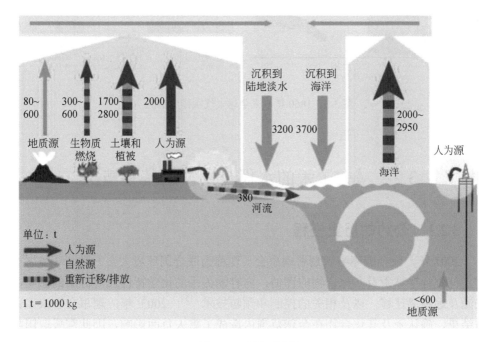

图 3-2　汞循环过程

根据联合国环境规划署（UNEP）2018 年发布的 *Technical Background Report for the Global Mercury Assessment 2018*（《2018 年全球汞评估技术背景报告》，以下简称《全球汞报告》），全球汞含量的增加主要由人类活动引发。2015 年，汞的排放主要来源于手工和小规模金矿开采（约占 38%）、煤炭燃烧（约 21%）、有色金属生产（约 15%）、水泥制造（约 11%）、含汞产品的废物处理（7%），以及其他如生物质燃烧等静态燃烧（3%）、黑色金属生产（2%）和其他来源（2%）[9]。目前对汞排放源的构成及各污染源的相对重要性达成了共识，认为排入大气的汞主要源于化石燃料尤其是煤炭的燃烧，而燃煤电厂是最大的全球大气汞排放源。研究表明，1995 年欧洲人为排放的总汞为 341.8 t，其中燃煤电厂排放的汞居已知污染源的首位。其他污染源还包括电厂以外的各种燃煤工业锅炉、废物燃烧、汞法氯碱生产、水泥生产、有色金属生产、钢铁生产等[12-14]。

1860 年以来全球大气汞排放情况见图 3-3。人为的汞排放在亚洲上升，但全球范围内百年以上的污染依然存在，这引发了关于汞治理费用谁支付的问题。

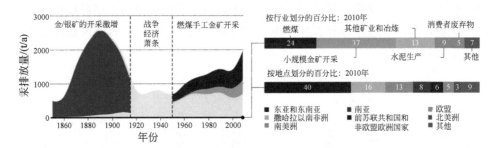

图 3-3　1860 年以来全球大气汞排放情况

3.2　《关于汞的水俣公约》的基本情况

3.2.1　公约的历史进程

2001 年，联合国环境规划署理事会（现称为联合国环境大会）邀请环境署执行主任进行全球汞及其化合物的评估，内容涵盖汞的化学特性及对健康的影响、来源及远距离迁移，以及相关的控制和预防技术[15]。2003 年，理事会审议了评估结果，确认汞及其化合物在全球范围内造成了重大负面影响，因此需采取国际行动减少其排放，以降低对人体健康和环境的风险。为此，环境署鼓励各国制定减少汞排放的目标，并提供技术援助和能力建设支持[9]。2009 年，联合国环境规划署第 25 次理事会决定成立政府间谈判委员会，起草了一项具有法律约束力的国际文书用于汞污染的治理[16, 17]。2013 年 1 月最终敲定文本，并于同年 10 月 10 日在日本的全权代表会议上通过。文件随后在 12 个月内开放签署，至 2014 年 10 月 9 日，127 个国家和一个区域经济一体化组织共签署了该公约[16, 18]。《关于汞的水俣公约》于 2017 年 8 月 16 日正式生效[19]。《汞公约》旨在提醒人们牢记 20 世纪 50 年代日本因汞污染引发的水俣病给人们带来的灾难，并敦促全球各方履行公约，减少汞的排放，以降低其对环境和健康的危害（图 3-4）[20]。

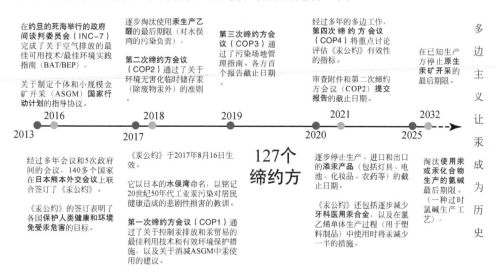

图 3-4　公约的历史进程

3.2.2　公约的主要内容

《关于汞的水俣公约》是"里约+20"大会后通过的首个多边环境条约，是全球环保事业发展的新里程碑。《关于汞的水俣公约》的目标是保护人体健康和环境免受人为排放和释放的汞及其化合物的影响[18, 21]，其中阐明了旨在实现这一目标的一整套措施。这些措施包括：对汞的供应和贸易实行控制，其中规定对初级汞开采等特定的汞来源实行限制；对添汞产品和那些使用汞化合物的制造工艺，以及手工和小规模采金业采取控制措施。《汞公约》案文针对汞的排放和释放订立了不同的条款，规定在采取控制措施减少汞含量的同时，亦允许在顾及国家发展计划方面保持灵活性。此外，案文还针对汞的环境无害化临时储存、汞废物和受污染场地订立了措施。案文还规定需向发展中国家和经济转型国家提供财政和技术支持，并为此规定设立一个财务机制，以提供充足、可预测且及时的财政资源。

《关于汞的水俣公约》由 35 条正文和 5 个附件组成，其主要内容如表 3-1 所示[12]。

表 3-1 《汞公约》的主要内容

序号	条款	《汞公约》内容
1	1~2	《汞公约》的目标和定义
2	3~12	控制性条款。规定了汞矿开采、添汞产品和用汞工艺的淘汰时限及豁免范围，规定了大气汞排放及释放的控制措施和受控范围，规定了汞废物及污染场地的管理与控制措施
3	13~35	机制性条款。规定了为实现《汞公约》目标所需资金和技术援助机制，具体内容包括财务资源和财务机制，能力建设，履行与遵约委员会，信息交流，实施计划，报告，成效评估，缔约方大会，秘书处，争端解决，公约的修正，附件的通过和修正，表决权，签署，批准、接受、核准和加入，生效，保留，退出，保存人，作准文本等内容[18]
4	附件 A	列出了受《汞公约》管制的添汞产品
5	附件 B	列出了受《汞公约》管控的用汞工艺
6	附件 C	列出了手工和小规模采金业行动计划的编制要求
7	附件 D	列出了汞及其化合物的大气排放点源类别
8	附件 E	规定了解决争端的仲裁程序和调解程序

附件 A 列出了受第四条第一款管制的添汞产品及受第四条第三款管制的添汞产品（图 3-5～图 3-7）。

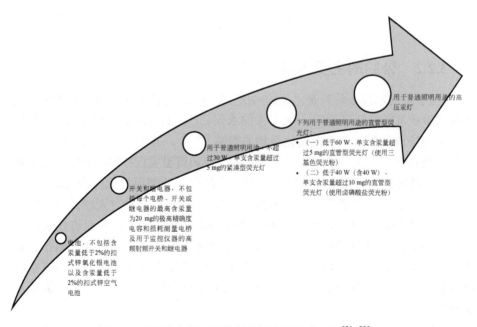

图 3-5 受第四条第一款管制的添汞产品（一）[21, 22]

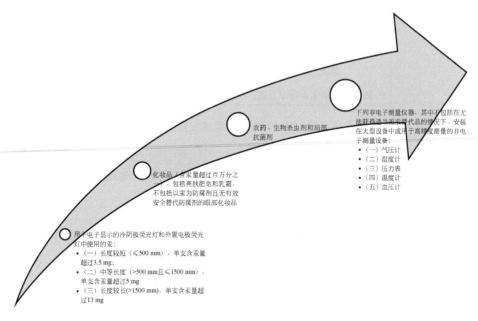

图 3-6 受第四条第一款管制的产品的添汞产品（二）[21, 22]

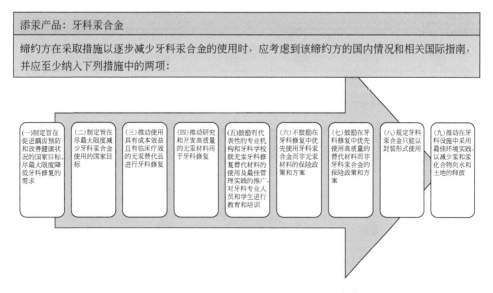

图 3-7 受第四条第三款管制的添汞产品[21]

附件 B 列出了受第五条第二款管制的用汞工艺及第五条第三款管制的用汞工艺（图 3-8 和图 3-9）。

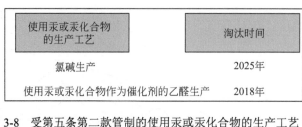

使用汞或汞化合物的生产工艺	淘汰时间
氯碱生产	2025年
使用汞或汞化合物作为催化剂的乙醛生产	2018年

图 3-8　受第五条第二款管制的使用汞或汞化合物的生产工艺[21]

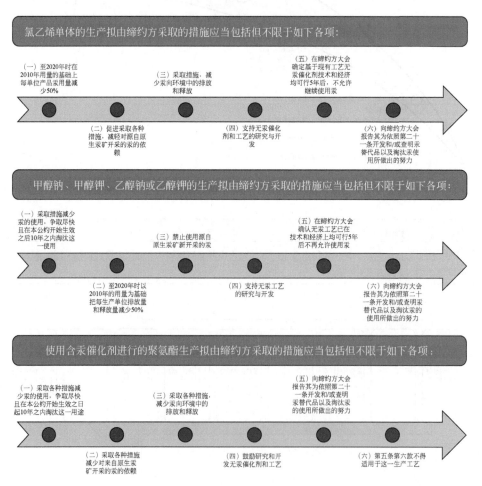

图 3-9　受第五条第三款管制的使用汞或汞化合物的生产工艺[21, 23-25]

附件 D 列出了大气中汞及其化合物的排放点源类别包括以下几类:燃煤电厂、燃煤工业锅炉、有色金属生产中的冶炼和焙烧工艺(就《汞公约》而言,"有色金属"指铅、锌、铜和工业黄金)、废物焚烧设施、水泥熟料生产设施[18, 21, 23, 26]。

3.2.3 公约国际谈判动向

自 2017 年《汞公约》生效以来，围绕成效评估、国家报告、汞排放和释放、污染场地、附件 A 和附件 B 审议和修正等重点议题，《汞公约》缔约方大会共召开 5 次会议。前三次以及第五次分别于瑞士日内瓦举行，召开时间分别为 2017 年 9 月 24～29 日、2018 年 11 月 19～23 日、2019 年 11 月 25～29 日、2023 年 10 月 30 日至 11 月 3 日，第四次缔约方大会（COP4）分为两部分召开，线上会议于 2021 年 11 月 1～5 日召开，线下会议于 2022 年 3 月 21～25 日在印度尼西亚巴厘岛召开。

COP1 审议了一系列重点议题，包括汞供应来源和贸易、国家报告、成效评估、财务机制、设立常设秘书处的安排、与《汞公约》技术方面有关的指导意见、准则等。

COP2 会议就设立独立秘书处永久性安排达成一致，还通过了与《巴塞尔公约》、《鹿特丹公约》和《斯德哥尔摩公约》的合作、遵约委员会议事规则、汞废物阈值、海关 HS 编码、污染场地、临时储存、能力建设、技术援助和技术转让、成效评估等议题的决定。

COP3 审议并通过了国家报告格式的指导意见、审查附件 A 和附件 B、牙科汞合金、汞的释放、汞废物阈值、海关编码、污染场地管理的指导意见、加强《汞公约》秘书处与《巴塞尔公约》、《鹿特丹公约》和《斯德哥尔摩公约》秘书处之间的合作，以及能力建设、技术援助和技术转让等议题的决定。

COP4 线上会议主要审议并通过了 2022 年工作计划、预算和线下会议召开日期和地点。线下会议审议并通过了公约附件 A 和附件 B 的审查和修正、成效评估、汞废物阈值、秘书处 2023 年工作方案和预算、汞的释放、手工和小规模采金、审查资金机制、国家报告、秘书处、性别问题、国际合作与协调、第五次缔约方大会会期和地点等议题的决定。会议期间，印尼政府作为大会东道国提出了一项不具约束力的政治宣言，即"巴厘宣言"。呼吁国际社会开展合作，打击全球汞的非法贸易问题，减少手工和小规模采金业中汞的使用。

COP5 会议就公约附件 A 和附件 B 的修正、附件 B 中使用无汞替代品的可行性审查、成效评估、汞废物阈值、汞的排放与释放、履行与遵约委员会、国家报告、秘书处 2024～2025 年工作方案和预算等议题展开了讨论。最终通过了新增部分，包括含汞电池、开关和继电器、荧光灯以及含汞化妆品的淘汰时限，确定了首次成效评估周期，建立了汞废物阈值，并决定推迟至第六次缔约方大会审议氯乙烯单体（VCM）生产中使用无汞催化剂技术和经济可行性信息[27]。

3.3 主要涉汞行业及管控要求

3.3.1 原生汞矿开采

公约第三条"汞的供应来源和贸易"对原生汞矿的开采、汞库存、汞的进出口的核心要求主要有：①在《汞公约》生效之后，不得有新增汞矿开采，现有原生汞矿开采活动只能持续 15 年；②原生汞只能用于《关于汞的水俣公约》规定的用途（添汞产品和工艺），不得导致汞的回收、再循环、再生、直接再使用等；③查明境内汞或汞化合物库存：即 50 吨以上的汞及汞化合物库存或每年出产 10 吨以上汞及汞化合物库存的汞供应来源统计；④在与缔约方和非缔约方进行进出口贸易时，应按照《汞公约》的要求提供相关的证明材料并进行管控。相关措施以及定性或定量的管控效果，将体现在定期提交的国家报告中[21]。公约规定自 2017 年 8 月 16 日起禁止新建原生汞矿，各地国土资源主管部门停止颁发新的勘查和采矿许可证。到 2032 年 8 月 16 日，中国将全面禁止开采原生汞矿[28-31]。

3.3.2 添汞产品

《汞公约》对列入附件 A 第一部分的添汞产品提出了限期禁止生产和进出口的要求，对第二部分的添汞产品（目前只有牙科汞合金）提出了削减使用及鼓励替代的要求。中国政府的《汞公约》生效公告进一步明确了中国添汞产品的履约时间表：①自 2021 年 1 月 1 日起，禁止生产《汞公约》附件 A 第一部分管控的大部分产品，包括含汞电池、开关和继电器、含汞荧光灯（紧凑型、直管型、高压汞灯、冷阴极荧光灯、外置电极荧光灯）、含汞化妆品、农药[26, 32]；②自 2021 年 1 月 1 日起，禁止进出口《汞公约》附件 A 第一部分管控的所有添汞产品；③自 2026 年 1 月 1 日起，禁止生产含汞体温计和含汞血压计；④对于受《汞公约》第四条第三款管控的产品，即牙科汞合金，《汞公约》要求缔约方采取措施逐步减少牙科汞合金的使用，同时至少纳入《汞公约》列出的九条措施中的其中两项。

1.《汞公约》附件 A 第一部分添汞产品情况

美国、加拿大、欧盟和日本等发达国家/地区在批准《汞公约》前已出台相关的法规条例，将公约管控要求列入其中。美国和加拿大对公约管控添汞产品生产和进出口的禁止时限均早于公约要求；欧盟除普通照明用途荧光灯、含汞体温计和其他测温仪的生产和进出口禁止时限与公约一致外，其余添汞产品生产和进出口的禁止时限均早于公约要求；日本除了湿度计的生产和进出口禁止时限与公约一致外，其余添汞产品生产和进出口的禁止时限均早于公约要求。目前，国际上登记了生产豁免的国家和地区有 7 个，进口豁免的国家和地区有 10 个，出口豁免的国家和地区有 6 个。按区域分布的豁免国家和地区情况见表 3-2。

表 3-2 国际上登记添汞产品豁免的国家和地区分布情况

地区	生产豁免	进口豁免	出口豁免
亚洲	印度、伊朗、泰国	印度、伊朗、泰国	印度、伊朗、泰国
欧洲	—	—	—
美洲	阿根廷、加拿大、秘鲁	加拿大、秘鲁	加拿大、秘鲁
非洲	加纳	加纳、博茨瓦纳、斯威士兰、莱索托、马达加斯加	加纳
大洋洲	—	—	—

中国已申请登记了含汞体温计和含汞血压计的生产豁免，即自 2026 年 1 月 1 日起，禁止生产含汞体温计和含汞血压计。中国已实现 2020 年底淘汰添汞产品生产和进出口的第一阶段履约目标，即自 2021 年 1 月 1 日起，除含汞体温计和含汞血压计外的添汞产品均已停止生产，所有添汞产品均已停止进出口。

2. 缔约方大会增列情况

1）第四次缔约方大会增列情况

2021 年 4 月，非洲集团、欧盟、加拿大和瑞士分别提交了修正附件 A 和/或附件 B 的提案，3 项提案共涉及普通照明用途含汞荧光灯、牙科汞合金等 13 种类添汞产品和使用含汞催化剂进行聚氨酯生产 1 类用汞工艺，针对每种类产品和工艺设置明确淘汰时限。在 2022 年 3 月 21～25 日召开的公约第四次缔约方大会第二阶段会议（COP4.2）通过了上述缔约方修正提案中涉及公约附件 A 第一部分的 8 种类添汞产品生产和进出口的淘汰时限（表 3-3），均为 2025 年。此次会议对 4 种类添汞产品的淘汰时限未达成共识，待 COP5 大会审议。

表 3-3 第四次缔约方大会通过的附件 A 第一部分添汞产品淘汰时限 [21, 33]

添汞产品	在此淘汰日期之后不允许产品生产、进口或出口
用于普通照明用途、不超过 30 W、单支含汞量不超过 5 mg 的带集成镇流器的紧凑型荧光灯	2025 年
上一条目未包含的、用于电子显示的各种长度的冷阴极荧光灯和外置电极荧光灯	2025 年
体积描记仪中使用的应变片	2025 年

添汞产品	在此淘汰日期之后不允许产品生产、进口或出口
电气和电子测量仪器，其中不包括在无法获得适当无汞替代品的情况下、安装在大型设备中或用于高精度测量的电气和电子测量仪器；熔体压力传感器、熔体压力变送器和熔体压力感应器	2025 年
汞真空泵	2025 年
轮胎平衡器和车轮平衡块	2025 年
照相胶片和相纸	2025 年
卫星和航天器的推进剂	2025 年

2）第五次缔约方大会增列情况

2023 年 4 月，博茨瓦纳和布基纳法索代表非洲地区提交了关于修正公约附件 A 的 3 份新提案，涉及化妆品、牙科汞合金和荧光灯三类添汞产品，拟在 COP5 审议。最终，COP5 审议并通过了含汞电池、开关和继电器、荧光灯、含汞化妆品 4 类共计 13 种添汞产品，见图 3-10 和图 3-11。

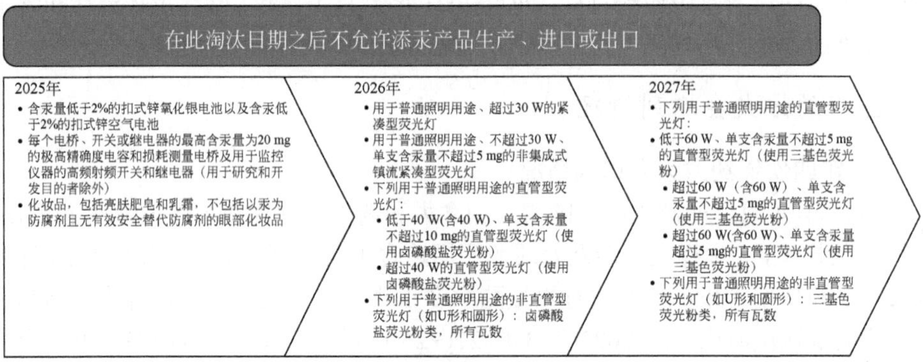

图 3-10　第五次缔约方大会通过的附件 A 第一部分添汞产品[21, 33-35]

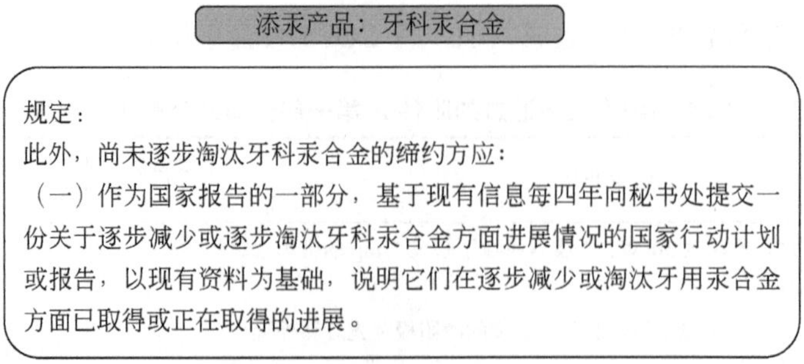

图 3-11　第五次缔约方大会通过的附件 A 第二部分添汞产品

3.3.3 用汞工艺

《汞公约》第五条对使用汞或汞化合物的生产工艺提出如图 3-12 所示要求。

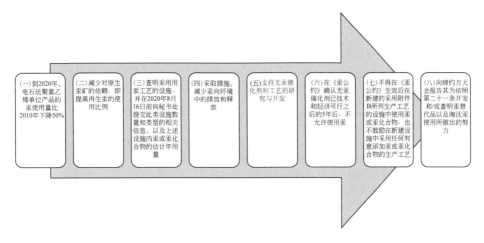

图 3-12 第五条对使用汞或汞化合物的生产工艺提出的要求

目前，国际上有 6 个国家申请登记用汞工艺豁免，涉及氯碱生产、使用汞或汞化合物作为催化剂的乙醛生产等两种用汞工艺。美国、秘鲁、伊朗、阿根廷和加纳申请氯碱生产使用汞或汞化合物的生产工艺延至 2030 年淘汰。加纳、印度申请使用汞或汞化合物作为催化剂的乙醛生产工艺延至 2030 年淘汰。为落实《关于汞的水俣公约》要求，中国停止了烧碱、聚氨酯等 7 个行业的用汞工艺，禁止新建氯乙烯单体的用汞工艺，现有聚氯乙烯生产的单位产品用汞量较 2010 年下降超过 50%。随着《汞公约》谈判进程的深入，进一步明确了使用含汞催化剂进行的聚氨酯生产、甲醇钠、甲醇钾、乙醇钠、乙醇钾用汞工艺淘汰要求。

3.3.4 排放和释放

《汞公约》第八条对排放的相关来源提出了如图 3-13 所示要求[36, 37]。

中国是汞的生产、使用和排放大国。按照含汞原料和燃料的不同，中国涉及大气汞排放主要分为燃煤（燃煤电厂和燃煤工业锅炉）、有色金属冶炼、水泥生产、钢铁生产和废物焚烧。第八条中提到的最佳可行技术（Best Available Techniques）是针对生产、生活过程中产生的各种环境问题，为减少污染物排放，从整体上实现高水平环境保护所采用的与某一时期技术经济发展水平和环境管理要求相适应、在公共基础设施和工业部门得到应用、适用于不同应用条件的一项或多项先进可行的污染防治工艺和技术。最佳环境管理实践（Best Environmental Practices）

条款8.3：拥有大气汞排放相关来源的缔约方应当采取措施，控制汞的排放，并可制订一项国家计划，设定为控制排放而采取的各项措施及其预计指标、目标和成果。任何计划均应自本公约开始对所涉缔约方生效之日起4年内提交缔约方大会。如果缔约方选择依照第二十条制订一项国家实施计划，则该缔约方可把本款所规定的计划纳入其中

条款8.4：对于新来源而言，每一缔约方均应要求在实际情况允许时尽快但最迟应自本公约开始对其生效之日起5年内使用最佳可得技术和最佳环境实践，以控制并可行时减少排放。缔约方可采用符合最佳可得技术的排放限值

条款8.5：对于现有来源而言，每一缔约方均应在在实际情况允许时尽快但不迟于本公约开始对其生效之日起10年内，在其国家计划中列入并实施下列一种或多种措施，同时考虑到其国家的具体国情以及这些措施在经济和技术上的可行性及其可负担性。现有源具体措施包括：（一）控制并于可行时减少源自相关来源的排放的量化目标；（二）采用控制并于可行时减少来自相关来源的排放限值；（三）采用最佳可得技术和最佳环境实践来控制源自相关来源的排放；（四）采用针对多种污染物的控制战略，从而取得控制汞排放的协同效益；（五）减少源自相关来源的排放的替代性措施

条款8.7：每一缔约方均应在实际情况允许时尽快，且自本公约开始对之生效之日起5年内建立，并于嗣后保存一份关于相关来源的排放情况的清单

图 3-13　《汞公约》第八条对排放的相关来源提出的要求

是指运用行政、经济、技术等手段，为减少生产、生活活动对环境造成的潜在污染和危害，确保实现最佳污染防治效果，从整体上达到高水平环境保护所采用的管理活动。污染防治最佳可行技术指标体系需要体现：①环境目标可达性（Environmental desirability）：是指采取的废物处置技术和管理能力能够确保公共健康和环境安全。②管理持续性（Administrative diligence）：是指相应的管理能力能够确保采取的政策和措施得以落实并长期有效，重点为环境影响情况。③经济有效性（Economic effectiveness）：是指采取的处置技术和管理手段成本有效，并同时考虑了废物本身的经济价值。④社会可接受性和有效性（Social acceptability and equity）：是指采取的处置技术和管理手段能够为当地社会所支持和接受，包括废物管理方法的有效性。

3.3.5　含汞废物和汞污染场地

根据《汞公约》第十一条"汞废物"，汞废物指汞含量超过缔约方大会经与

《巴塞尔公约》各相关机构协调后统一规定的阈值，按照国家法律或本公约之规定予以处置或准备予以处置或必须加以处置的下列物质或物品：①由汞或汞化合物构成；②含有汞或汞化合物；③受到汞或汞化合物污染。这一定义不涵盖源自除原生汞矿开采以外的采矿作业中的表层土、废岩石和尾矿石，除非其中含有超出缔约方大会所界定的阈值量的汞或汞化合物[21, 36, 38]。

《汞公约》对含汞废物的管理要求包括：①参照《巴塞尔公约》指导准则，并遵照缔约方大会将以增列附件的形式通过各项要求的情况下，以环境无害化的方式得到管理；②仅为公约允许用途或环境无害化处置而得到回收、再循环、再生或直接再使用；③除进行环境无害化处置的情况外，《巴塞尔公约》缔约方不得进行跨越国际边境的运输[21, 36]。

《汞公约》第十二条对"汞污染场地"的管控要求为：①应努力制订合理的战略，识别和评估汞污染场地；②对于污染场地采取的任何风险降低行动，均应酌情结合汞的健康和环境风险评估，以环境无害化的方式进行。

3.4 中国履行《关于汞的水俣公约》进展

根据《汞公约》管控要求，中国主要涉汞行业如表3-4所示。

表3-4 汞相关行业基本数据汇总

分类	行业名称	国民经济生产部门
汞供应	汞矿生产	金属矿采选产品
	含汞废物处置	废品废料
用汞行业	电石法聚氯乙烯生产	化学产品
	荧光灯	电气机械与器材
	体温计	电气机械与器材
	血压计	电气机械与器材
	电池	电气机械与器材
大气汞排放	燃煤电厂	电力、热力的生产和供应
	燃煤锅炉	电力、热力的生产和供应
	废物焚烧	水利、环境和公共设施管理
	水泥生产	非金属矿物制品
	锌冶炼	金属冶炼和压延加工品
	铅冶炼	金属冶炼和压延加工品
	铜冶炼	金属冶炼和压延加工品
	工业黄金冶炼	金属冶炼和压延加工品

3.4.1 中国履行《关于汞的水俣公约》的机制及履约要求

2016 年 4 月 28 日，第十二届全国人民代表大会常务委员会第二十次会议批准《关于汞的水俣公约》。《关于汞的水俣公约》自 2017 年 8 月 16 日起对我国正式生效。2017 年 7 月，经国务院批准成立了由环境保护部牵头、外交部等 17 个部委联合组成的国家履行汞公约工作协调组，形成了多部门齐抓共管、各负其责、协同推进的工作格局[21, 33, 36, 37, 39]。2021 年 12 月，国家履行汞公约工作协调组专家委员会正式成立，为高质量履约，开展综合决策与咨询建议提供重要技术支撑（图 3-14）。

图 3-14　《关于汞的水俣公约》规定的中国需要履约的内容[21, 34, 36]

3.4.2 中国汞污染防治管理体系

中国对大气汞污染防治工作的重视逐渐增强。自 20 世纪 90 年代以来，中国开展了大量关于汞大气排放的研究工作，并在汞污染控制方面采取了一系列法律措施[39-46]。其中包括《大气污染防治法》和《清洁生产促进法》等相关法律法规。为了推进汞等重金属污染防治工作的开展，2011 年颁布实施了《重金属污染综合防治"十二五"规划》[34, 47]。中国涉汞相关法律法规如表 3-5 所示。

表 3-5　中国涉汞相关法律法规[34,46-50]

法规名称	发布时间/文号	发布机构
中华人民共和国大气污染防治法	1987 年颁布，2000 年修订	全国人大常务委员会

法规名称	发布时间/文号	发布机构
中华人民共和国环境保护法	1989 年 12 月	全国人大常务委员会
中华人民共和国固体废物污染环境防治法	1996 年 4 月实施，2005 年 4 月修订	全国人大常务委员会
危险废物经营许可证管理办法	国务院令〔2004〕408 号	国务院
国务院办公厅转发环境保护部等部门关于加强重金属污染防治工作指导意见的通知	国办发〔2009〕61 号	国务院
重金属污染综合防治"十二五"规划	2011 年 2 月	国务院
"十三五"生态环境保护规划	2016 年 11 月	国务院
打赢蓝天保卫战三年行动计划[51, 52]	2018 年 6 月	国务院

　　中国政府分别于 1992 年 5 月和 2004 年 4 月批准了涉及汞等化学品和含汞废物的《巴塞尔公约》《鹿特丹公约》。2002 年开始实行进口汞的定点加工，对汞的进口进行防控。2005 年中国已明确将含汞催化剂列入"含汞废物"。2007 年，国务院发布的《产业结构调整指导目录（2007 年）》中对于氯化汞催化剂项目明确规定为限制类。2009 年 11 月，环境保护部牵头下发《关于深入开展重金属污染企业专项检查的通知》，要求对重金属污染源开展监测工作。中国已开始逐步建立汞污染监测系统，加强污染监控。2009 年 12 月，《国务院办公厅转发环境保护部等部门关于加强重金属污染防治工作指导意见的通知》（国办发〔2009〕61 号）。涉汞产品的生产过程中有环境保护、劳动保护等方面的要求，生产过程中产生的固体废弃物属于危险废物，列入《国家危险废物名录》。禁止部分产品包括农药、化妆品和高汞电池。淘汰落后工艺包括土法炼汞、小黄金、汞法烧碱、汞法提金、年产汞 10 t 以下的企业，也列入淘汰目录。限制 PVC 生产能力在 8 万 t/a 以下的乙炔法[34, 47]。中国涉汞相关部门规章如表 3-6 所示。

表 3-6 中国涉汞相关部门规章文件

法规名称	发布时间/文号	发布机构
关于限制电池产品汞含量的规定	1997 年 12 月	原中国轻工总会、原国家经济贸易委员会、原国内贸易部、原对外贸易经济合作部、原国家工商行政管理总局、原国家环境保护局等部门
危险废物转移联单管理办法	1999 年 10 月	原国家环保总局
危险废物污染防治技术政策	2001 年 12 月	原国家环保总局
关于实行危险废物处置收费制度促进危险废物处置产业化的通知	发改价格〔2003〕1874 号	发改委/原国家环保总局/原卫生部/财政部/建设部

续表

法规名称	发布时间/文号	发布机构
烧碱/聚氯乙烯行业清洁生产评价指标体系	2006 年 12 月	国家发展和改革委员会
铅锌行业准入条件	发改委〔2007〕13 号	国家发展和改革委员会
氯碱(烧碱、聚氯乙烯)行业准入条件[53]	发改委〔2007〕74 号	国家发展和改革委员会
国家危险废物名录	2024 年 12 月	国家发展和改革委员会
关于深入开展重金属污染企业专项检查的通知	2009 年 9 月	原环境保护部、国家发展和改革委员会、工业和信息化部等部门
关于加强电石法生产聚氯乙烯及相关行业汞污染防治工作的通知[54]	环发〔2011〕4 号	原环境保护部
产业结构调整指导目录(2011 年本)[53]	2011 年 6 月	国家发展和改革委员会
铅锌冶炼工业污染防治技术政策[38]	2012 年 3 月	原环境保护部
煤炭清洁高效利用行动计划(2015～2020 年)	2015 年 4 月	国家能源局
汞污染防治技术政策	2015 年 12 月 24 日	原环境保护部
有色金属工业发展规划(2016～2020 年)[55]	2016 年 9 月	工业和信息化部
水泥窑协同处置固体废物污染防治技术政策[56]	2016 年 12 月	原环境保护部
火电厂污染防治技术政策[57]	2017 年 1 月 10 日	原环境保护部
火电厂污染防治可行技术指南(HJ 2301—2017)	2017 年 6 月	生态环境部
关于发布《优先控制化学品名录(第一批)》的公告[57]	2017 年 12 月 27 日	原环境保护部、工业和信息化部、卫生计生委
固定污染源排污许可分类管理名录	2017 年 6 月发布，2019 年 7 月 11 日修订	原环境保护部
有毒有害大气污染物名录(2018 年)	2019 年 1 月	生态环境部和卫生健康委
2019 年全国大气污染防治工作要点[58]	2019 年 2 月	生态环境部
《"无废城市"建设试点实施方案编制指南》和《"无废城市"建设指标体系(试行)》[59]	2019 年 5 月	生态环境部

中国涉汞相关导则及技术规范见表 3-7。

表 3-7　中国涉汞相关导则及技术规范[34]

导则及技术规范名称	发布时间	发布机构
化妆品安全技术规范	2015 年 12 月	原国家食品药品监督管理总局

续表

导则及技术规范名称	发布时间	发布机构
废电池污染防治技术政策（2016 版）	2016 年 12 月	原环境保护部
排污许可证申请与核发技术规范 水泥工业（HJ 847—2017）	2017 年 7 月	原环境保护部
排污许可证申请与核发技术规范 有色金属工业铅锌冶炼（HJ 863.1—2017）	2017 年 9 月	原环境保护部
排污许可证申请与核发技术规范 有色金属工业铜冶炼（HJ 863.3—2017）	2017 年 9 月	原环境保护部
排污许可证申请与核发技术规范 有色金属工业汞冶炼（HJ 931—2017）	2017 年 12 月	原环境保护部
排污许可证申请与核发技术规范 锅炉（HJ 953—2018）	2018 年 7 月	生态环境部
排污许可证申请与核发技术规范 电池工业	2018 年 9 月	生态环境部
排污许可证申请与核发技术规范 危险废物焚烧（HJ 1038—2019）	2019 年 8 月	生态环境部
排污许可证申请与核发技术规范 聚氯乙烯工业	2019 年 8 月	生态环境部
排污许可证申请与核发技术规范 生活垃圾焚烧（HJ 1039—2019）	2019 年 10 月	生态环境部
排污许可证申请与核发技术规范 火电（二次征求意见稿）	2024 年 3 月	生态环境部

中国组织制订和修订涉及汞污染防治的环境质量标准、排放标准、监测规范、样品标准、清洁生产标准、环境影响评价标准、监测分析方法等，涉及汞生产、消费、处置和污染防治的标准和技术规范等内容（表 3-8）。

表 3-8 中国汞环境质量标准

标准名称	标准号	发布机构
环境空气质量标准	GB 3095—1996	原国家环境保护局
海水水质标准	GB 3097—1997	原国家环境保护局和国家海洋局
地表水环境质量标准	GB 3838—2002	原国家环境保护局
农田灌溉水质标准	GB 5084—2005	原国家质量监督检验检疫总局和国家标准化管理委员会
生活饮用水卫生标准	GB 5749—2006	原卫生部和国家标准化管理委员会
渔业水质标准	GB 11607—1989	原国家环境保护局
地下水质量标准	GB 14848—1993	原国家技术监督局
土壤环境质量标准	GB 15618—1995	原国家环境保护局和原国家技术监督局
土壤环境质量建设用地土壤污染风险管控标准	GB 36600—2018	生态环境部

标准名称	标准号	发布机构
土壤环境质量-农用地土壤污染风险管控标准（试行）	GB 15618—2018	生态环境部

生态环境部和相关部委先后颁布了环境介质和产品中的汞监测方法，如表 3-9 所示。

表 3-9　中国各环境介质中汞监测的相关标准[34]

标准名称	标准号	发布机构
食品中总汞及有机汞的测定	GB 5009.17—2003	原卫生部和国家标准化管理委员会
水质 总汞的测定 冷原子吸收分光光度法	GB 7468—1987	原国家环境保护局
化妆品卫生化学标准检验方法 汞	GB 7917.1—1987	原卫生部
固体废物 总汞的测定 冷原子吸收分光光度法	GB/T15555.1—1995	原国家环境保护局和原国家技术监督局
车间空气中汞的双硫腙分光光度测定方法	GB/T 16013	原国家技术监督局和卫生部
土壤质量 总汞的测定 冷原子吸收分光光度法	GB/T 17136—1997	原国家环境保护局
电池中汞、镉、铅的含量测定	GB/T 20155—2006	原国家质量监督检验检疫总局和国家标准化管理委员会
电子电气产品中限用物质铅、汞、镉检测方法	GB/Z 21274—2007	原国家质量监督检验检疫总局和国家标准化管理委员会
荧光灯含汞量测定方法	GB 23113—2008	原国家质量监督检验检疫总局和国家标准化管理委员会
固定污染源废气 汞的测定 冷原子吸收分光光度法 （暂行）	HJ 543—2009	原环境保护部
土壤和沉积物 汞、砷、硒、铋、锑的测定 微波消解/原子荧光法	HJ 680—2013	原环境保护部
水质 汞、砷、硒、铋和锑的测定 原子荧光法	HJ 694—2014	原环境保护部
固体废物 汞、砷、硒、铋、锑的测定 微波消解/原子荧光法	HJ 702—2014	原环境保护部
环境空气 气态汞的测定 金膜富集/冷原子吸收分光光度法	HJ 910—2017	原环境保护部
土壤和沉积物 总汞的测定 催化热解-冷原子吸收分光光度法	HJ 923—2017	原环境保护部
汞水质自动在线监测仪技术要求及检测方法	HJ 926—2017	原环境保护部
城市生活垃圾汞的测定 冷原子吸收分光光度法	CJ/T 98—1999	建设部

标准名称	标准号	发布机构
工作场所空气中汞及其化合物的测定方法	GBZ/T 160.14—2004	原卫生部
电池用浆层纸 第9部分：含汞量的测定	QB/T 2303.9—2008	国家发展和改革委员会

《国民经济和社会发展第十二个五年规划纲要》指出，要"加快经济发展方式转变""提高生态文明水平""发展绿色经济""建设资源节约型、环境友好型社会"的目标，汞作为一种特殊的重金属物质，涉及的行业门类，污染问题复杂多样，我国添汞产品汞含量标准如表 3-10 所示。

表 3-10 我国添汞产品汞含量标准

领域	标准名称	发布机构
汞	汞 （GB 913—2010）	国家质量监督检验检疫总局和国家标准化管理委员会
粮食	粮食卫生标准（GB 2715—2005）	原卫生部和国家标准化管理委员会
鲜、冻动物性水产品	鲜、冻动物性水产品卫生标准 （GB 2733—2005）	原卫生部和国家标准化管理委员会
食品	食品中污染物限量 （GB 2762—2005）	原卫生部和国家标准化管理委员会
血压计和血压表	血压计和血压表 （GB 3053—1993）	原国家技术监督局
食用菌	食用菌卫生标准 （GB 7096—2003）	原卫生部和国家标准化管理委员会
食用菌罐头	食用菌罐头卫生标准 （GB 7098—2003）	原卫生部和国家标准化管理委员会
化妆品	化妆品卫生标准 （GB 7916—1987）	原卫生部
电池	碱性及非碱性锌-二氧化锰电池中汞、镉、铅含量的限制要求 （GB 24427—2009）	原国家质量监督检验检疫总局和国家标准化管理委员会
灯	环境标志产品技术要求 节能灯 （HJ/T 230—2006）	原国家环境保护局
茶叶	茶叶中铬、镉、汞、砷及氟化物限量 （NY 659—2003）	农业部
牙科产品	齿科银汞调合器 （YY/T 0273—1995）	国家医药管理局

领域	标准名称	发布机构
牙科产品	牙科学 银汞合金胶囊 （YY 0715—2009）	原国家食品药品监督管理局
污泥	农用污泥中污染控制标准（GB 4284—1984）	原中华人民共和国城乡建设环境保护部
垃圾	城镇垃圾农用控制标准 （GB 8172—1987）	原国家环境保护局

《汞公约》中提到的大气汞排放行业包括燃煤电厂和燃煤锅炉、水泥生产、有色金属冶炼（铅、锌、铜、工业黄金）、废物焚烧等无意排放行业。此外，中国在一些涉汞行业也颁布了相应的排放标准，见表 3-11。

表 3-11 中国涉汞行业排放标准

标准名称	标准号	发布机构
水泥工业大气污染物排放标准	GB 4915—2013	原环境保护部和原国家质量监督检验检疫总局
污水综合排放标准	GB 8978—1996	原国家环境保护局
工业炉窑大气污染物排放标准	GB 9078—1996	原国家环境保护局
火电厂大气污染物排放标准	GB 13223—2011	原国家环境保护局
锅炉大气污染物排放标准	GB 13271—2014	原环境保护部和原国家质量监督检验检疫总局
火葬场大气污染物排放标准	GB 13801—2015	原环境保护部和原国家质量监督检验检疫总局
车间空气中汞卫生标准	GB 16227—1996	原国家技术监督局和原卫生部
大气污染物综合排放标准	GB 16297—1996	原国家环境保护局
危险废物焚烧污染控制标准	GB 18484—2020	国家环境保护局和国家质量监督检验检疫总局
生活垃圾焚烧污染控制标准	GB 18485—2014	原国家环境保护局
铅、锌工业污染物排放标准	GB 25466—2010	原环境保护部和原国家质量监督检验检疫总局
铜、镍、钴工业污染物排放标准	GB 25467—2010	原环境保护部和原国家质量监督检验检疫总局
电池工业污染物排放标准	GB 30484—2013	原环境保护部和原国家质量监督检验检疫总局
水泥窑协同处置固体废物污染控制标准	GB 30485—2013	原环境保护部和原国家质量监督检验检疫总局

续表

标准名称	标准号	发布机构
锡、锑、汞工业污染物排放标准	GB 30770—2014	原环境保护部和原国家质量监督检验检疫总局
无机化学工业污染物排放标准	GB 31573—2015	原环境保护部和原国家质量监督检验检疫总局
工业企业卫生设计标准	TJ 36—1979	原卫生部
城镇污水处理厂污染物排放标准	GB 18918—2002	原国家环境保护局和原国家质量监督检验检疫总局
生活垃圾填埋场污染控制标准	GB 16889—2008	原环境保护部
清洁生产标准 氯碱工业（聚氯乙烯）	HJ 476—2009	原环境保护部

2011 年 2 月，国务院通过了《重金属污染综合防治"十二五"规划》（2011~2015）"，重点关注汞、铅、镉、砷和铬等重金属污染防治。该规划的实施，标志着重金属污染防治将作为当前和今后一个时期环境保护工作的大事。为了落实重金属规划的实施，环保部对各地方环保部门提出了《重金属污染综合防治规划编制技术指南》[33]，指导地方重金属规划的编制和实施。2022 年 12 月，生态环境部审议并原则通过的《关于进一步加强重金属污染防控的意见》。该防控意见将"十三五"重金属污染防控实践中行之有效的工作方法转化为制度机制。强化了统筹协调，突出重点防控的污染物、行业和区域。

中国汞流通控制管理体系如表 3-12 所示。

表 3-12　中国汞流通控制管理体系[34]

领域	标准名称	发布机构
鉴别	危险废物鉴别标准（GB 5058.3—2007）	原国家环境保护局和原国家质量监督检验检疫总局
贮存	常用化学危险品贮存通则（GB 15603—1995）	原国家技术监督局
贮存	危险废物贮存污染控制标准（GB 18596—2001）	原国家环境保护局和原国家质量监督检验检疫总局
填埋	危险废物填埋污染控制标准（GB 18598—2019）	生态环境部和国家市场监督管理总局
劳动安全	职业性汞中毒诊断标准（GBZ 89—2007）	原卫生部

我国含汞废物主要是已经列入中国的《国家危险废物名录》中 HW29 类和其他含有汞或被汞污染的危险废物，或者根据现有鉴别程序属于含汞危险废物，因此中国含汞废物管理各个环节都应遵守中国现有的固体废物与危险废物管理的法律法规体系，具体见图 3-15。

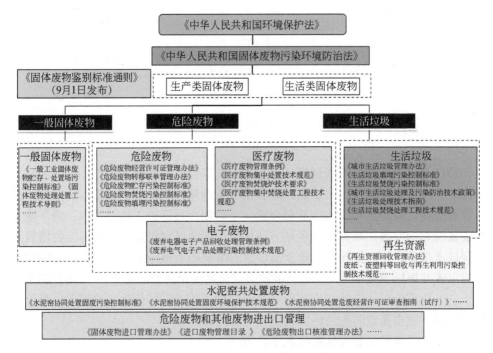

图 3-15　我国固体废物/危险废物管理法律法规体系

中国涉汞行业和汞排放源众多，由于环境保护和产业结构调整等政策变动，产生大量汞污染场地。目前主要涉汞行业包括原生汞矿开采、电石法聚氯乙烯（PVC）生产、电池生产、电光源生产、体温计生产、血压计生产、汞触媒生产、废汞触媒处置回收、铅锌铜冶炼、燃煤电厂、废物焚烧、工业锅炉、水泥熟料生产、含汞锌粉生产等行业，在汞的生产、使用、处置及排放过程中难免会对厂内及周边土壤造成污染。《中华人民共和国土地管理法》中规定"国家实行土地用途管制制度。国家编制土地利用总体规划，规定土地用途，将土地分为农用地、建设用地和未利用地"[39-45]。中国目前的汞污染场地主要来源企业涉汞相关的生产场地的土壤污染、矿山开采土壤污染。

根据行业政策情况分析来看，汞污染场地所属涉汞生产行业有如下几种情况：①淘汰行业：主要为已关停的涉汞生产企业遗留的未处置污染场地，包括已关停原生汞矿开采的废渣堆存污染场地、汞法炼金污染场地和汞法烧碱生产污染场地。

②在产行业：主要为涉汞生产行业企业的生产车间，其生产过程或因政策调整或市场变动等综合因素影响倒闭停产后可能产生对生产及周边用地造成汞污染，如电石法 PVC 生产过程中氯乙烯合成工段周边土壤等。对于一些工艺简单的涉汞生产企业，如含汞锌粉生产企业、含汞浆层纸生产企业，其造成的生产车间或工段污染范围较小。其中部分行业如原生汞矿开采、铅锌铜冶炼、电石法 PVC 生产、电池生产等，因政策允许仍继续存留一段时间，行业没有被彻底取缔淘汰。现实中会出现这些行业的关停遗留汞污染场地和潜在汞污染场地共存的局面。近年来，中国在充分汲取国外 30 余年污染治理经验的基础上，已初步建立了重金属土壤污染风险管控法律体系、制度体系、标准体系和技术体系。

基于汞污染的国际影响，生态环境部等部委正在积极推进履行《关于汞的水俣公约》的各项工作。中国针对《汞公约》所涉及的背景调查和基础研究、行业污染防治技术评估、政策标准体系建设以及相关工程实例工作正在全面展开。在此特定的历史阶段，如何结合国内需求，并充分借鉴国外发达国家的汞污染防治和管理方面的经验，制定切实可行的汞污染防治政策导向至关重要[60]。

参 考 文 献

[1] 李锦伟, 李鹏飞. 外来移民对明清梵净山地区开发的影响[J]. 农业考古, 2015(1): 75-79.

[2] 冯新斌, 仇广乐, 付学吾, 等. 环境汞污染[J]. 化学进展, 2009, 21(Z1): 436-457.

[3] 冯新斌, 陈玖斌, 付学吾, 等. 汞的环境地球化学研究进展[J]. 矿物岩石地球化学通报, 2013, 32(5): 503-530.

[4] Clarkson T W. The three modern faces of mercury [J]. Environmental Health Perspectives, 2002, 110(Suppl): 11-23.

[5] 唐蔚. 我国典型汞污染行业环境介质中汞污染特征及健康风险[D]. 上海: 东华大学, 2014.

[6] Derosa C T, Stevens Y W, Wilson J D, et al. The Agency for Toxic Substances and Disease Registry's role in development and application of biomarkers in public health practice [J]. Toxicology and Industrial Health, 1993, 9(6): 979-994.

[7] Park J D, Zheng W. Human exposure and health effects of inorganic and elemental mercury [J]. Journal of Preventive Medicine and Public Health, 2012, 45(6): 344.

[8] 赵立强, 沈江, 游全程, 等. 汞中毒肾脏损害的早期监测指标筛选[J]. 四川大学学报(医学版), 2008, 39(3): 461-463.

[9] Clarkson T W, Magos L, Myers G J. The toxicology of mercury-current exposures and clinical manifestations [J]. New England Journal of Medicine, 2003, 349(18): 1731-1737.

[10] 蔡文洁, 江研因. 甲基汞暴露健康风险评价的研究进展[J]. 环境与健康杂志, 2008(1): 77-81.

[11] 李哲民. 大气汞污染的研究进展与监测方法[J]. 环境与可持续发展, 2012, 37(5): 24-30.

[12] 李家家. 超声波活化风化煤对土壤中 Hg 形态及土壤酶活性的影响研究[D]. 泰安: 山东农业大学, 2014.

[13] 吴丹, 张世秋. 国外汞污染防治措施与管理手段评述[J]. 环境保护, 2007(10): 72-76.

[14] 张银玲, 龙燕, 罗仙平, 等. 环境汞污染及研究动态[J]. 有色冶金设计与研究, 2012(4): 4.

[15] 王杨. 燃煤电厂汞排放监测和控制研究现状[J]. 电力科技与环保, 2012, 28(3): 17-19.

[16] 曹战国, 肖国营, 曹贺鸣. 我国电石法 PVC 行业面对《关于汞的水俣公约》时限挑战须采取的积极措施及建议[J]. 聚氯乙烯, 2018, 46(10): 1-11.

[17] 金林. 贵州喀斯特水库中几种典型藻对汞吸附-解吸及光还原的影响[D]. 贵阳: 贵州师范大学, 2018.

[18] 丁姣. 《关于汞的水俣公约》研究[D]. 杭州: 浙江工商大学, 2019.

[19] 田祎, 徐克, 王硕, 等. 我国汞和汞化合物临时贮存现状及环境无害化管理建议[J]. 化工环保, 2023, 43(1): 132-136.

[20] 林阳春. 浙江省五类涉汞行业汞污染排放源现状调查及防治对策研究[D]. 杭州: 浙江工业大学, 2015.

[21] 全国人民代表大会常务委员会. 关于批准《关于汞的水俣公约》的决定. 中华人民共和国全国人民代表大会常务委员会公报[EB/OL]. https: //www. gov. cn/xinwen/2016-04/28/content_5068933. htm.

[22] 田祎, 臧文超, 王玉晶, 等. 加快添汞产品淘汰的履约对策建议[J]. 环境与可持续发展, 2016, 41(6): 69-70+72.

[23] 田祎, 叶旌, 王玉晶, 等. 重金属全生命周期风险防控管理对策[J]. 化工环保, 2018, 38(4): 481-486.

[24] 康永. 合成氯乙烯单体非汞触媒的研究现状[J]. 上海塑料, 2011(1): 4.

[25] 王岱, 赵晶磊, 杨占昆, 等. 浅析电石法 PVC 行业的无汞化发展策略[J]. 现代盐化工, 2023(6): 7-9.

[26] 马忠法. 《关于汞的水俣公约》与中国汞污染防治法律制度的完善[J]. 复旦学报(社会科学版), 2015, 57(2): 157-164.

[27] 环境大事[J]. 世界环境, 2023(6): 3.

[28] 杨海, 李平, 仇广乐, 等. 世界汞矿地区汞污染研究进展[J]. 地球与环境, 2009, 37(1): 80-85.

[29] 王祖光, 蓝虹, 吴建民, 等. 我国原生汞矿行业现状及未来关停政策建议[J]. 地球与环境, 2014, 42(5): 659-662.

[30] 胡国成, 张丽娟, 齐剑英, 等. 贵州万山汞矿周边土壤重金属污染特征及风险评价[J]. 生态环境学报, 2015, 24(5): 879-885.

[31] 马骏. 有色金属品种与总量统计的历史回溯和启示——96 种有色金属与"10 种有色金属"去汞增硅 [J]. 中国有色金属, 2023(11): 40-43.

[32] 吴福全, 王雅玲, 薛媛媛, 等. 全球大气汞排放研究进展[C]. 中国环境科学学会, 四川大学. 2014 中国环境科学学会学术年会论文集(第八、九章). 苏州市环境监测中心站, 2014: 7.

[33] 《关于汞的水俣公约》生效公告[J]. 电池工业, 2017, 21(3): 53-32.

[34] 贵州省生态环境厅. 贵州省环境保护厅关于征求《汞及其化合物工业污染物排放标准(征求意见稿)》地方标准意见的函[EB/OL]. https: //sthj. guizhou. gov. cn/zwgk/zdlyxx/kjycw/201909/t20190903_76925678. html. 2018.

[35] 《关于汞的水俣公约》生效公告[J]. 聚氯乙烯, 2017, 45(8): 47.

[36] 全国人民代表大会常务委员会关于批准《关于汞的水俣公约》的决定[J]. 中国海洋法学评论, 2016(23): 24.

[37] 中华人民共和国生态环境部. 履行汞公约 谱写化学品环境管理新篇章[EB/OL]. 2017. https: //www. mee. gov. cn/gkml/sthjbgw/qt/201708/t20170816_419737. htm.

[38] 叶旌, 许涓, 王玉晶, 等. 中国含汞废物现状及履约对策建议[J]. 环境污染与防治, 2018, 40(5): 616-619.

[39] 养殖用地有哪些政策?[J]. 北方牧业, 2011(14): 10-13.

[40] 魏杰, 施成杰. 中国当前经济稳增长的重点应当放在哪里?[J]. 经济问题探索, 2012(9): 1-9.

[41] 程毕鑫. 杨树吸收富集土壤重金属特性研究[D]. 合肥: 安徽农业大学, 2023.

[42] 冯超, 王瑜, 刘宝林, 等. 污染场地原位喷射注入工艺与修复机制研究[J]. 钻探工程, 2023, 50(S1): 509-513.

[43] 冯超, 王瑜, 刘宝林, 等. 污染场地原位喷射注入工艺与修复机制研究[C]. 中国地质学会. 第二十二届全国探矿工程(岩土钻掘工程)学术交流年会论文集. 中国地质大学(北京)工程技术学院, 自然资源部深部地质钻探技术重点实验室, 2023: 5.

[44] 张春玲, 吕晓华, 王晓慧, 等. 化工厂场地土壤污染情况调查及修复的研究[J]. 河南科学, 2014, 32(8): 1613-1617.

[45] 钱建英. 退役化工企业潜在污染场地第一、二阶段环境调查[J]. 能源环境保护, 2015, 29(6): 44-47.

[46] 中华人民共和国生态环境部. 推进履约工作 健全化学品环境管理[EB/OL]. https: //www. mee. gov. cn/gkml/sthjbgw/qt/201611/t20161111_367289_wh. htm. 2016.

[47] 任卫峰, 张芳, 郭春桥. 中国汞污染防治政策分析和展望[J]. 世界有色金属, 2015(6): 10-13.

[48] 中华人民共和国生态环境部. 环境保护部副部长赵英民解读 《"十三五"生态环境保护规划 》[EB/OL]. https: //www. mee. gov. cn/xxgk/hjyw/201612/t20161206_368615. shtml.

2016-12-06.

［49］国家《"十三五"生态环境保护规划》发布化工行业成为国家环保整治重点[J]. 化工管理,
　　　2017(1): 14.

［50］刘国跃. 构建清洁低碳高效能源体系 [EB/OL]. 人民政协报. https: //baijiahao. baidu.
　　　com/s?id=1779516798141090265&wfr=spider&for=pc. 2023-10-12.

［51］朱昌俊. 为打赢蓝天保卫战贡献深圳力量[EB/OL]. 深圳特区报. https: //www. sznews.
　　　com/news/content/2018-06/21/content_19343932. htm. 2018-06-21.

［52］郭薇. 《火电厂污染防治技术政策》解读 [EB/OL]. 中国环境报. http: //news. cenews. com.
　　　cn/html/2017-07/06/content_62064. htm. 2017-02-15.

［53］中华人民共和国国家发展和改革委员会. 产业结构调整指导目录(2011 年本)[EB/OL].
　　　https: //www. gov. cn/gzdt/att/att/site1/20110426/001e3741a2cc0f20bacd01. 2011.

［54］孙阳昭, 陈扬, 蓝虹, 等. 中国汞污染的来源、成因及控制技术路径分析[J]. 环境化学,
　　　2013, 32(6): 937-942.

［55］中华人民共和国国家发展和改革委员会. 有色金属工业发展规划(2016—2020 年)[EB/OL].
　　　https: //www. ndrc. gov. cn/fggz/fzzlgh/gjjzxgh/201707/t20170707_1196827. html. 2017-07-07.

［56］中华人民共和国生态环境部. 关于发布《水泥窑协同处置固体废物污染防治技术政策》的
　　　公告[EB/OL]. https: //www. mee. gov. cn/gkml/hbb/bgg/201612/t20161214_369039. htm.
　　　2016-12-08.

［57］李力. 2018 年度涂料颜料行业重点政策法规汇总[J]. 中国涂料, 2019, 34(1): 74-76.

［58］国家生态环境部办公厅印发《2019 年全国大气污染防治工作要点》[J]. 硫酸工业, 2019(3):
　　　22.

［59］彭涛嘉, 张千霞. 白银公司第三冶炼厂锌精馏烟气治理对环境的影响[J]. 甘肃冶金, 2020,
　　　42(1): 102-105.

［60］郑晓梅, 顾鑫生, 曲娜, 等. 基于中文期刊论文的汞污染防治技术的文献计量分析[J]. 环
　　　境工程学报, 2019, 13(6): 1502-1512.

推 荐 阅 读

冯钦忠, 陈扬, 刘俐媛. 汞及汞污染控制技术. 北京: 化学工业出版社, 2019.

姜晓明, 陈扬, 刘俐媛. 含汞废物处置与环境风险管理. 北京: 化学工业出版社, 2017.

中国环境科学学会. 汞污染危害预防控制知识问答. 北京: 中国环境科学出版社, 2017.

生态环境部对外合作与交流中心. 国际汞管理策略. 北京: 中国环境科学出版社, 2015.

思 考 题

1.《关于汞的水俣公约》中关于含汞废物的定义是什么?

2.《关于汞的水俣公约》由 35 条正文和 5 个附件组成，其主要内容包括哪些？

3. 什么是最佳可行技术（BAT）和最佳环境管理实践（BEP）？

4. 污染防治最佳可行技术指标体系需要体现哪方面内容？

5. 中国应优先关注哪几个涉汞行业？为什么？

6.《关于汞的水俣公约》对 PVC 行业有几条明确要求？分别是什么？

4 《关于持久性有机污染物的斯德哥尔摩公约》

本章旨在掌握 POPs 的定义和四种特性，熟悉生活中 POPs 的来源和常见的 POPs，掌握 POPs 污染环境的途径，了解 POPs 对环境和人类的危害，明确全球开展履行《关于持久性有机污染物的斯德哥尔摩公约》（以下简称《斯德哥尔摩公约》）的背景、意义及我国履约的压力和任务。

4.1   持久性有机污染物的特性和危害

在工业品的人工生产和使用过程，持久性有机污染物主要来自化肥、农药以及电力变压器/电容器中的绝缘油。这是为了解决全球人口增长带来的粮食问题（粮食不足、病虫害影响）以及能源（电力）问题（电力输送过程的绝缘问题）带来的新的环境污染。

4.1.1   持久性有机污染物及其特点

持久性有机污染物（persistent organic pollutants，POPs）指由人类合成的能持久存在于环境中，通过生物食物链（网）累积，并对人类健康造成有害影响的化学物质[1, 2]。持久性有毒物质（persistent toxic substance，PTS）强调了持久性和毒性，但未强调生物蓄积性和长距离迁移性，需要注意的是，它还包括无机物。具有持久性、生物蓄积性的有毒物质（persistent bio-accumulative toxic pollutants，PBTs）是具有生物蓄积性的 PTS。POPs 是具有 PBTs 特性并能长距离迁移的有机污染物（图 4-1）。

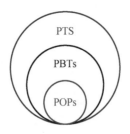

图 4-1   POPs、PTS、PBTs 之间的关系图

持久性有机污染物主要来自火山喷发、森林大火等自然界过程、工业品的人

工生产和使用过程（如有机氯农药）、冶金、造纸等工业生产和固体废物焚烧过程中无意识产生的污染物。持久性有机污染物具备四种特性，如图4-2所示[3]。

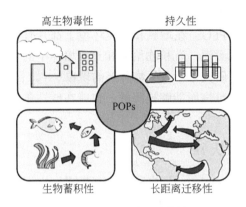

高生物毒性　　　　持久性

POPs

生物蓄积性　　　　长距离迁移性

图4-2　POPs的四种特性

1. 持久性/难降解性

　　POPs的化学结构非常稳定，当它们被排放到环境当中，很难通过光解、化学分解、生物分解等自然过程去除，所以它们将在水体、土壤和底泥等环境介质以及生物体内长期残留，时间可长达几年甚至几十年[4-8]。一种化学物质的环境持久性可以用其在环境介质中的半衰期来表示。半衰期是一个物理学名词，指物质浓度降低一半所需的时间。有研究对土壤样品的多氯萘进行检测并利用半衰期模型进行计算，结果表明，三氯萘在土壤中的半衰期约7.4年，四氯萘约13.1年，五氯萘约35.3年[9]。图4-3所示为2,3,7,8-TCDD的半衰期。

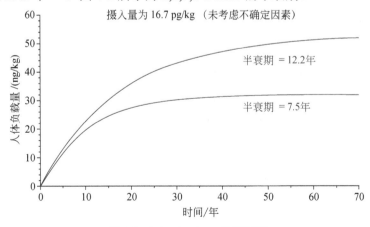

图4-3　2,3,7,8-TCDD的半衰期

全氟辛烷磺酸（PFOS）的持久性最强，是最难分解的有机污染物，在浓硫酸中煮 1 h 也不分解[10]。据有关研究，即使将 pH 值设定在 1.5～11.0，温度为最适温度 50℃，但全氟辛烷磺酸没有显示出任何水解现象，并且在任何条件下均没有发现明显的光解现象；PFOS 在增氧和无氧环境下都具有很好的稳定性，有多项研究都曾做过活化污水污泥、沉积物培养和土壤培养中的全氟辛烷磺酸富氧生物降解测试，但没有任何研究显示有生物降解的现象[11]。目前对 PFOS 的降解研究表明，其可以在高温焚烧而能够被降解，也能在碱性条件下通过机械化学法利用球磨机进行高效降解[12]。

2. 生物蓄积性/放大性

生物蓄积（bio-accumulative）也称生物富集或生物积累，它的基本机制是有机化合物在脂肪/水体系中的分配过程[5-8]。由于 POPs 具有低水溶性、高脂溶性特点［相似相溶是一种化学溶解现象。如果溶质与溶剂在化学结构上相似，那么溶质与溶剂彼此相溶。也就是极性溶剂（如水、乙醇）易溶解极性物质（离子晶体、分子晶体中的极性物质如强酸等）；非极性溶剂（如苯、汽油、四氯化碳等）能溶解非极性物质（如大多数有机物、碘单质等）］，所以 POPs 能够从环境当中进入生物体内，并逐渐积累，然后通过食物链（食物链是各种生物通过一系列吃与被吃的关系彼此联系起来的序列）的生物放大作用最终在食物链的后半部分达到中毒浓度。生物蓄积过程包括了生物浓缩和生物放大过程，是二者综合作用的结果[13]。其中生物浓缩是指环境介质当中的污染物能够通过生命体的呼吸系统和表皮接触这两个途径进入生命体并逐渐积累的现象；而生物放大是指生物通过取食过程，造成生物体内的外源化合物浓度高于食物中化合物浓度的现象（图4-4）。

3. 生物毒性/生物危害性

国际化学品危害划分中，生物毒性被列为健康危害和环境危害。环境暴露是化学品产生有害效应的前提条件。环境介质中的 POPs 可经过饮食摄入、呼吸摄入和皮肤接触等途径进入人体，其中饮食摄入是最主要的暴露途径。POPs 暴露的健康危害包括内分泌系统失调、免疫机能降低、神经损伤、行为异常，以及"三致"（致癌、致畸、致突变）效应等慢性毒性效应。

根据国际癌症研究机构发布的部分 POPs 致癌性级别，致癌性被分为三个等级，如表 4-1 所示。

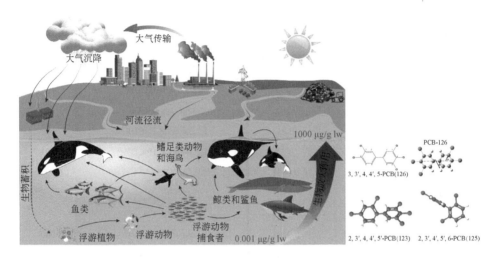

图 4-4 POPs 在生物体内的蓄积

图片来源：Desforges J P，Hall A，Mcconnell B，et al. Predicting global killer whale population collapse from PCB

pollution. Science, 2018, 361(6409): 1373-1376

表 4-1 国际癌症研究机构发布的部分 POPs 致癌性级别

致癌性分类	POPs 分类
Ⅰ类：人体致癌物	2,3,7,8-TCDD
ⅡA 类：较大可能的人体致癌物	PCBs
ⅡB 类：有可能的人体致癌物	氯丹、DDT、七氯、六氯苯、灭蚁灵、毒杀芬
Ⅲ类：对人体致癌作用尚不清楚	艾氏剂、狄氏剂、异狄氏剂、PCDDs、PCDF

对于物质的生物毒性，受毒性物质浓度和毒性强度共同影响。由于 2,3,7,8-四氯代二苯并对二噁英毒性极强，将其毒性当量因子（TEF）定义为 1，其他物质的毒性与之比较，对应的 TEF 可用于衡量不同物质的毒性强度。某物质的毒性当量（TEQ）为该物质的实测质量浓度与其 TEF 的乘积（表 4-2）。

表 4-2 PCDD/Fs 和 DL-PCBs 的 TEF 值（WHO 发布的 TDI 限值：1 ~ 4 pg TEQ/kg（bw·d））[14]

化合物	WHO TEF	化合物	WHO TEF
PCDDs		PCDFs	
2,3,7,8-TCDD	1	2,3,7,8-TCDF	0.1
1,2,3,7,8-PeCDD	1	1,2,3,7,8-PeCDF	0.05
		2,3,4,7,8-PeCDF	0.5
1,2,3,4,7,8-HxCDD	0.1	1,2,3,4,7,8-HxCDF	0.1

续表

化合物	WHO TEF	化合物	WHO TEF
1,2,3,6,7,8-HxCDD	0.1	1,2,3,7,8,9-HxCDF	0.1
1,2,3,7,8,9-HxCDD	0.1	1,2,3,6,7,8-HxCDF	0.1
		2,3,4,6,7,8-HpCDF	0.1
1,2,3,4,6,7,8-HpCDD	0.01	1,2,3,4,6,7,8-HpCDF	0.01
		1,2,3,4,7,8,9-HpCDF	0.01
OCDD	0.0001	OCDF	0.0001
Dioxin-like PCBs			
Coplanar		mono-*ortho*	
3,3′,4,4′-TCB（PCB 77）	0.0001	2,3,3′,4,4′-PeCB（PCB 105）	0.0001
3,4,4′,5-TCB（pcb81）	0.0001	2,3,4,4′,5-PeCB（PCB 114）	0.0005
3,3′,4,4′,5-PeCB（PCB 126）	0.1	2,3′,4,4′,5-PeCB（PCB 118）	0.0001
3,3′,4,4′,5,5′-HxCB（PCB 169）	0.01	2,3,4,4′,5-PeCB（PCB 123）	0.0001
		2,3,3′,4,4′,5-HxCB（PCB 156）	0.0005
		2,3,3′,4,4′,5-HxCB（PCB 157）	0.0005
		2,3′,4,4′,5,5′-HxCB（PCB 167）	0.00001
		2,3,3′,4,4′,5,5′-HxCB（PCB 189）	0.0001

注：T = Tetra（四/丁）；Pe = Penta（五/戊）；Hx = Hexa（六/己）；O = Octa（八/辛）；CDD = chlorinated dibenzo-*p*-dioxin（氯代二苯并对二噁英）；CDF = chlorinated dibenzofuran（氯代二苯并呋喃）；CB = chlorinated biphenyl（氯代联苯）

  二噁英被认为是世界上最有毒的化合物之一，每人每日的容忍摄入量为 10^{-12} g/kg bw，因此被称为"世纪之毒"。其毒性是氰化钾的 1000 倍，致癌性比已知的致癌物黄曲霉素高 10 倍，且远高于多氯联苯。1997 年，世界卫生组织（WHO）将二噁英列为人体 I 类致癌物。即使长期摄入微量二噁英，也可能引起皮肤、肝脏以及生殖和发育方面的中毒，甚至导致畸形或癌症（图 4-5）。

  POPs 对人体健康危害和环境危害主要体现在对生长发育、神经免疫系统、对生殖系统和遗传的影响：①对生长发育的影响：POPs 会危害人类的正常生长发育，对婴幼儿的智力发育影响尤为明显[1, 6]。曾有研究跟踪 200 对母子，有 3/4 的母亲在怀孕期间食用了有机氯污染的鱼类，与正常新生儿相比，他们的孩子在出生时的体重更轻，并且在 7 个月时的时候会出现认知能力相对缓慢的情况，直到 4 岁时也同样会出现记忆能力更差的情况[15]。这种影响可能还包括骨骼发育障碍和

图 4-5 二噁英暴露的典型症状——氯痤疮

图片来源：Silbergeld. Sci & Med, 1995, 2(6): 48-57

新陈代谢紊乱。这些不利影响最终将伴随他们的整个人生。②对神经免疫系统的影响：POPs 可能会影响到人类的神经系统，例如降低注意力和感知力，造成焦虑、抑郁、易怒等，同时会减弱免疫系统的活性，包括造成免疫系统无法正常反应、生物体无法抵抗病毒的侵犯、免疫细胞的活性降低等问题。有研究对比了加拿大爱斯基摩人母乳喂养和奶粉喂养的婴儿，发现其健康 T 细胞与受感染 T 细胞的比率和母乳喂养时间及母乳中有机氯的含量有关[1, 6, 16]。③对生殖系统和遗传的影响：POPs 对生殖系统的危害包括导致男性性器官重量下降、精子数量降低、生殖功能异常、新生儿性别比例失调，女性乳腺癌、青春期提前、雌性个体雄化等，不仅对个体产生危害，而且对其后代造成永久性的影响，包括致畸和致突变。④对癌症的影响：POPs 可直接或间接造成人体癌变，对人体的危害很大。

环境内分泌干扰物又称环境激素，是干扰生物体内荷尔蒙（内分泌激素）的合成化学物质，该激素控制体内的各种基本功能，包括生长和性别发育等。合成的化学物质导致的对生物体的内分泌干扰主要包括：模仿生物体内荷尔蒙的产生，如雌激素或雄激素的产生；阻碍细胞受体，使得自然产生的荷尔蒙无法进入细胞而实现其功能。1988 年，日本环境省公布的《关于外因性扰乱内分泌化学物质问题的研究班中间报告》列出了 65 种内分泌干扰物的嫌疑物质，其中包括二噁英类（PCDD/Fs）、多氯联苯（PCBs）、六氯苯（HCB）、滴滴涕（DDT）、氯丹、艾氏剂、狄氏剂、异狄氏剂、七氯、毒杀芬、六六六（HCH）、开蓬、多溴联苯（PBBs）等。

4. 长距离迁移性

长距离迁移性是从土壤、植物和水体中挥发到大气中的 POPs 随大气运动迁移至远离使用或排放该物质地区的现象。

大多数 POPs 具有半挥发性，能够从土壤等介质中挥发至大气环境中，并以蒸气或吸附在大气颗粒物上的形式存在于空气中，随大气运动进行迁移，并在较冷的地方重新沉降到地表；温度再次升高时，会再次进行挥发迁移[17]。这种传输机制被称为"全球蒸馏效应"。POPs 从低纬度向高纬度迁移的过程，每完成一次跳跃都必须完成一次挥发/沉降循环，这种传输机制被称为"蚱蜢跳效应"（图 4-6）[18]。

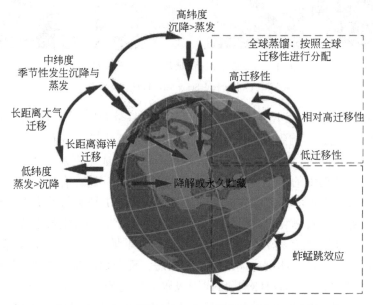

图 4-6 "全球蒸馏效应"和"蚱蜢跳效应"示意图

　　根据"全球蒸馏效应"和"蚱蜢跳效应"，POPs 会经历不断的挥发与沉降过程。当 POPs 迁移至极地时，极地低温会抑制其挥发，这一现象被称为"冷阱效应"，导致大部分 POPs 在极地沉积。同样，在高山地区，高海拔的低温也有助于 POPs 的沉积。科学家在从未使用过 POPs 的南极和北极地区的冰雪中检测到了包括 DDT 在内的有机氯农药类 POPs。此外，在美国阿拉斯加阿留申群岛上的秃鹰体内以及西北太平洋海域的鲸鱼体内，也发现了高浓度的农药类 POPs。在地球北部，奥地利的阿尔卑斯山、西班牙的比利牛斯山、加拿大的洛基山以及中国的喜马拉雅山山顶均检测出较高浓度的有机氯农药（图 4-7）。研究表明，随着海拔升高和温度降低，冰雪中农药的浓度也随之增加。尽管这些高山地区几乎无人居住，但山顶冰雪中的农药浓度却远高于山下农业区域，甚至高达其 10～100 倍。

　　基于"全球蒸馏效应"和"蚱蜢跳效应"，POPs 可以从热带和温带地区向人迹罕至的高寒地区迁移，而高寒地区的高级动物，如海豹、北极熊等，为了抗寒，体内脂肪甚多。脂肪恰恰是亲脂性的 POPs 最好的栖息地，POPs 容易被脂肪吸收，在脂肪中积累、富集到一定的浓度水平，就将影响它们自身甚至下一代的健康。

深海鲸鱼

北极熊

南极企鹅

马里亚纳海沟生物　　　高原生物

图 4-7　体内存在 POPs 的生物体

图片来源：Angewandte Chemie International Edition, 2018, 57: 16235-16568；

Nat Ecol Evol, 2017, 1: 51. https://doi.org/10.1038/s41559-016-0051；

Environ Sci Technol, 2020, 54(4): 2314-2322

4.1.2　持久性有机污染物在环境中的迁移转化

环境是由水、空气、土壤、植物和动物等多种不同成分构成的复杂体系。通常情况下，POPs 从源头进入这些环境成分后，并不会停留在原地，而是会经历扩散和稀释的过程，在多种介质之间进行迁移、传递和转化，这一过程涉及物理、化学和生物方面的多种变化。通过这些迁移过程，POPs 能到达南极、北极和沙漠等人烟稀少的偏远地区，进而造成全球性的污染。POPs 的最终储存地点包括土壤、河流水体以及底泥（图 4-8）[5, 19, 20]。

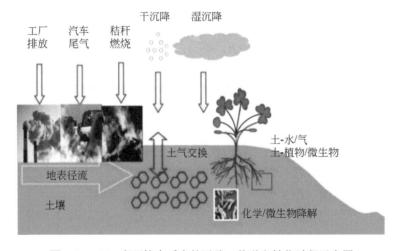

图 4-8　POPs 在环境介质中的迁移、传递和转化过程示意图

POPs 在环境主要通过化学转化和生物转化的方式被去除：其中化学转化涉及水解反应、光解反应以及氧化还原反应等过程。而生物转化则包括微生物的好氧和厌氧反应，以及其他生物体内对 POPs 的代谢过程[5]。对于许多 POPs，在天然环境介质中发生的主要降解过程是光解过程，而微生物降解的速率相对而言极为缓慢。POPs 的光降解主要是指在光的照射下，通过 POPs 化合物的异构化、化学键的断裂、重排或分子间的化学反应产生新的化合物，从而达到降低或消除 POPs 在环境中的污染的目的。大气中的光化学反应在转化大气环境中的 POPs 方面扮演着关键角色。同样，由于大部分天然水体暴露在太阳光下，光解反应也对水体中 POPs 的转化产生了一定影响[21]。但是，由于 POPs 具有很高的稳定性，它们在自然环境光照下降解缓慢。

气候变化同样也会对 POPs 的环境行为产生影响：①影响 POPs 的排放：减少温室气体排放的措施会同时减少 UP-POPs 的排放，但是在变化的气候条件下，一些因素会引起 POPs 环境排放水平的增加。例如，随着疟疾等传播性疾病范围的扩大，持久性有机杀虫剂使用量增加；更加干燥的气候会引起火灾的增加，从而引起二噁英排放量的升高。②影响 POPs 的环境归趋：气候变化会造成环境条件的改变，包括温度、降水模式、积雪量和海洋盐浓度等[22]。这些环境因素的变化将导致 POPs 在环境介质中的分布发生相应的改变。③影响 POPs 的暴露水平：高排放量和冰雪消融引起空气和水体中的 POPs 含量增加，将使得生物直接或间接通过食物链引起 POPs 暴露水平升高，对人类和生态环境造成更大的负面效应。

4.1.3 持久性有机污染物的危害

1962 年，美国开始执行"农场行动"，在越南大量喷洒含二噁英杂质的落叶剂（橙剂），对参战军民和当地环境造成可怕的危害。1966 年，瑞典斯德哥尔摩大学的索伦·詹森率先在人体中发现了多氯联苯，这使得"PCBs 用于封闭装置中不会进入人体"的神话破灭。1968 年 3 月，日本九州、四国等地区的养鸡场遭遇大规模鸡死亡事件，涉及数量达数十万只[23]。这些鸡表现出类似的症状，包括张嘴喘息和头腹部肿胀，随后死亡。经检验，发现鸡饲料中有毒，但是由于没弄清楚中毒根源，事情并没有得到进一步的重视和追究[24]。1979 年，米糠油事件在我国台湾悲剧重演（图 4-9）。

图 4-9　多氯联苯"米糠油"事件

4.2　《斯德哥尔摩公约》的基本内容

4.2.1　《斯德哥尔摩公约》的历史进程

20 世纪 80 年代，科学家们北极环境中和北极熊等动物体内以及爱斯基摩女性母乳中都发现了有机氯化合物，这一发现促使了国际社会开始关注有机氯化合物在全球范围的污染问题，并达成了一些涉及持久性有机污染物（POPs）的区域性环境保护国际协议[25]。

1995 年，联合国环境规划署理事会第 18 届会议经审议，通过了关于 POPs 的 GC18/32 号决定 GC18/32 号决定[26]提到，POPs 正在对人体健康和环境造成越来越严重的危害，许多 POPs 通过空气和海洋进行长距离迁移，导致出现在远离七排放源的地区。GC18/32 号决定注意到，《21 世纪议程》第 17 章（海洋保护）中关于减少和消除有机氯和其他 POPs 的优先行动和第 19 章（有毒化学品的环境无害化管理）及其他协议以及《关于环境与发展的里约宣言》中关于预防的第 15 条原则，同时注意到了一些正在开展的涉及 POPs 的项目和区域合作所取得的进展；GC18/32 号决定强调了推动 POPs 科学评估的迫切性，邀请组织间化学品健全管理方案（IOMC）、政府间化学品安全论坛（IFCS）和国际化学品安全方案（IPCS）开展对最初的 12 种 POPs 物质的评估工作；同时，GC18/32 号决定邀请 IFCS 对应采取的 POPs 国际行动提供必要信息并提出建议，为此，IFCS 成立了 POPs 特别工作组，负责制订评估工作计划。

1995 年 12 月，IPCS 组织专家完成了对 12 种 POPs 物质的评估报告，这 12 种污染物分别是艾氏剂、氯丹、滴滴涕、狄氏剂、异狄氏剂、七氯、六氯苯、灭蚁灵、毒杀芬、多氯联苯、多氯二苯并对二噁英和多氯二苯并呋喃[5, 27-35]。1996 年 6 月，政府间化学品安全论坛（IFCS）特别工作组在马尼拉召开会议讨论 POPs

问题，会议上得出结论认为，有充分的信息表明，需要采取国际行动，包括一项具有法律约束力的全球文书，以减少 12 种持久性有机污染物的释放对人类健康和环境造成的风险。1997 年 2 月，联合国环境规划署理事会第 19 届会议通过了第 GC19/13 号决定，对 IFCS 的结论和建议表示赞同。GC19/13 号决定要求 UNEP、WHO 以及其他相关国际组织一起筹备政府间谈判委员会（INC），负责在 2000 年底前制订一项具有法律约束力的国际文书，对 12 种 POPs 物质采取国际行动[27, 28]。

　　在上述一系列工作的基础上，根据联合国环境规划署理事会第 19 届会议的授权，UNEP 和 WHO 从 1998 年开始正式启动 POPs 物质相关国际会议的政府内组织谈判。2001 年 5 月，包括中国在内 127 个国家和地区共同签署了《关于持久性有机污染物的斯德哥尔摩公约》（以下简称《斯德哥尔摩公约》），标志着对 POPs 这类具有持久性、生物蓄积性和潜在毒性化学品的全球统一行动开始。2004 年 5 月 17 日，POPs 公约正式生效。POPs 公约旨在限制或消除持久性有机污染物的排放，避免人类健康和环境遭受 POPs 的危害[29-31]。

　　《斯德哥尔摩公约》的历史进程如图 4-10 所示。

图 4-10　《斯德哥尔摩公约》的历史进程

4.2.2　《斯德哥尔摩公约》的主要内容

　　2001 年 5 月 22～23 日，在瑞典斯德哥尔摩召开的《斯德哥尔摩公约》全权代表会议上，90 多个国家或经济一体化组织签署了《斯德哥尔摩公约》[29]；2004 年 5 月 17 日，获第 50 个国家批准，公约对全球正式生效；2004 年 11 月 11 日，公约对中国正式生效。截至 2022 年底，《斯德哥尔摩公约》共有 186 个缔约方，152 个国家签署了公约。

1. 公约的目的

公约铭记《关于环境与发展的里约宣言》的预防原则，保护人类健康和环境免受持久性有机污染物（POPs）的危害[29]。主要有以下五个目的[36]：

- 目的 1：以《斯德哥尔摩公约》所列的化学品为起点，消除 POPs；
- 目的 2：支持向更安全替代品过渡；
- 目的 3：对更多的 POPs 采取行动；
- 目的 4：净化含 POPs 的贮存地和设备；
- 目的 5：为建设无 POPs 的未来共同努力。

2. 公约的主要内容

《斯德哥尔摩公约》目的是降低或根除 POPs 的排放，保护人类和环境的健康发展，公约最初管制的 POPs 物质分为 3 类总计 12 种。首批《斯德哥尔摩公约》附件的 12 种 POPs 包括：

杀虫剂：艾氏剂、氯丹、滴滴涕、狄氏剂、异狄氏剂、七氯、六氯苯、灭蚁灵、毒杀芬；

工业化学品：六氯苯、多氯联苯；

工业副产品：六氯苯、多氯二苯并对二噁英和多氯二苯并呋喃（PCDD/PCDF）以及多氯联苯[29]。

斯德哥尔摩公约在内容上分为三个主要部分：序言、主体条款以及附件。序言部分概述了制定该公约的初衷和目的。公约的主体包含 30 个条款，这些条款广泛覆盖了 POPs 的制造、应用、国际贸易、废弃处理、科研、教育、技术援助以及财务机制等多个方面（图 4-11）。

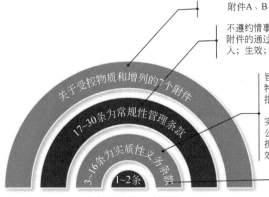

图 4-11　公约的主要内容

此外，公约包含 7 个详细的附件，它们对主体条款进行了进一步的阐释和补充。具体来说，附件 A 详细列出了根据公约第 3 条应当淘汰的 POPs 物质，并说明了在特定情况下的豁免情形。附件 B 则规定了需要限制使用的 POPs 物质，并指出了在哪些特定用途下可以豁免。附件 C 专注于无意产生的 POPs 物质，并提供了详尽的描述和说明（图 4-12）。

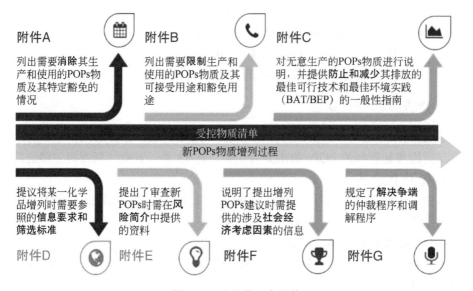

附件A　列出需要**消除**其生产和使用的POPs物质及其特定豁免的情况

附件B　列出需要**限制**生产和使用的POPs物质及其可接受用途和豁免用途

附件C　对无意产生的POPs物质进行说明，并提供**防止**和**减少**其排放的最佳可行技术和最佳环境实践（BAT/BEP）的一般性指南

受控物质清单

新POPs物质增列过程

提议将某一化学品增列时需要参照的**信息要求**和**筛选标准**

提出了审查新POPs时需在风险简介中提供的资料

说明了提出增列POPs建议时提供的涉及**社会经济考虑因素**的信息

规定了**解决争端**的仲裁程序和调解程序

附件D　　　　附件E　　　　附件F　　　　附件G

图 4-12　公约的 7 个附件

根据《斯德哥尔摩公约》，各缔约方承诺采取必要措施，限制或禁止生产和使用《斯德哥尔摩公约》附件中所列的化学品。这些措施旨在减少生产和使用这些化学品所产生的排放。此外，还要求各缔约方建立法律和监管框架，防止生产和使用具有持久性有机污染物特性的新型农药和工业化学品[25]。各签署国应承担起制定策略的责任，以促进对现存 POPs 的环保管理。这包括采取措施减少或消除这些污染物在废物中的残留，或将其转化为不具备持久性有机污染物特性的替代物质。此外，签署国还需与《控制危险废物越境转移及其处置的巴塞尔公约》（通常称为《巴塞尔公约》）协作，以探索更为环保的处理方法[37]。

3.公约的义务

公约规定的义务主要包括以下三个方面：

（1）减少或消除源自有意生产和使用的排放，包括按照公约相关附件的规定：

- 禁止和消除附件 A 所列化学品的生产和使用；
- 限制附件 B 所列化学品的生产和使用；

- 限制附件 A 和附件 B 所列化学品的进出口；
- 开展特定豁免登记。

（2）采用最佳可行技术和最佳环境实践，减少附件 C 类化学品的无意排放总量，在可能的情况下最终消除此类化学品。

（3）以保护人类健康和环境的方式减少或消除源自库存和废物的 POPs 物质的排放。

4. 公约的管控清单

POPs 公约提出的受控 POPs 清单是开放性的，未来将进一步增列越来越多的 POPs 物质。根据公约第 8 条内容，各签署国有权提议将特定化学物质列入《斯德哥尔摩公约》附件 A、B 或 C。而提交增列提案后还需要经过三个阶段的审查。首先，审查其是否符合公约附件 D 中定义的 POPs 筛选标准。其次，评估其是否满足附件 E 所规定的对人类和环境健康风险的标准。最后，由缔约方大会决定是否同意该提案[38]。公约 19 条还规定设立 POPs 审查委员会，履行 POPs 增列方面的职能。

《斯德哥尔摩公约》最初涵盖了 12 种持久性有机污染物（图 4-13），其中包括 9 种主要用作农药的物质、2 种工业用途的化学品以及 3 种无意生产的副产品。随着对环境问题认识的深入，这一名单得到了持续的补充和更新。《斯德哥尔摩公约》将需要限制的 POPs 分为三类，包括附件 A 所列出来的需要禁止生产和使用的化学品；附件 B 是需要限制生产和使用的化学品；附件 C 则是需要尽量减少其无意排放的化学品[37]。

2009 年的缔约方大会第四届会议（COP4），决定将 5 种杀虫剂类化学品（开蓬、林丹、五氯苯、α-六六六和β-六六六）、4 种工业化学物质（全氟辛基磺酸及其盐类和全氟辛基磺酰氟、商用五溴二苯醚、商用八溴二苯醚和六溴联苯）新增列入《斯德哥尔摩公约》附件 A、B 或 C 的受控范围[39]。2011 年的 COP5，决定将 1 种杀虫剂类化学品（硫丹）新增列入《斯德哥尔摩公约》附件 A 受控范围[40]。2013 年的 COP6 将六溴环十二烷（六溴十二烷）列入《公约》附件 A 并附带具体豁免[41]。

因此，截至 2023 年 11 月，《斯德哥尔摩公约》分 8 批纳入了 34 种 POPs 物质（图 4-14），公约管控的重点正在由农药向工业化学品转移。虽然公约已经生效，但是对公约履行过程中的两个核心问题——资金机制和技术转让，以及关于对促进二噁英等副产品减排的最佳适用技术/最佳环境实践（BAT/BEP）的技术标准，以及新 POPs 的增列等问题，在发达国家和发展中国家之间尚存在较大分歧，需要通过进一步的谈判来解决（图 4-15）。

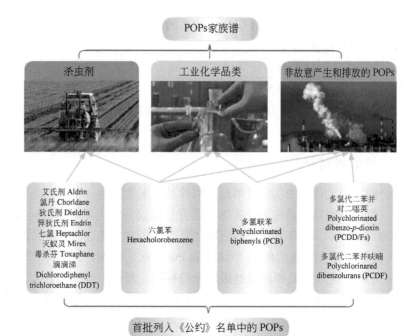

图 4-13　首批公约受控的 12 种 POPs 物质

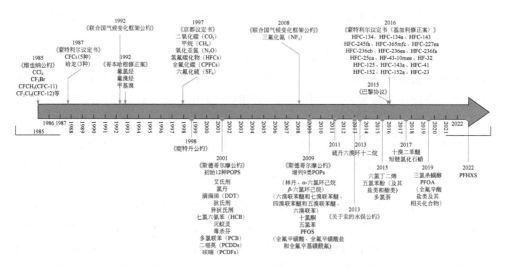

图 4-14　《斯德哥尔摩公约》管控的 34 种 POPs 物质[42-46]

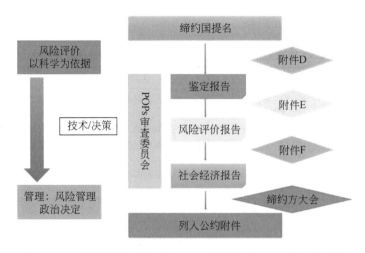

图 4-15 《斯德哥尔摩公约》POPs 公约增列 POPs 的审查程序

4.2.3 《斯德哥尔摩公约》的履约机构

斯德哥尔摩公约履约机构包括缔约方大会和公约附属机构。缔约方大会负责审查和评估《斯德哥尔摩公约》的实施情况，通过大会决议推动公约实施，审议并视需要通过对《斯德哥尔摩公约》及其附件的修正、两届缔约方大会间隔期间内的工作方案和预算等事项。还需要负责通过缔约方大会会议纪要和公开获取的数据报告等信息，分析各国履约最新动态和发展趋势。缔约方大会目前每两年召开一次。公约秘书处是公约日常管理机构，常驻地为瑞士日内瓦。

公约附属机构包括 POPs 审查委员会和成效评估委员会。POPs 审查委员会根据公约规定，按照一定的标准和程序，对缔约方提出拟增列进公约的化学品进行审查，并向缔约方大会提出增列建议和控制措施。成效评估委员会负责审查和评估秘书处汇编的与成效评估相关的信息和资料，向缔约方大会提供可能需要改进的建议。

《斯德哥尔摩公约》建立了一个由 16 个区域和次区域中心（SCRC）组成的网络，以提供技术援助，为发展中国家缔约方和经济转型国家缔约方履行公约义务提供技术援助并促进技术转让。这些自治机构在缔约方大会的授权下运作，该公约的决策机构由公约所有缔约国组成。这些中心的所属地区和中心名称如表 4-3 所示。

这些区域中心是在具有相关专门知识和能力的机构基础上建立的，它们的主要任务是向符合条件的国家提供技术援助和能力培养。这些任务和指导的目的是确保以高度专业的方式提供有效的区域技术援助。为了评估这些区域中心的绩效，制定了具体的评估标准和方法。

表 4-3　斯德哥尔摩公约区域中心和协调中心的地理位置分布

序号	所属地区	区域中心名称
1	非洲	（1）阿尔及利亚斯德哥尔摩公约区域中心（阿尔及利亚 SCRC）阿尔及利亚阿尔及尔 （2）肯尼亚斯德哥尔摩公约区域中心（肯尼亚 SCRC）肯尼亚内罗毕 （3）塞内加尔巴塞尔和斯德哥尔摩公约区域中心（塞内加尔 BCRC-SCRC）塞内加尔达喀尔 （4）巴塞尔和斯德哥尔摩公约非洲英语国家区域中心（南非 BCRC-SCRC）南非比勒陀利亚
2	亚洲和太平洋地区	（1）巴塞尔和斯德哥尔摩会议中国区域中心（中国 BCRC-SCRC）中国北京 （2）印度斯德哥尔摩公约区域中心（印度 SCRC）印度那格浦尔 （3）巴塞尔和斯德哥尔摩公约印度尼西亚东南亚区域中心（BCRC-SCRC 印度尼西亚）印度尼西亚雅加达 （4）伊朗巴塞尔和斯德哥尔摩公约区域中心（伊朗 BCRC-SCRC）伊朗伊斯兰共和国德黑兰 （5）斯德哥尔摩公约科威特区域中心（科威特 SCRC）科威特科威特市
3	中欧和东欧	捷克斯德哥尔摩公约区域中心（捷克共和国 SCRC）捷克共和国布尔诺
4	拉丁美洲和加勒比地区	（1）巴西斯德哥尔摩公约区域中心（巴西 SCRC） （2）巴西圣保罗 （3）墨西哥斯德哥尔摩公约区域中心（墨西哥 SCRC）墨西哥墨西哥城 （4）巴拿马斯德哥尔摩公约区域中心（巴拿马 SCRC）巴拿马巴拿马城 （5）乌拉圭巴塞尔和斯德哥尔摩公约区域中心（乌拉圭 BCRC-SCRC）乌拉圭蒙得维的亚
5	西欧和其他国家	西班牙斯德哥尔摩公约区域中心（西班牙 SCRC）西班牙巴塞罗那
6	被提名的斯德哥尔摩会议中心	俄罗斯联邦新西伯利亚俄罗斯联邦提名的斯德哥尔摩会议中心

执行斯德哥尔摩公约所需的技术援助和能力培养任务需要广泛的专业知识。对于任何单一机构来说，这项任务都是具有挑战性的，即便是对那些作为区域中心而建立的机构来说也同样如此。不过，这些区域中心能够通过彼此之间的协调运作，利用好各自多样化的专业基础，成功应对这一挑战。

4.3　《斯德哥尔摩公约》管控的化学品

4.3.1　附件 A 管控化学品

附件 A 中列出了需要禁止生产和使用的 POPs 物质，以及这些物质在特定情况下的豁免条件。各缔约方必须采取必要措施，彻底停止附件 A 中所列化学物质的生产和使用。附件 A 中提供了特定的豁免，并且仅适用于已为其注册的缔约方。附件 A 中的化学品如附表 1 所示。

1.用于农药的附件 A 列出的化学品

附件 A 中包含有机氯农药和工业化学品两方面用途的化学品。20 世纪 40 年代，国际上生产和使用的有机氯农药主要分为两大类：一类是以苯为原料的，包括滴滴涕、六六六等使用广泛且历史悠久的杀虫剂，三氯杀螨醇/砜等杀螨剂，以及五氯硝基苯、百菌清、道丰宁等杀菌剂；另一类则是以环戊二烯为原料的，例如氯丹、七氯、艾氏剂等杀虫剂。此外，还有我国 20 世纪 60~80 年代生产和使用的主流农药，以松节油（如莰烯类杀虫剂、毒杀芬等）或以萜烯（如冰片基氯）为原料的有机氯农药[47-51]。

1）艾氏剂
化学品中文名称：艾氏剂（六氯六氢二乙醇萘）
化学品英文名称：Aldrin
分子式：$C_{12}H_8Cl_6$
CAS No：309-00-2
艾氏剂在农业上用于防治农作物害虫，可引起人肝功能障碍、致癌，作为一种有机氯杀虫剂。1928 年德国科学家 Otto Paul Hermann Diels 和 Kurt Alder 发现了一种新的有机化学反应，合成了艾氏剂。1950 年，他们因此发现而获得诺贝尔化学奖（图 4-16）。

图 4-16 艾氏剂的化学结构及其发现者

大约在 1955 年，艾氏剂开始在新西兰被用于羊群的药浴，见图 4-17。
艾氏剂主要通过皮肤吸收进入人体，导致中枢神经系统损伤。中毒后可引发头痛、恶心、呕吐、眩晕、四肢肌肉痉挛以及共济失调等症状。严重中毒时，可能出现中枢性发热和全身性强直-阵挛性抽搐，甚至反复发作并引发昏迷。此外，

图 4-17　1956 年刊登在《新西兰农业杂志》（*New Zealand Journal of Agriculture*）上的
药浴用艾氏剂的广告

吸入艾氏剂还可能导致肺水肿，以及肝脏和肾脏功能异常。1966 年，美国的艾氏剂使用量达到峰值 8550 t，但到 1970 年已降至 4720 t[52]。美国农业部在 1970 年全面废止了这种物质的使用。美国环保局（EPA）也于 1971 年初颁布了艾氏剂和狄氏剂的生产禁令，但未明令禁止使用这两种物质。在经过 1972 年《联邦农药管制法》修正的《联邦杀虫剂、杀真菌剂和杀鼠剂法》授权下，美国环保局于 1972 年撤销了在三种情况下对使用艾氏剂和狄氏剂的禁令：对次表层土壤施药以控制白蚁；处理非食用植物的根部和顶端；采用全封闭系统进行（木质构件）制造过程的防蛀加工。

2001 年 5 月（首批）列入公约附件 A，给予当地使用的杀体外寄生物药杀虫剂 1 项特定豁免。2004 年 5 月公约对全球生效。

我国曾研制艾氏剂，但从未规模生产，其残留主要来自于持久性有机污染物的全球迁移污染。虽然艾氏剂目前已禁止生产与使用，但环境中仍有残留[53]。

有关艾氏剂的信息也大多适用于狄氏剂。

2）狄氏剂（图 4-18）

化学品中文名称：狄氏剂（六氯环氧八氢二乙醇萘）

化学品英文名称：Dieldrin

分子式：$C_{12}H_8Cl_6O$

CAS No：60-57-1

主要用于土壤处理的剧毒有机氯杀虫剂。这种杀虫剂能够广泛杀灭多种害虫，并

图 4-18　狄氏剂的结构式

且其效果能够持续较长时间。它主要用于控制蝼蛄、蛴螬、金针虫等地下害虫，以及黏虫、玉米螟、蚯虫等对棉花造成危害的害虫。对于白蚁，它表现出显著的杀灭效果，但对于蚜虫和螨类，其效果则相对较弱[54]。用作土壤杀虫剂的艾氏剂是环境中狄氏剂（高达 97%）的主要来源。狄氏剂在我国仅进行过合成实验，

没有进行过工业生产。海关进出口统计数据表明狄氏剂没有进出口[54]。2001年5月（首批）列入公约附件A，无特定豁免。2004年5月公约对全球生效。

狄氏剂能够迅速被土壤吸收，尤其是在土壤中有机质丰富的情况下，因此它几乎不会渗透土壤并导致地下水污染。狄氏剂的传播主要依赖于土壤侵蚀（例如随风飘散）和沉积迁移（通过地表径流），而不是通过溶解渗透[55]。艾氏剂和狄氏剂在农业使用过程中，导致了土壤中残留物的积累（主要是狄氏剂），这些残留物的存在时间长达数年，其半衰期大约在4～7年[56]。在热带环境中，这些化合物的存在时间通常比在温带环境中短。在喷洒农药的过程中，艾氏剂和狄氏剂会通过挥发作用进入空气。然后随着雨水的冲刷和干沉降，狄氏剂最终会到土壤和水体表面[55]。因此，这些化合物可以在气相中被检测到（以极低的浓度，通常在$1\sim2\ \mathrm{ng/m^3}$），或者吸附在尘埃颗粒或降水（$10\sim20\ \mathrm{ng/L}$）中。水生生物对狄氏剂有很高的富集能力，所以水中低含量的狄氏剂最终也可能导致生物体中毒。在水生食物链中，富集的重要性不如生物体直接从水中吸收狄氏剂[56]。

3）异狄氏剂（图4-19）

化学品中文名称：异狄氏剂

化学品英文名称：Endrin

分子式：$C_{12}H_8Cl_6O$

CAS No：72-20-8

异狄氏剂用于棉花和谷物等农作物的农药，也用于杀灭家鼠和野鼠等啮齿类动物。侵入途径包括吸入、食入。异狄氏剂进入体内后，

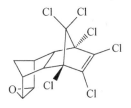

图4-19 异狄氏剂的结构式

很快转化为其他形式的代谢物，并通过尿液或粪便排出体外，在体内存留时间仅为几天。

2001年5月（首批）列入公约附件A，无特定豁免。2004年5月公约对全球生效。

4）七氯（图4-20）

化学品中文名称：七氯（七氯化茚）

化学品英文名称：Heptachlor

分子式：$C_{10}H_5Cl_7$

CAS No：76-44-8

七氯是一种有机氯化合物，属于环二烯类杀虫剂。七氯通常为白色晶体或茶褐色蜡状固体，带有樟脑或雪松的气味。这些化合物的化学结构坚固稳定，不易分解和降解，因此在环

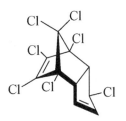

图4-20 七氯的结构式

境中可以长时间存在。它们有可能通过饮用水、牛奶和食物进入生物体和人体。七氯的半衰期是 $1.3\sim4.2$ 天（空气中），$0.03\sim0.11$ 年（水中）和 $0.4\sim0.8$ 年（土壤中）。

美国从 20 世纪 80 年代末即已禁用七氯，如今七氯产品的唯一商业用途是用于扑灭地下变压器的红火蚁。七氯和环氧七氯可通过饮用水、牛奶和食物进入人体。虽然环氧七氯从已经被美国禁止，但仍能在土壤、水源中找到，会转化进入食物和牛奶，高含量的环氧七氯有可能会提高Ⅱ型糖尿病的风险。

2001 年 5 月（首批）列入公约附件 A，无特定豁免。2004 年 5 月公约对全球生效。

饮用水和食品里的七氯含量都有严格标准，对饮用水的标准是七氯含量小于 2 μg/L，环氧七氯含量小于 2 μg/L。食物中的七氯含量要小于 0.01 ppm，牛奶要小于 0.1 ppm，供食用水产品要小于 0.3 ppm。职业安全和健康管理设定对每周工作五天，每天工作八小时的工作者，空气中的七氯含量应小于 $0.5\ \text{mg/m}^3$。

5）毒杀芬（图 4-21）

化学品中文名称：毒杀芬（氯化莰、氯化茨烯、八氯茨烯、氯代莰烯、3956、多氯莰烯）

化学品英文名称：Toxaphene（Chlorinated camphene）

分子式：$C_{10}H_{10}Cl_8$

CAS No：8001-35-2

该杀虫剂用于棉花、谷物、水果、坚果和蔬菜。它也已被用来控制牲畜的虱子和螨虫。1975 年，毒杀芬是美国使用最广泛的农药。毒杀芬释放的 50% 可以在土壤中持续长达 12 年。我国曾生产用于农业。

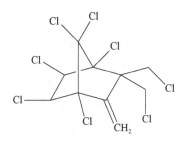

图 4-21　毒杀芬的结构式

2001 年 5 月（首批）列入公约附件 A，无特定豁免。2004 年 5 月公约对全球生效。

6）氯丹（图 4-22）

化学品中文名称：氯丹（八氯化甲桥茚）

化学品英文名称：Chlordane

分子式：$C_{10}H_6Cl_8$

CAS No：57-74-9

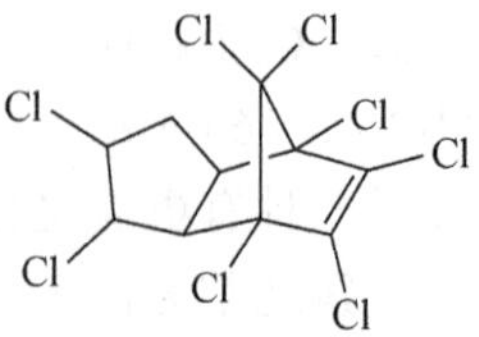

氯丹自 1945 年问世以来，一直作为一种广谱的有机氯杀虫剂，用于控制白蚁和那些幼虫以植物的根为食的土壤害虫。

图 4-22　氯丹的结构式

由于其对人畜具有较强毒性,美国于 1988 年全面禁止,其他各国陆续禁止使用。2001 年 5 月(首批)列入公约附件 A,给予杀白蚁剂等 6 项特定豁免。2004年 5 月公约对全球生效。

氯丹的主要来源主要来自于工业生产和杀虫剂的不合理应用。

7)灭蚁灵(图 4-23)

化学品中文名称:灭蚁灵(十二氯代八氢亚甲基环丁并 [c, d] 戊搭烯)

化学品英文名称:Mirex

分子式:$C_{10}Cl_{12}$

CAS No.:2385-85-5

该杀虫剂主要用于扑灭火蚁,并已用于对抗其他类型的蚂蚁和白蚁。它也已被用作塑料,橡胶和电子产品中的阻燃剂。

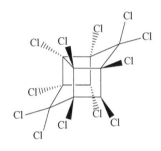

图 4-23 灭蚁灵的结构式

直接暴露于灭蚁灵似乎不会对人类造成伤害,但是对实验动物的研究已将其分类为可能的人类致癌物。在研究中,灭蚁灵对几种植物以及鱼类和甲壳类有毒。它被认为是最稳定和持久的农药之一,半衰期可达 10 年。人类接触灭蚁灵的主要途径是通过食物,特别是肉、鱼和野味[57]。

2001 年 5 月(首批)列入公约附件 A,给予杀白蚁剂的 1 项特定豁免。2004年 5 月公约对全球生效。

8)α-六氯环己烷(图 4-24)

化学品中文名称:α-六氯环己烷(别名:甲体六六六)

化学品英文名称:

Alpha hexachlorocyclohexane(α-HCH)

分子式:$C_6H_6Cl_6$

CAS No:319-84-6

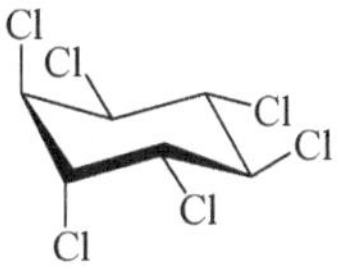

图 4-24 α-六氯环己烷的结构式

该物质是一种广谱杀虫剂,主要通过作用于昆虫神经系统,具有胃毒、触杀和熏蒸的多重效果。通常加工成粉剂或可湿性粉剂使用。由于用途广泛且生产工艺相对简单,在 20 世纪 50~60 年代,六六六在全球范围内被广泛制造和应用,并曾是我国产量最大的杀虫剂之一。它对蝗虫灾害的消除以及家庭和林业害虫的防治发挥了积极作用。

工业品六氯环己烷的组成大致为:α-六氯环己烷(55%~60%,甲体)、β-六氯环己烷(5%~14%,乙体)、γ-六氯环己烷(12%~16%,丙体)、δ-六氯环己烷(6%~8%,丁体)、ε-六氯环己烷(2%~9%,戊体)、七氯环己烷(4%)、八氯环己烷（0.6%）[58]。

2009 年 5 月公约第四次缔约方大会批准（第 2 批）列入公约附件 A，无特定豁免。2010 年 8 月修正案对国际生效。2013 年 8 月 30 日，十二届全国人大常委会第四次会议审议批准 α-六氯环己烷修正案。2014 年 3 月 26 日修正案对我国生效。

9）β-六氯环己烷（图 4-25）

化学品中文名称：β-六氯环己烷（别

名：乙体六六六）

化学品英文名称：

Beta hexachlorocyclohexane（β-HCH）

分子式：$C_6H_6Cl_6$

CAS No.：319-85-7

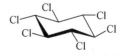

图 4-25　β-六氯环己烷的结构式

尽管已经淘汰了有意将 α-六氯环己烷用作杀虫剂，但该化学物仍作为林丹的无意副产品生产。每生产 1 吨林丹，就会产生约 6~10 吨的其他异构体，包括 α-六氯环己烷和 β-六氯环己烷。因此，环境中存在大量的 α-六氯环己烷和 β-六氯环己烷。

α-六氯环己烷和 β-六氯环己烷都可在较冷地区的水中高度持久，并且可能在生物区系和北极食物网中生物富集和生物放大。该化学品可进行远程运输，被分类为对人类潜在致癌的物质，并对受污染地区的野生动植物和人类健康产生不利影响。

10）林丹（图 4-26）

化学品中文名称：林丹（γ-六氯环己烷）

化学品英文名称：Lindane（γ-HCH）

分子式：$C_6H_6Cl_6$

CAS No：58-89-9

林丹已被用作广谱杀虫剂，用于种子和土

壤处理，叶面应用，树木和木材处理以及兽医

和人类应用中的体外寄生虫。在过去几年中，

图 4-26　林丹的结构式

林丹的产量迅速下降，并且仍然只有少数几个国家生产林丹。我国已经完全淘汰林丹（关于禁止生产、流通、使用和进出口林丹等持久性有机污染物的公告）。

2009 年 5 月公约第四次缔约方大会批准（第 2 批）列入公约附件 A，给予作为控制头虱和疥疮的人类健康辅助治疗用药物的 1 项特定豁免。2010 年 8 月修正案对国际生效。2014 年 3 月 26 日林丹修正案对我国生效。

11）十氯酮（图 4-27）

化学品中文名称：十氯酮（开蓬）

化学品英文名称：Chlordecone（Kepone）

分子式：$C_{10}Cl_{10}O$

CAS No：143-50-0

十氯酮是一种合成的氯化有机化合物，主要用作农业农药。它于 1951 年首次生产，并于 1958 年投入商业使用。目前，该化学品不再使用或生产。十氯酮在环境中具有高度持久性，在生物富集和生物放大方面具有

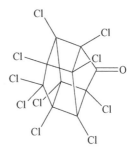

图 4-27 十氯酮的结构式

很高的潜力，根据理化性质和模型数据，十氯酮可以进行长距离运输。它被列为可能的人类致癌物，对水生生物有剧毒。存在十氯酮的替代品，并且可以廉价地实施。许多国家已经禁止销售和使用它。淘汰十氯酮的主要目的是确定和管理过时的库存和废物。

2009 年 5 月公约第四次缔约方大会批准（第 2 批）列入公约附件 A，无特定赦免。2010 年 8 月修正案对国际生效。2013 年 8 月 30 日，第十二届全国人大常委会第四次会议审议批准十氯酮修正案[59]。2014 年 3 月 26 日修正案对我国生效。

12）硫丹原药及其相关异构体（图 4-28）

化学品中文名称：硫丹、(1,4,5,6,7,7-六氯-9,9,10-三降冰片-5-烯-2,3-亚基双甲撑)亚硫酸酯

化学品英文名称：Endosulfan

分子式：$C_9H_6Cl_6O_3S$

CAS No：959-98-8（α-硫丹）

CAS No：33213-65-9（β-硫丹）

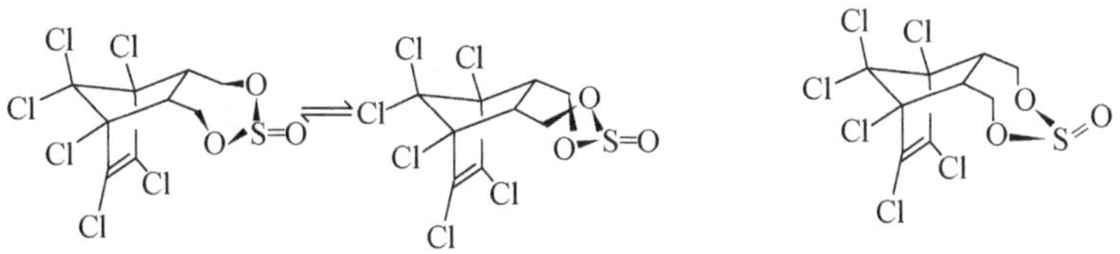

α-硫丹（$C_9H_6Cl_6O_3S$）   β-硫丹（$C_9H_6Cl_6O_3S$）

图 4-28 硫丹的结构式

硫丹是一种杀虫剂，自 20 世纪 50 年代以来就用于控制农作物的害虫，采采蝇和牛的外寄生物，并用作木材防腐剂。作为一种广谱杀虫剂，硫丹目前用于防治包括咖啡、棉花、水稻、高粱和大豆在内的多种农作物上的多种害虫。

在公约未禁用期间，巴西、中国、印度、以色列和韩国每年共生产 18 000～

20 000 吨硫丹。哥伦比亚、美国和欧洲一些曾经生产硫丹的国家已经停止生产。硫丹的最大使用者（阿根廷、澳大利亚、巴西、中国、印度、墨西哥、巴基斯坦和美国）每年总共使用约 15 000 吨硫丹。另有 21 个国家报告使用硫丹。在 60 个国家中，硫丹的使用被禁止或将被淘汰，这些国家加起来占目前全球使用量的 45%。

2011 年 4 月公约第五次缔约方大会批准（第 2 批）列入公约附件 A，给予用于防治根据附件 A 第六部分条款而列出的作物虫害的 1 项特定豁免。2012 年 10 月修正案对国际生效。2014 年 3 月 26 日硫丹修正案对我国生效。

硫丹在大气、沉积物和水中均具有持久性。硫丹具有生物蓄积性，具有长距离迁移的潜力。在空气、沉积物、水和偏远地区（如北极地区）中远离密集使用地区的生物中已经检测到了它。

13）五氯苯酚及其盐类和酯类（图 4-29）

化学品中文名称：五氯苯酚（五氯酚）

化学品英文名称：Pentachlorophenol（PCP）

分子式：C_6HCl_5O

CAS No：87-86-5（Pentachlorophenol）

CAS No：131-52-2（Sodium pentachlorophenate）

CAS No：27735-64-4（As monohydrate）

CAS No：3772-94-9（Pentachlorophenyl laurate）

CAS No：1825-21-4（Pentachloroanisole）

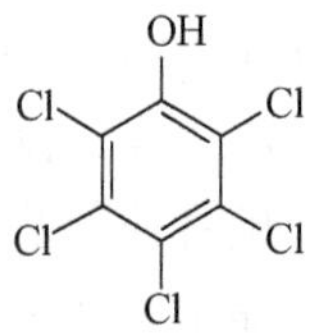

图 4-29　五氯苯酚的结构式

利用六六六无效体为原料，经高压水解制得五氯酚钠，再经酸化即为五氯酚。五氯苯酚已被用作除草剂、杀虫剂、杀真菌剂、除藻剂、消毒剂和防污涂料的成分。一些应用在农业种子、皮革、木材防腐、冷却塔水、绳索和造纸厂系统中。

它于 20 世纪 30 年代首次生产，以许多商品名销售。主要污染物包括其他多氯酚、多氯二苯并对二噁英和多氯二苯并呋喃。由于五氯苯酚的高毒性及其缓慢的生物降解作用，其使用已大大减少。毒性通过吸入污染的工作场所空气和皮肤或使用经过 PCP 处理的木制品，人们可能会在职业环境中接触 PCP。短期接触大量 PCP 可能对肝脏、肾脏、血液、肺、神经系统、免疫系统和胃肠道产生有害影响。在电线杆、横担木或铁路枕木的防腐处理中，PCP 既有化学替代品，也有非化学替代品。

2015 年 5 月公约第七次缔约方大会批准（第 4 批）列入公约附件 A，给予用于线杆和横担的 1 项特定豁免。2016 年 12 月修正案对国际生效。2022 年 12 月 30 日，第十三届全国人民代表大会常务委员会第三十八次会议审议批准了五氯苯酚及其盐类和酯类修正案。2023 年 6 月 6 日修正案对我国生效。

14）三氯杀螨醇（图 4-30）

化学品中文名称：三氯杀螨醇、2,2,2-三氯-1,1-双(4-氯苯基)乙醇、螨醇

化学品英文名称：Dicofol

分子式：$C_{14}H_9Cl_5O$

CAS No：115-32-2，10606-46-9

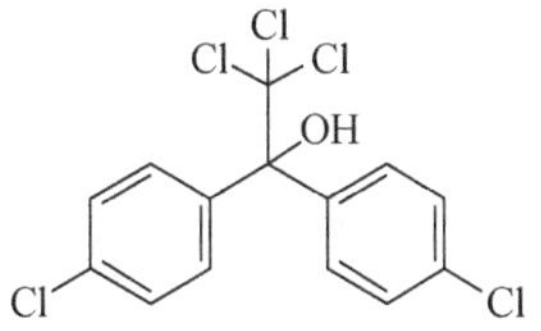

p, p'-dicofol

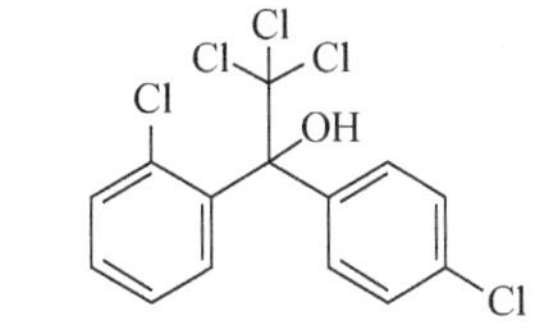

o, p'-dicofol

图 4-30 三氯杀螨醇的结构式

三氯杀螨醇也称开乐散，纯品为白色固体，工业品为褐色黏稠状液体。不溶于水，能溶于多种有机溶剂，在酸性液中稳定，在碱性介质中易分解失效[60]。对人、畜毒性低，对螨类天敌和作物均较安全，是一种广谱性杀螨剂，以触杀作用为主，无内吸性，残效期长。三氯杀螨醇能够有效防治果树、花卉等作物上多种害螨的侵害。三氯杀螨醇是现代农牧业生产中常用的有机氯杀虫剂之一，近些年来已有越来越多的证据表明，其在环境中的暴露对鱼类、爬行类、鸟类、哺乳类和人类有毒性和雌激素效应，对水生生物有极高毒性[61]。

三氯杀螨醇是一种有机氯农药，它包含两种异构体，见图 4-30。工业产品（纯度为 95%）是棕色的黏性油，由 80%～85%的 *p*，*p'*-三氯杀螨醇和 15%～20%的 *o*，*p'*-三氯杀螨醇组成，其中杂质多达 18 种。

2019 年 5 月公约第九次缔约方大会批准（第 7 批）列入公约附件 A，无特定豁免。2020 年 12 月修正案对国际生效。

15）甲氧滴滴涕（图 4-31）

化学品中文名称：甲氧滴滴涕

化学品英文名称：Methoxychlor

CAS No：72-43-5

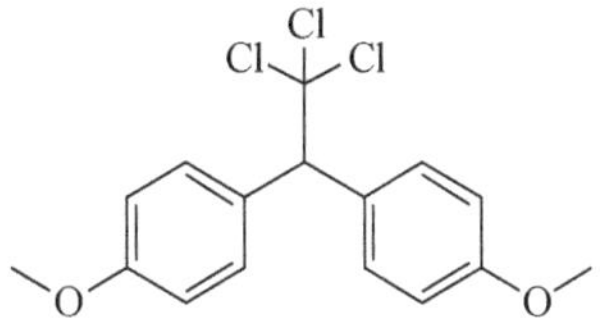

图 4-31 甲氧滴滴涕的结构式

甲氧滴滴涕是一种有机氯农药，最初是作为滴滴涕的替代品开发的。甲氧滴滴涕已被用作杀虫剂，可与各种害虫作斗争，包括咬蝇、家蝇、蚊虫幼虫和蟑螂。它通常被用于农业和兽医实践中，例如用于处理大田作物、蔬菜、水果、谷物、牲畜、宠物、房屋、花园、湖泊和沼泽。

2. 用于工业的附件 A 列出的化学品

20 世纪 70 年代初，塑料开始被大量用于电子设备，同时各种合成纤维（如

海绵等）被大量用于沙发家具。与传统的金属、木材相比，这些新材料更易燃烧。为克服新材料而导致的火灾隐患，阻燃剂开始被大量生产和使用。附件 A 列出的工业化学品主要用于溴代阻燃剂和各种商业用途。阻燃剂主要分为无机阻燃剂、有机卤阻燃剂、有机磷阻燃剂、氮系阻燃剂。其中无机阻燃剂包括氧化锑、水和氧化铝、氢氧化镁、硼化合物等；有机卤阻燃剂包括多溴联苯醚、四溴双酚 A/S、六溴环十二烷等；有机磷阻燃剂包括磷酸酯、含卤磷酸酯等；氮系阻燃剂包括哌嗪、三聚氰胺、聚磷酸铵等。

有机卤阻燃剂的作用机理是在特定温度下，阻燃剂会分解出卤化氢，这是一种不燃性气体。这种气体可以稀释由聚合物燃烧产生的可燃气体，从而降低燃烧区域的浓度，阻止聚合物继续燃烧。此外，燃烧过程中生成的 HX 气体很容易与活性自由基如 HO· 结合，降低它们的浓度，进而抑制燃烧的蔓延[62]；含有卤酸基团的阻燃剂在燃烧过程中会分解出卤化氢，这些分解产物能够促进聚合物材料的脱水炭化，形成一层难以燃烧的炭化层。这一过程有助于减少低分子量裂解产物的生成，从而阻碍燃烧反应的正常进行[63]。卤素的阻燃效果为：I>Br>Cl>F。由于 C—F 键很稳定，难分解，阻燃效果差；碘化物的热稳定性差，所以常用溴化物和氯化物。含溴阻燃剂比含氯阻燃剂的阻燃效能高。卤代烃类化合物中烃类阻燃效能顺序为：脂肪族>脂环族>芳香族。但是脂肪族卤化物热稳定性差，加工温度不能超过 205℃；芳香族卤化物热稳定性较好，加工温度可以高达 315℃。

2023 年 5 月公约第十一次缔约方大会批准（第 9 批）列入公约附件 A，无特定豁免。

1）六溴联苯（图 4-32）

化学品中文名称：六溴联苯

化学品英文名称：Hexabromobiphenyl

分子式：$C_{12}H_4Br_6$

CAS No：36355-01-8

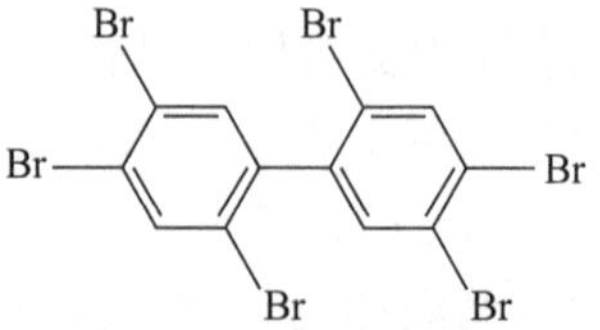

多溴联苯（polybrominated biphenyls，PBBs），包括四溴代、五溴代、六溴代、八溴代、十溴代等 209 种同系物，在市场上，

图 4-32 六溴联苯的结构式

这些化合物通常以包含不同溴原子数目的联苯混合物的形式作为商品出售，这种混合物统称为多溴联苯[64]。多溴联苯主要来自于溴化阻燃剂之中。六溴联苯是一种工业化学品，主要在 20 世纪 70 年代用作阻燃剂。根据现有资料，六溴联苯在大多数国家已不再生产或使用。

在 1973 年的夏季，美国密歇根化学公司的一个工厂将多袋 50 磅（约 23 kg）重的多溴联苯（PBBs）装入一辆货车向密歇根州的一个大型饲料厂运输。这辆货车同时装载了多袋饲料添加剂氧化镁。原本装有 PBBs 的袋子应标记为红色，但由于红色标记不足，改用了黑色油印标记。同时氧化镁袋子的标记也是黑色，因此这两种袋子很容易被混淆。由于 PBBs 与氧化镁在视觉上相似，运送到饲料厂的这数百磅 PBBs 被错误地当作氧化镁添加剂加入到饲料中。这批含有 PBBs 的饲料随后被广泛销售和分配至密歇根州的多个农场，导致大量家畜和家禽摄入了 PBBs。然而，当时人们对此毫无察觉，直到家禽和家畜开始出现疾病并死亡，人们才意识到问题的严重性。经过长达 7 个月的调查，人们最终确认 PBBs 是导致家畜和家禽死亡的主要因素。PBBs 的毒性是 PCBs 的五倍，人们食用了受 PBBs 污染的猪肉后，可能会出现头痛、极度疲劳、胃部不适、关节僵硬或肿胀等不良反应。这桩污染事故损失了大量牛、猪、羊、鸡等牲畜，以及巨量的鸡蛋、奶酪、奶油和饲料[65]。

2009 年 5 月公约第四次缔约方大会批准（第 2 批）列入公约附件 A，无特定豁免。2010 年 8 月公约对国际生效。2013 年 8 月 30 日，第十二届全国人大常委会第四次会议审议批准六溴联苯修正案。2014 年 3 月 26 日修正案对我国生效[66]。

2）六溴二苯醚和七溴二苯醚（图 4-33）

化学品中文名称：六溴二苯醚和七溴二苯醚

化学品英文名称：Hexabromodiphenyl ether and heptabromodiphenyl ether

分子式：$C_{12}H_4Br_6O$，$C_{12}H_3Br_7O$

CAS No：68631-49-2

CAS No：207122-15-4

CAS No：446255-22-7

CAS No：207122-16-5

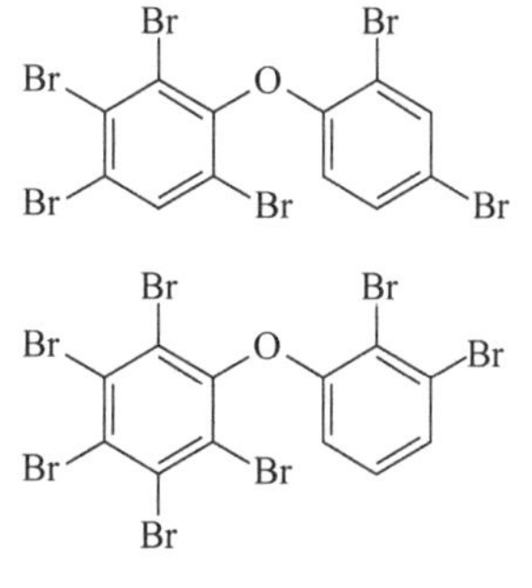

图 4-33 六溴二苯醚（上）和七溴二苯醚（下）的结构式

六溴二苯醚和七溴二苯醚是商用八溴二苯醚的主要成分。曾主要作为塑料聚合物的阻燃剂应用于电子设备外壳。我国从未规模生产使用。

2009 年 5 月公约第四次缔约方大会批准（第 2 批）列入公约附件 A，给予使用、回收及最终处置含有或可能含有四溴二苯醚和五溴二苯醚的物品的 1 项使用特定豁免，特定豁免的到期时间不得晚于 2030 年。2010 年 8 月公约对国际生效。2013 年 8 月 30 日，第十二届全国人大常委会第四次会议审议批准六溴二苯醚和七溴二苯醚修正案。2014 年 3 月 26 日修正案对我国生效。

3）四溴二苯醚和五溴二苯醚（图 4-34）

化学品中文名称：四溴二苯醚和五溴二苯醚

化学品英文名称：Tetrabromodiphenyl ether and pentabromodiphenyl ether

分子式：$C_{12}H_6Br_4O$，$C_{12}H_5Br_5O$

CAS No：5436-43-1

CAS No：60348-60-9

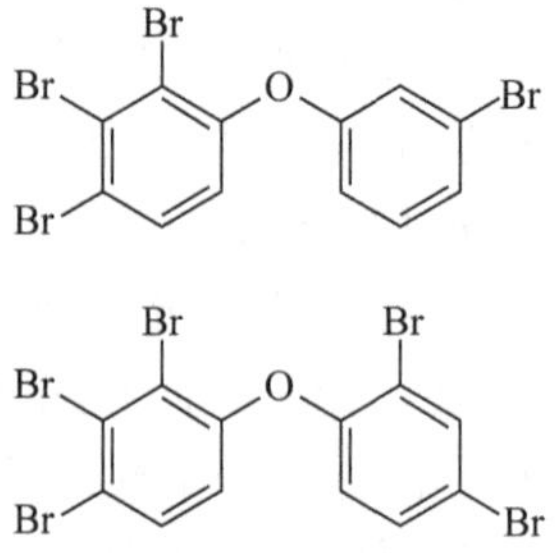

四溴二苯醚和五溴二苯醚是商用五溴二苯醚（commercial pentabromodiphenyl ether）的主要成分。曾用于电子电器、建材、纺织品等行业，主要用于制造家具、家庭和汽车内饰、包装用的软质聚氨酯泡沫，以及用于外壳和电子设备的非泡沫聚氨酯。五溴二苯醚的商业混合物在环境中具有高度持久性，生物蓄积性，并具有长距离环境迁移的巨大潜力。在所有地区的人类中都检测到了这些化学物质。有证据表明它可能对包括哺乳动物在内的野生生物产生毒害作用。四溴二苯醚和五溴二苯醚尽管许多替代品也可能对人类健康和环境产生不利影响，但许多国家都提供了替代品并用于替代这些物质。替代品可能无法用于军用飞机。

图 4-34　四溴二苯醚（上）和五溴二苯醚（下）的结构式

2009 年 5 月公约第四次缔约方大会批准（第 2 批）列入公约附件 A，给予使用、回收及最终处置含有或可能含有四溴二苯醚和五溴二苯醚的物品的 1 项使用特定豁免，特定豁免的到期时间不得晚于 2030 年。2010 年 8 月公约对国际生效。2013 年 8 月 30 日，第十二届全国人大常委会第四次会议审议批准四溴二苯醚和五溴二苯醚修正案。2014 年 3 月 26 日修正案对我国生效。

然而，鉴定和处理含溴化二苯醚的设备和废物被认为是一项挑战。聚溴二苯醚包括四溴二苯醚、五溴二苯醚、六溴二苯醚和七溴二苯醚的聚溴二苯醚同类物可抑制或抑制有机材料中的燃烧，因此被用作添加剂阻燃剂。

4）六溴环十二烷（图 4-35）

化学品中文名称：六溴环十二烷

化学品英文名称：Hexabromocyclododecane（HBCD）

分子式：$C_{12}H_{18}Br_6$

CAS No：3194-55-6

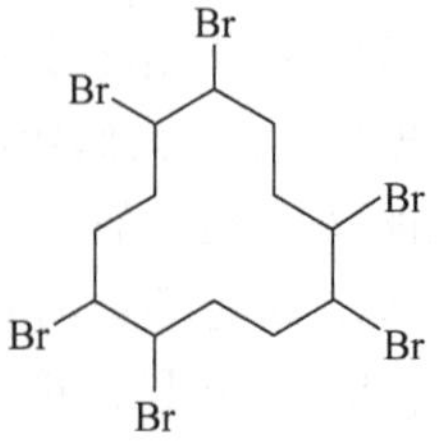

六溴环十二烷用作阻燃添加剂，可在车辆，建筑物或物品的使用寿命内提供防火保护，并在储存时提供保护。六溴环十二烷在全球范围内的主要用途是在发泡和挤塑聚苯乙烯泡沫绝缘中，而在纺织应用和电气电子设备中的使用

图 4-35　六溴环十二烷的结构式

则较少。

六溴环十二烷的生产是分批过程。在封闭系统中，在有溶剂存在的情况下，在 20～70℃下，将元素溴添加到环十二碳三烯中。在过去的几年中，六溴环十二烷的产量下降了，市场上已经有化学替代品可替代高抗冲聚苯乙烯（HIPS）和纺织品背面涂料中的六溴环十二烷。在有任何其他替代品以商业数量出售之后，该行业将需要一些时间来寻求用于防火的聚苯乙烯珠和泡沫产品的资格和重新认证。

HBCD 是一种高溴含量的脂环族阻燃剂。HBCD 广泛应用于聚丙烯、聚苯乙烯泡沫以及涤纶织物的阻燃处理，尽管其阻燃效果显著，却可能对人类健康与环境造成长期潜在威胁[67]。HBCD 属于挪威 RoHS（《消费性产品中禁用特定有害物质》）管控的物质，同属于欧盟 REACH（《化学品的注册、评估、授权和限制》）管控物质。2013 年被列入《斯德哥尔摩公约》成为新的受控 POPs。

HBCD 是一种高溴含量的脂环族添加型阻燃剂，主要用于建筑物和汽车中经处理的挤塑聚苯乙烯（XPS）泡沫和发泡聚苯乙烯（EPS）泡沫。此外，HBCD 不仅用于前述材料，还广泛用于不饱和聚酯、聚碳酸酯、合成橡胶以及聚丙烯塑料和纤维的阻燃。此外，它也适用于对涤纶织物进行阻燃后整理，以及维纶涂塑双面革的阻燃处理[68]。

2013 年 5 月公约第六次缔约方大会批准（第 4 批）列入公约附件 A，给予建筑物中的 EPS 和 XPS 的 1 项特定豁免。2014 年 11 月修正案对国际生效。2016 年 7 月 2 日，十二届全国人大常委会第二十一次会议审议批准六溴环十二烷修正案。2016 年 12 月 26 日修正案对我国生效。

5）短链氯化石蜡（图 4-36）

化学品中文名称：短链氯化石蜡（$C_{10\sim13}$ 氯代烃）

化学品英文名称：Alkanes，$C_{10\sim13}$，chloro（Short Chain Chlorinated Paraffins，SCCP）

分子式：$C_{10\sim13}$

CAS No：85535-84-8；68920-70-7；71011-12-6；85536-22-7；85681-73-8；108171-26-2

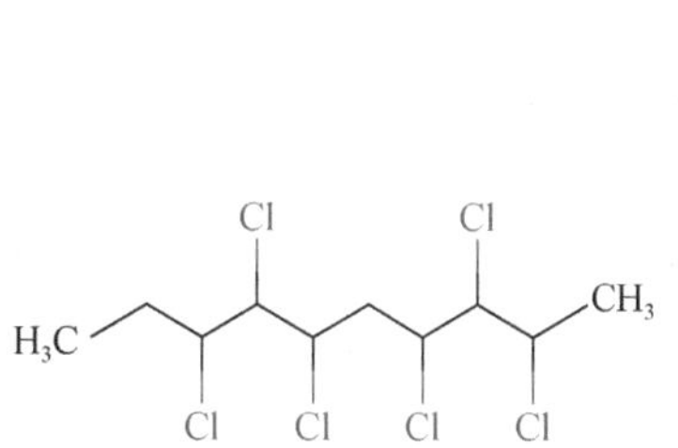

图 4-36 2,3,4,6,7,8-六氯癸烷的结构式

短链氯化石蜡在空气中具有足够的持久性，可以进行长距离迁移，并且似乎具有水解稳定性。许多短链氯化石蜡可以在生物群中积累。短链氯化石蜡由于其长期的环境运输而可能导致严重的不利环境和人类健康影响。短链氯化石蜡的持久性有机污染物特征 SCCP 可用作橡胶、油漆、胶黏剂、塑料阻燃剂中的增塑剂，

以及金属加工液中的极压润滑剂。

氯化石蜡是通过氯化直链石蜡馏分生产的。商业氯化石蜡的碳链长度通常在 10～30 个碳原子之间。短链氯化石蜡在 $C_{10}～C_{13}$ 之间。由于管辖区已制定控制措施，全球短链氯化石蜡的产量有所下降。更换短链氯化石蜡对于 SCCP 的所有已知用途，在技术上可行的替代品是可商购的。

2017 年 5 月公约第八次缔约方大会批准（第 5 批）列入公约附件 A，给予黏合剂等 9 项特定豁免。2018 年 12 月修正案对国际生效。2022 年 12 月 30 日，第十三届全国人民代表大会常务委员会第三十八次会议审议批准了短链氯化石蜡修正案。2023 年 6 月 6 日修正案对我国生效。

6）商用十溴二苯醚

多溴联苯醚（Poly Brominated Diphenyl Ethers，PBDEs），因溴原子取代数目和位置的不同，PBDEs 共有包括一溴到十溴取代的 209 种不同的结构化合物（图 4-37）。

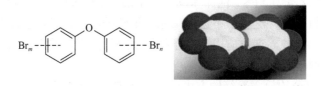

图 4-37　多溴联苯醚（PBDEs）的分子结构

PBDEs 是一类在环境中广泛存在的全球性有机污染物。在产品的使用与处理过程中，PBDEs 可能会通过蒸发和泄漏等途径进入环境。同时，焚烧或废弃含有 PBDEs 的材料也是其进入环境的一个重要渠道。此外，生产阻燃剂的企业可能会直接释放 PBDEs。PBDEs 进入大气后，会通过大气沉降作用，最终转移到水体和土壤中[69]。PBDEs 在自然环境中极为稳定，不易分解，并且因为其亲脂性强，水溶性较差，在水体中的浓度通常较低。这使得 PBDEs 容易在沉积物中积累，并能在生物体内积累，随着食物链的传递而逐步增加其浓度[70]。即使大气、水体和土壤中 PBDEs 的含量仅为痕量，它们也能通过食物链进入人体，可能对人类和高级生物的健康造成不利影响。PBDEs 还能在大范围内迁移，引发全球性的环境污染问题[71]。

PBDEs 作为阻燃剂，在产品生产过程中被加入到各种复合材料中，目的是提升产品的防火能力[69, 70, 72, 73]。PBDEs 在高温条件下能够释放自由基，有效阻止燃烧反应的继续。市场上的 PBDEs 是由溴化二苯醚同系物混合而成的，主要成分包括 PeBDE、OcBDE 和 DeBDE 这几种 PBDEs，同时还包括其他种类的 PBDEs

（图 4-38）。PeBDE 主要用于家具、地毯和汽车座椅等产品的制造，其在 PBDEs 产品中的占比约为 12%。OcBDE 则主要应用于纺织品和塑料行业，如电器产品的机架，尤其是在电视和电脑产品中，占 PBDEs 产品的约 6%。DeBDE 是全球使用最广的 PBDEs，其在 PBDEs 产品中的占比超过 80%[74]。

图 4-38 溴系阻燃剂大家族

十溴联苯醚（DeBDE），作为多溴联苯醚中溴原子数量最多的一种，因其较低的成本、优异的性能以及相对较低的急性毒性，在多个领域得到了广泛应用。这种化合物普遍应用于电子电器、自动控制设备、建筑材料、纺织品和家具等多种产品中（图 4-39）[73]。根据统计，十溴联苯醚在阻燃剂市场中的占比超过 75%[75]。

图 4-39 含十溴联苯醚的产品

商用十溴二苯醚（c-decaBDE）的信息如下（图 4-40）：

化学品中文名称：十溴二苯醚（十溴联苯醚）

化学品英文名称：Decabromodiphenyl ether（commercial mixture，c-decaBDE）

分子式：$C_{12}Br_{10}O$

CAS No：1163-19-5

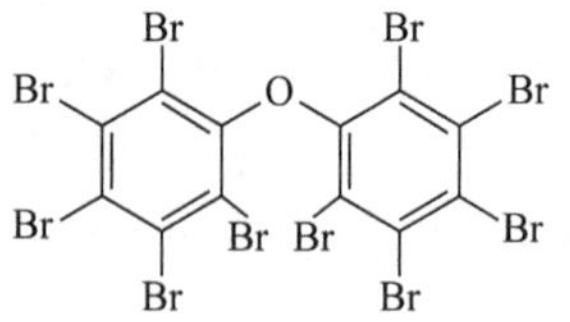

图 4-40 十溴二苯醚的结构式

十溴二苯醚被用作添加剂阻燃剂，并应用在塑料/聚合物/复合材料、纺织品、黏合剂、密封胶、涂料和油墨中。包含十溴二苯醚的塑料用于计算机和电视、电线电缆、管道和地毯的外壳。商用十溴二苯醚的消费量在 21 世纪初达到顶峰，但商用十溴二苯醚仍在世界范围内广泛使用。

市场上已经有许多非 POP 化学替代品可以替代塑料和纺织品中的商用十溴二苯醚。此外，还提供非化学替代品和技术解决方案，例如不易燃材料和物理屏障。

十溴二苯醚曾大规模生产，主要用于塑料制品的阻燃处理，并被广泛应用于各类工业和日用品中，例如在电器制造（如电视机、计算机线路板和外壳）、建筑材料、泡沫、室内装潢、纺织品、家具以及汽车内饰等方面[76]。

2017 年 5 月公约第八次缔约方大会批准（第 6 批）列入附件 A，给予家用电器塑料外壳添加剂等 5 项特定豁免。2018 年 12 月公约对国际生效。2022 年 12 月 30 日，第十三届全国人民代表大会常务委员会第三十八次会议审议批准十溴二苯醚修正案。2023 年 6 月 6 日修正案对我国生效[77]。

7）全氟辛酸及其盐类和相关化合物

化学品中文名称：全氟辛酸（十五氟辛酸，十五氟八碳酸）（图 4-41）

化学品英文名称：Perfluorooctanoic acid（PFOA）

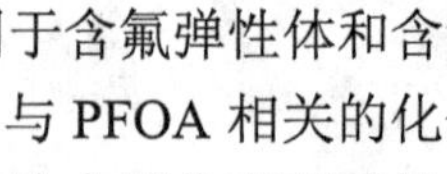

图 4-41 十五氟辛酸的结构式

分子式：$C_8HO_2F_{15}$

CAS No：335-67-1

PFOA 及其盐和与 PFOA 相关的化合物被广泛用于含氟弹性体和含氟聚合物的生产中，用于不粘厨具、食品加工设备的生产中。与 PFOA 相关的化合物，包括侧链氟化聚合物，在纺织品、纸张和油漆、消防泡沫中用作表面活性剂和表面处理剂。在工业废料、防污地毯、地毯清洁液、房屋灰尘、微波炉爆米花袋、水、食品和特氟隆中都检测到了全氟辛酸。在不适当的焚烧或在中等温度下露天燃烧的情况下，城市固体垃圾焚烧中含氟聚合物的焚烧不足会导致 PFOA 的意外形成。

PFOA 在环境中具有很高的稳定性和持久性，能够进行长距离迁移。监测北极等偏远地区的空气、水、土壤/沉积物和生物区系中 PFOA 的数据可以证明这一点。PFOA 可以在呼吸哺乳动物和其他陆地物种（包括人类）中进行生物富集和生物放大。PFOA 对陆生和水生物种均显示不利影响。

全氟辛烷磺酸被认为是一种对环境和生物具有持久、生物蓄积性和毒性结构的高度关注的物质。与 PFOA 有关的化合物释放到空气、水、土壤和固体废物中，并在环境和生物中降解为 PFOA。诸如肾癌、睾丸癌、甲状腺疾病、妊娠高血压、高胆固醇等主要健康问题均与 PFOA 有关。

PFOA 存在在消防泡沫中使用 PFOA 的所有替代方法，包括无氟溶液以及含 C_6-氟调聚物的含氟表面活性剂。无氟泡沫在性能和满足几乎所有用途的相关认证方面可与氟基 AFFF 和具有 PFOA 的消防泡沫媲美。

2018 年 6 月，美国毒物与疾病登记署（ATSDR）发布了一份关于全氟和多氟烷基物质（PFAS），尤其是 PFOS 和 PFOA 的毒性危害的详细报告[78]。报告指出，PFAS 在较低剂量水平下也可能对人类健康造成不良影响。报告详细列出了与 PFAS 暴露相关的健康问题，包括肝脏损伤、甲状腺疾病、生育力下降、肥胖、哮喘、激素分泌受阻、内分泌失调以及睾丸癌和肾癌等风险（图 4-42）[79]。根据报告，有充分的流行病学证据表明，暴露于 PFOA 和 PFOS 与以下疾病风险增加有关：妊娠高血压、甲状腺疾病、哮喘。另外暴露于 PFOA、PFOS、PFHxS 和 PFDeA 还可能与对疫苗的抗体反应减少有关。

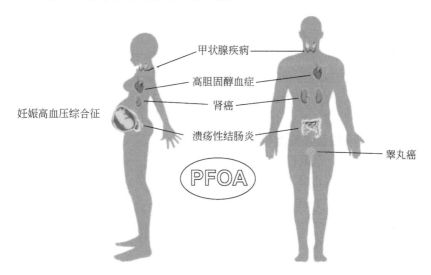

图 4-42 PFOA 对人体健康的影响

在 1945 年，美国杜邦公司推出了以聚四氟乙烯为涂层的特氟龙品牌不粘锅，因其易清洁的特点而迅速受到市场的广泛欢迎。直到今天，我们都还享受着它带来的便利。当然，特氟龙涂层在家庭中，在低于 400℃的环境下使用，对人体不会产生毒性。问题出在生产线上。生产特氟龙涂层时，需要加入活性剂 PFOS 和 PFOA。其中 PFOA，又被称为 C_8，是必不可少的原材料。PFOA 是全氟辛酸铵（或者全氟辛酸），是一种小分子的表面活性剂，而特氟龙（Teflon®）是杜邦公司的商品名，主要成分是一种高分子材料聚四氟乙烯（PTFE），不要把这两者混淆了。所以认为不粘锅有毒是因为 PFOA 的，这种理解是完全错误的。而 PFOA 是在聚四氟乙烯乳液聚合的合成过程中，加入的一种分散剂，与其说是生产特氟龙的原料，不如说是一种合成助剂，这样表述更容易理解。PFOA 的生理毒性和致癌性是已经被证明的，不仅如此，因为它十分稳定，不会发生降解，所以会在生物体内不断富集，可以说是一种永久性的污染物。2014 年，EPA 已经把包括 PFOA 在内的全氟辛酸盐和全氟辛烷磺酸盐（PFOS）列为了新兴污染物。现在 PFOA 已经被绝大部分国家禁止使用了。在 2015 年以前，杜邦公司在生产 PTFE 的工艺中，因为没有别的选择，不得不使用 PFOA 作为分散剂，但是他们可以把 PTFE 制品中残留的 PFOA 含量控制到极低，低到几乎检测不出来的水准。2015 年以后，成熟的 PFOA 的替代品也已经找到了，现在生产 PTFE 的工艺中，不会再使用 PFOA。所以 PTFE，包括其制品，都是安全无毒的。因此，PFOA 的限制取代工作任重而道远。

PFOA 具有很强的生殖毒性，但其应用于我国的各行各业我国 PFOA 替代品的生产和试用工作都处于初始阶段，使用替代品生产的原料在很多方面都无法达到替代前的原料水平，因此如果不经豁免期，直接禁用这部分氟聚合物的生产，短期内，我国氟塑料加工行业将出现严重的原料短缺，同时导致下游的环保、电子、新能源、化工、交通等领域面临失去重要支撑材料的危险，我国的大气和水体及土壤环境将面临进一步恶化的风险。

8）全氟己基磺酸及其盐类和相关化合物

化学品中文名称：全氟己基磺酸及其盐类和相关化合物（图 4-43）

化学品英文名称：Perfluorohexane sulfonic acid（PFHxS）

分子式：$C_6HF_{13}O_3S$

CAS No：355-46-4

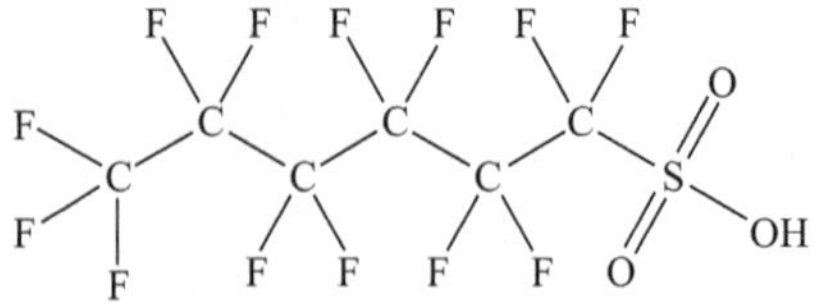

PFHxS 及其盐和相关物质具有独

图 4-43 全氟己基磺酸的结构式

特的特性，具有高的耐摩擦性，耐热性，化学试剂，低表面能，并可用作水、油脂、油和污垢的防护剂。它被广泛用于各种消费品中，例如地毯、皮革、服装、纺织品、消防泡沫、造纸、印刷油墨、密封剂、不粘炊具。

2022 年 6 月公约第十次缔约方大会批准（第 8 批）列入公约附件 A，无特定豁免。2023 年 11 月公约对国际生效。

9）多氯联苯

化学品中文名称：多氯联苯（图 4-44）

化学品英文名称：Polychlorinated biphenyls（PCBs）

分子式：$C_{12}H_{10-x}Cl_x$

CAS No：38380-08-4

该物质同时列在附件 A 和附件 C 中。

多氯联苯（PCB）是在其母体联苯（biphenyl）分子的两个苯环上有一定数目的氢被氯原子所取代而形成的。因氯原子取代数目和位置的不同，PCBs 共有 209 种可能的结构。PCBs 属于工业化学品。一般多是混合物，在常温下，随所含氯原子的多少，可能为液状、水怡液或树脂状[80]，是一种化学性质极为稳定的化合物。

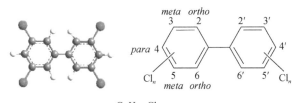

图 4-44　多氯联苯的化学结构

多氯联苯绝缘油是一种无嗅无味、无色或浅黄色的黏性液体（氯化度越高、黏性越大、颜色越深）。具有高介电常数、非常好的导热性、高闪点（170～380℃），不会燃烧等特点。化学性质相当稳定，极其抗氧化、还原、加成、消除或者亲电取代等各种反应。1927 年美国 AOC（SCC 前身）公司将 PCBs 商品化。1935 年美国 Monsanto Industrial Chemical Company（MICC）公司收购 SCC，开始生产著名的 Aroclor 牌号的 PCBs 油。MICC 不仅用其位于 Sauget 的设施自己生产，还授权其他公司（如日本三菱公司等）生产 PCBs 油（图 4-45 和图 4-46）。

图 4-45　多氯联苯绝缘油的商品广告（左）及商品名称（右）

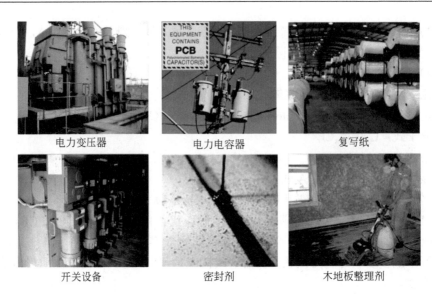

图 4-46　多氯联苯绝缘油的各种用途

全球 PCBs 油的总产量约 135 万吨，其中美国 64.2 万吨，欧洲 44.4 万吨，前苏联 17.4 万吨，亚洲的产量仅占 5%，其中日本 5.9 万吨，韩国 2.9 万吨，中国 0.8 万吨（图 4-47）[81]。

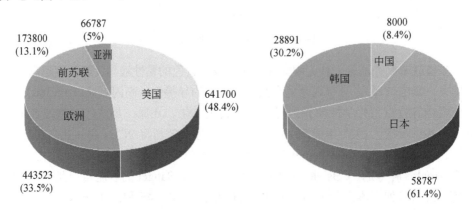

图 4-47　全球多氯联苯生产情况

PCBs 通常作为助剂而被添加到各种各样的工业产品中，其中相当重要的用途是作为电力工业中的变压器和电容器中的浸渍剂。PCBs 可能从各种含 PCBs 的产品中缓慢地释放出来而直接进入环境；当油墨等被废弃后计入垃圾填埋场或者焚烧炉后，PCBs 并不容易降解或者被分解，而是又逐渐释放出来进入土壤、地下水和空气等各种环境介质中；即使是封闭应用的变压器和电容器，在其报废后如果贮存或处置不当，也会造成其中的 PCBs 大量进入环境。

2001 年 5 月（首批）列入公约附件 A 和附件 C，给予 1 项使用特定豁免。2004 年 5 月公约对全球生效。公约要求各缔约方在 2025 年前，查明、标明和消除在变压器、电容器等设备中所使用的 PCBs；在 2028 年前，对那些含有 PCBs 的液体以及 PCBs 含量超过 50 ppm 的受污染设备进行无害化处，并定期向缔约方大会报告消除 PCBs 的进展情况[69]。

我国已完成所有在线及地上暂存的含 PCBs 电力设备的识别和下线工作，处置率达 100%，提前完成《公约》在 2025 年前查明、标明和消除在变压器、电容器等设备中所使用的 PCBs 履约目标

10）得克隆及其顺式和反式异构体（图 4-48）

化学品中文名称：得克隆及其顺式和反式异构体

化学品英文名称：Dechlorane Plus

分子式：$C_{18}H_{12}Cl_{12}$

CAS No：13560-89-9；135821-03-3；135821-74-8

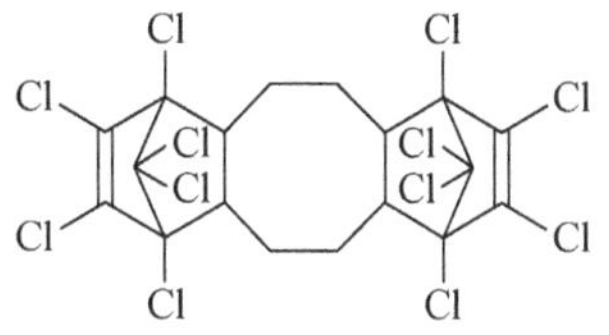

图 4-48　得克隆的结构式

作为一种阻燃剂，得克隆可用于许多聚合物系统中。可能包含得克隆的热塑性塑料的例子包括尼龙、聚酯、丙烯腈-丁二烯-苯乙烯（ABS）、天然橡胶、聚对苯二甲酸丁二酯（PBT）、聚丙烯和丁苯橡胶（SBR）嵌段共聚物。得克隆可用于热固性材料，例如环氧树脂和聚酯树脂、聚氨酯泡沫、聚乙烯、乙丙二烯单体橡胶、聚氨酯橡胶、硅橡胶和氯丁橡胶。

2023 年 5 月公约第十一次缔约方大会批准（第九批）列入公约附件 A，无生产特定豁免，给予航空航天等 4 项使用特定豁免。得克隆修正案预计将于 2024 年底对国际生效，其特定豁免自修正案生效之日起 5 年后终止，规定的应用中相关物品更换部件和维修的豁免将于相关物品使用寿命结束时或 2044 年届满（二者中以先达到的时间点为准）。

11）UV-328（图 4-49）

化学品中文名称：紫外线吸收剂 UV-328

化学品英文名称：2-(2H-benzotriazol-2-yl)-4, 6-di-tert-pentylphenol，UV-328

分子式：$C_{22}H_{29}N_3O$

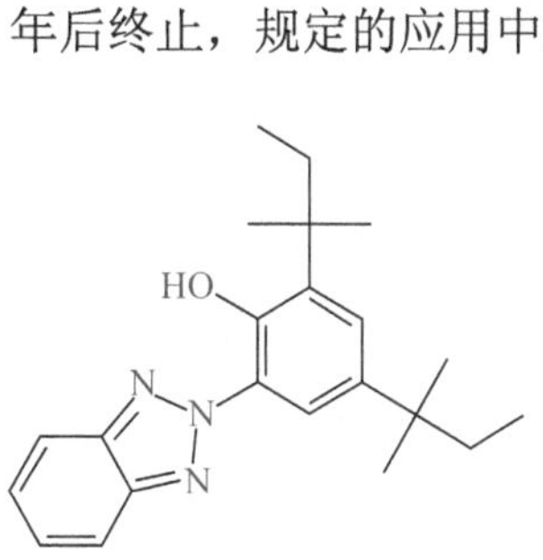

图 4-49　UV-328 的结构式

UV-328 在许多产品中用作紫外线吸收剂。BZT 吸收紫外线的全部光谱，主要

用于透明塑料，涂料和个人护理产品。由于它们的作用机理，它们从紫外线吸收能量是可逆的且无损的。BZT 对于热固性塑料，有机基材和具有耐候性的涂料是优选的。UV-328 特别适用于许多类型的塑料聚合物基质，浓度通常为质量的 0.1%～0.5%。但是，在某些塑料基体中，最终量可能达到质量的 1%，而在涂层中则为 3%。UV-328 也用作食品接触材料中的印刷油墨添加剂。因为它不与聚合物结合，所以 UV-328 可以从聚合物基质内部迁移，最终扩散出基质并进入环境。

2023 年 5 月公约第十一次缔约方大会批准（第九批）列入公约附件 A，仅应在最初使用 UV-328 来制造机动车辆等 3 种特殊情况下，且在这些有限应用中，可对生产和使用 UV-328 用于此类物品更换部件适用特定豁免，豁免将于这些物品使用寿命结束时或 2044 年届满（二者中以先达到的时间点为准）。仅应在最初使用 UV-328 来制造某些物品的情况下，且在医疗和体外诊断设备等有限应用中，可对生产和使用 UV-328 用于此类物品更换部件适用特定豁免，豁免将于这些物品使用寿命结束时届满，并不迟 2041 年由缔约方大会予以审查。

3. 同时用于农药和工业的附件 A 列出的化学品

1）六氯苯（图 4-50）

化学品中文名称：六氯苯、全氯代苯、六氯代苯

化学品英文名称：Hexachlorobenzene（HCB）

分子式：C_6Cl_6

CAS No：118-74-1

该物质同时列在公约附件 A 和 C 中。

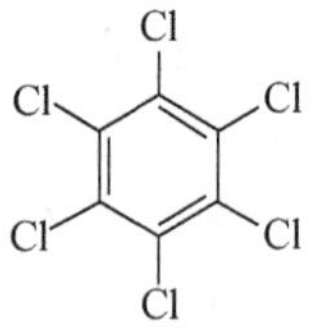

HCB 于 1945 年首次引入治疗种子，它杀死影响粮食作物的真菌。它被广泛用于控制小麦。它也是某些

图 4-50　六氯苯的结构式

工业化学品制造过程中的副产品，在多种农药制剂中均以杂质形式存在。当土耳其东部的人们在 1954～1959 年之间吃用 HCB 处理过的种子时，会出现多种症状，包括光敏性皮肤病变，绞痛和虚弱。数千人患上了一种称为卟啉症的代谢性疾病，其中 14% 死亡[82]。母亲还通过胎盘和母乳将六氯苯传播给婴儿。高剂量时，六氯代苯对某些动物具有致死性，而在较低水平下，六氯代苯对它们的繁殖成功有不利影响。在所有类型的食品中都发现了六氯代苯。对西班牙肉类的研究发现，所有样品中均存在六氯代苯。在印度，六氯苯的估计平均每日摄入量为 0.13 μg/kg bw[82]。

2001 年 5 月（首批）列入公约附件 A，给予农药溶剂等 3 项特定豁免。2004 年 5 月公约对全球生效。

2）五氯苯（图 4-51）

化学品中文名称：五氯苯

化学品英文名称：Pentachlorobenzene（PeCB）

分子式：C_6HCl_5

CAS No：608-93-5

该物质同时列在公约附件 A 和 C 中。

图 4-51   五氯苯的结构式

五氯苯曾在 PCBs 产品，染料载体中用作杀真菌剂，阻燃剂和化学中间体，例如以前用于生产杀菌剂五氯硝基苯。在燃烧、热力和工业过程中也会无意中生成五氯苯。它也以杂质形式存在于溶剂或农药等产品中。

五氯苯在环境中具有持久性，具有很高的生物蓄积性，并具有远距离环境迁移的潜力。它对人类有中等毒性，对水生生物也有剧毒。

五氯苯的生产在几十年前就已经在主要生产国停止了，因为已经有了高效且具有成本效益的替代品。应用最佳可行技术和最佳环境实践将大大减少五氯苯的无意生产。

2009 年 5 月公约第四次缔约方大会批准（第 2 批）列入公约附件 A 和 C。无特定豁免。2010 年 8 月公约对国际生效。2013 年 8 月 30 日，十二届全国人大常委会第四次会议审议批准五氯苯修正案。修正案自 2014 年 3 月 26 日对我国生效。

4.3.2   附件 B 管控化学品

附件 B（见附件 2）列出需要限制生产和使用的 POPs 物质，及其可接受用途和豁免用途。

1）滴滴涕

化学品中文名称：双对氯苯基三氯乙烷

化学品英文名称：Dichlorodiphenyltrichloroethane（DDT）

分子式：$C_{14}H_9Cl_5$

CAS No：50-29-3

1939 年，瑞士化学家保罗·赫尔曼·缪勒发现滴滴涕的杀虫活性。1942 年，滴滴涕由瑞士嘉基公司（诺华制药的前身）投放市场，在农业和卫生防疫方面大获成功。1948 年，缪勒获得当年度的诺贝尔生理学或医学奖（图 4-52）。全球累计生产了 1800 万吨的滴滴涕。1950～1980 年间，用于农业生产的 DDT 全球每年超过 4 万吨。1959 年，美国当年的 DDT 用量达到了 3.6 万吨。2007 年，中国最终彻底禁用了 DDT。2009 年，仍然有 3314 吨的 DDT 被用于疟疾防治。

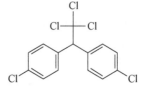

1948年诺贝尔生理学或医学奖
Paul Hermann Müller
保罗·赫尔曼·缪勒

图 4-52　滴滴涕的化学结构及其发现者

导致废弃库存农药类 POPs 存在的原因多种多样：首先是禁用的农药尚未售罄而被迫储存；其次是因存储不妥或过期导致农药品质下降；最后是这些产品的原有用途已经不再符合当前需求。目前我国已经全面禁止有机氯农药类 POPs 的生产和使用。所以除了少量的非法生产和使用，废弃库存有机氯农药是个严重的问题。许多发展中国家面临着废弃农药累积的问题，据估计全球有超过 20 万吨的农药分布在众多存储点。这些存储点中的大部分 POPs 农药已被禁用或废弃[83]。一些存储点的容器因生锈导致 POPs 泄漏，造成当地土壤和地下水污染，对居民健康和生态环境造成严重影响[84]。

2001 年 5 月（首批）列入公约列入附件 B，给予三氯杀螨醇生产中的中间体等 2 项特定豁免以及用于病媒控制的 1 项可接受用途。2004 年 5 月公约对全球生效。我国 2019 年 10 月 30 日发布的《产业结构调整指导目录》（2019 年本），将滴滴涕列为根据国家履行国际公约总体计划要求进行淘汰的产品。

2）全氟辛烷磺酸（PFOS）及其盐类（图 4-53）和全氟辛烷磺酰氟（PFOS-F）

化学品中文名称：全氟辛烷磺酸，全氟辛烷磺酸盐

化学品英文名称：

Heptadecafluorooctanesulfonic acid, perfluorooctane sulfonate（PFOS）

分子式：$C_8HF_{17}SO_3$

图 4-53　全氟辛烷磺酸（PFOS）的分子结构

CAS No：1763-23-1

PFOS 化学品在多个领域有广泛应用，主要分为三个方面：①作为表面处理剂，它被用于个人服装、家居装饰、汽车内饰等，赋予其防污、防油和防水的特性；②在纸张保护方面，PFOS 化学品作为纸浆成型的一部分，提供防水和防油功能；③在性能化学品领域，PFOS 化学品被广泛用于工业、商业和消费产品，包括各种商品化的 PFOS 盐[85]。

全氟辛烷磺酸（PFOS）是一种由全氟化酸性硫酸基酸中完全氟化的阴离子组成的化合物，常以阴离子形态存在于盐、衍生体和聚合体中[86]。当 PFOS 被发现时，它通常是以分解后的形式存在，而那些能够分解产生 PFOS 的化合物被称为 PFOS 相关化合物[87]。

作为 20 世纪化工领域的一项重要成果，氟化有机化合物在工业和日常生活中用途广泛[88]。PFOS 由于其特有的排斥油脂和水分的特性，在多种应用中作为表面处理剂，包括纺织品、皮革、家具和地毯。其稳定的化学特性也使其成为生产油漆、泡沫灭火剂、地板蜡、农药和杀虫剂等产品的原料[89-93]。此外，PFOS 还被用作油漆添加剂、黏合剂、医药产品、阻燃材料、石油和矿业产品、杀虫剂等众多领域，甚至涉及食品包装纸和不粘锅等与日常生活紧密相关的产品（图4-54）[91]。

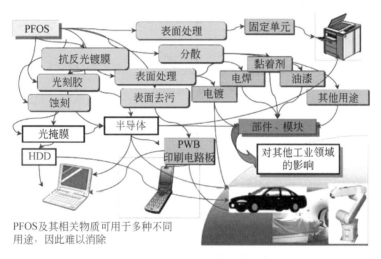

图 4-54　PFOS 在日常生活中的广泛应用

PFOS 污染主要来源于相关工业生产和产品使用过程的释放。虽然发达国家已经陆续采取相关政策措施削减或限制 PFOS 物质的生产和使用，但由于缺乏有效的替代品，PFOS 类物质仍然在我国生产并广泛使用[94, 95]。由 PFOS 合成的整理剂目前广泛应用于纺织品、皮革制品、纸张、家具、地毯、计算机、移动电话机电子零配件等工业生产领域。研究表明，高工业化水平与多介质环境中 PFOS 污染存在显著的相关性[96]。

化学品中文名称：全氟辛烷磺酰氟（图4-55）

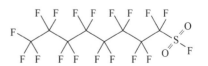

图 4-55　全氟辛烷磺酰氟（PFOS-F）的分子结构

化学品英文名称：Perfluoro-1-octanesulfonyl fluoride（PFOS-F）

分子式：$C_8F_{18}O_2S$

CAS No：307-35-7

全氟辛烷磺酰氟（PFOS-F）（图 4-56）是全氟辛烷磺酸（PFOS）和与全氟辛烷磺酸有关物质合成的主要中间体。据估算，截至停产之日，3M 公司全氟辛烷磺酰氟全球产量为 13670 吨（1985～2002 年），最大年产量是 2000 年的 3700 t 全氟辛烷磺酸及与之有关的物质[97]。

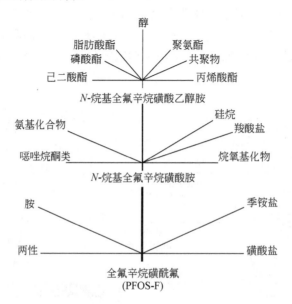

图 4-56   全氟辛烷磺酰氟（PFOS-F）生产过程中的衍生物

全氟辛烷磺酸和全氟辛烷磺酸有关物质的主要生产过程是电化学氟化，电化学氟化的方式会产生带有 35%～40%八碳直链全氟辛烷磺酰氟的异构体和同系物混合物。但是，在作为商品的全氟辛烷磺酰氟产品中，包含有大约 70%线型和 30%分枝的全氟辛烷磺酰氟衍生物杂质的混合物[98]。

1940 年，宾西法尼亚大学的 H. Simons 在 3M 公司资助下发明了电化学氟化法（ECF 法）。1948 年，美国 3M 公司开始 PFOS 的商业生产。此后，各种 Scotchgard 为品牌的产品被广泛用于织物、服装、地毯、家具等。据统计，3M 公司采用 ECF 技术开发了 250 多种相关有机氟产品。3M 基于 PFOSF 的产品线总数达 250 余种。有机氟化工被认为是高附加值的"高科技产业"。

2009 年 5 月公约第四次缔约方大会批准（第 2 批）列入公约附件 B。给予灭火泡沫等 8 项可接受用途和金属电镀等 12 项特定豁免。2010 年 8 月公约对国际

生效。2013 年 8 月 30 日，第十二届全国人大常委会第四次会议审议批准 PFOS
类修正案。2014 年 3 月 26 日修正案对我国生效。2019 年 5 月公约第九次缔约方
大会（第 7 批）审议通过了 PFOS 类的更新修正案。保留了用于控制切叶蚁的氟
虫胺的 1 项可接受用途和灭火泡沫等 2 项特定豁免用途。2020 年 3 月更新修正案
对国际生效。

4.3.3　附件 C 管控化学品

附件 C 对无意生产的 POPs 物质进行说明（见附表 3），并提供防止和减少其
排放的最佳可行技术和最佳环境实践（BAT/BEP）的一般性指南。其中，六氯苯、
六氯丁二烯、五氯苯、多氯联苯和多氯萘同时还列在附件 A 中。

POPs 中绝大多数物质是人类为了满足社会、经济、生活需求而生产合成的化
学物质。但还有一些不是人类有意生产，而是伴随人类生活和工业生产产生的一
类化学物。UP-POPs 是指不是人类故意生产，而是在各种人类活动过程中非故意
产生的副产物类持久性有机污染物，故称为非故意产生的持久性有机污染物
（unintentionally produced persisitent organic pollutants），如列入《斯德哥尔摩公约》
的二噁英类 POPs。UP-POPs 会随烟气、废渣等排放进入环境。UP-POPs 不是二噁
英类 POPs 的专用名词，多氯联苯、多氯萘、五氯苯和六氯苯等主要是人们作为
化工产品而生产的，同时它们也会在一些人类生活和工业过程中无意生成，所以
它们也在特定情形下被称为 UP-POPs。

六氯苯（HCB）、六氯丁二烯、五氯苯（PeCB）、多氯联苯（PCBs）、多氯二
苯并对二噁英和多氯二苯并呋喃（PCDD/PCDF）、多氯萘，包括二氯萘、三氯萘、
四氯萘、五氯萘、六氯萘、七氯萘、八氯萘同为在涉及有机物质和氯的热处理过
程中无意形成和排放的化学品，均系燃烧或化学反应不完全所致[99]。

•二噁英及二噁英类化学品（图 4-57）

化学品中文名称：二噁英、2,3,7,8-四氯二苯并对二噁英、二氧杂芑

化学品英文名称：Dioxin（s）

分子式：$C_{12}H_4O_2Cl_4$

CAS No：70776-03-3

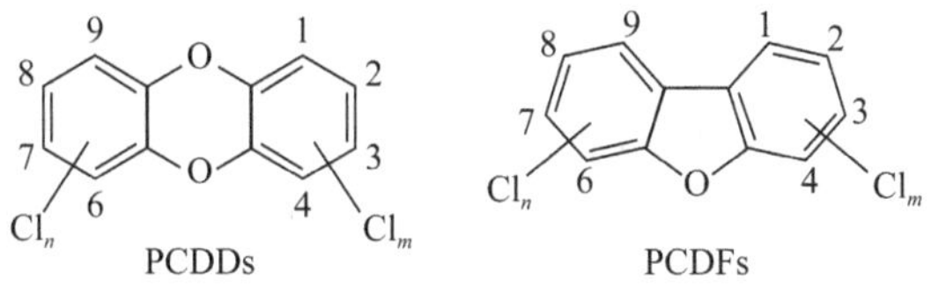

图 4-57　二噁英的分子结构

二噁英包括多氯二苯并对二噁英（polychlorinated dibenzo-p-dioxins，PCDDs）和多氯二苯并呋喃（polychlorinated dibenzofurans，PCDFs）。PCDDs 由两个氧原子连接的苯环构成，而 PCDFs 则由一个氧原子连接[100]。每个苯环可能含有 0～4 个氯原子，导致 PCDDs 有 75 种异构体，PCDFs 有 135 种异构体[101]。因其化学结构的稳定性，难以被自然环境中的微生物作用或水解反应分解，导致它们在环境中的持久存在[102]。又因为其毒性很大，加之难以被自然降解的属性，所以又称其为"世纪之毒"。

PCDDs 的主要合成方法有 Ullmann 缩合反应、自由基反应、与邻苯二酚盐反应以及取代反应等四种。而 PCDFs 的合成方法则主要包括多氯联苯氧化、多氯酚盐的聚合反应以及多氯酚盐与多氯苯的反应等三种[103-105]。二噁英的来源包括自然产生、工业活动中的副产品、某些工业过程的燃烧、废物焚烧以及人为的燃烧行为[106]。在焚烧过程中，二噁英的生成通常与废物的成分、炉内反应以及炉外低温合成过程相关[104]。直接影响二噁英形成的因素则包括温度、氧和水蒸气、飞灰上的碳和氯、HCl 和 Cl$_2$ 及催化剂等。因此，二噁英在燃烧排放物中是普遍存在的，目前也有多项研究尝试去解释，其是如何在燃烧过程中形成的，多数报告均指向焚烧炉及与二噁英形成有关的前驱物，最常见的则包括氯酚及氯苯化合物。

而二噁英类化合物（dioxin-like chemicals，DLCs）是指一类具有二噁英活性的卤代芳烃化合物的总称，不仅包括 PCDD/Fs，还包括一些 PCBs、多氯联苯醚（PCDEs）和多氯代萘（PCNs）等[107]。此外，除了氯代化合物，还包括多溴代二苯并对二噁英（PBDDs）、多溴代二苯并呋喃（PBDFs）、部分多溴联苯（PBBs）以及其他混合卤代化合物（如氯和溴的混合取代物）[108]。它们在化学上都具有共平面的结构，且能够与芳烃受体（AhR）结合激活细胞内信号传导路径，从而对细胞产生毒性作用，所以将他们统一称为 DLCs[109]。一般而言，氯酚及氯苯燃烧会产生 PCDDs，多氯联苯燃烧则会产生 PCDFs。

4.4　中国履行《斯德哥尔摩公约》进展

4.4.1　中国持久性有机污染物生产、使用和排放情况

在 2007 的《中国履行〈关于持久性有机污染物的斯德哥尔摩公约〉国家实施计划》（以下简称《国家实施计划》）中，明确给出了当年二噁英全国排放的清单[110]：据估算，2004 年总计排放的二噁英为 10.2 kg-TEQ，其中 49.02%来源于空气排放，49.02%来源于残留物中的排放，产品中的排放量占比 1.67%，来源于水体排放至仅 0.04 kg-TEQ。在所有排放源中，钢铁和其他金属生产行业的二噁英排放量最大，

占总排放量的 45.6%，其次是发电和供热行业以及废弃物的焚烧，这三个污染源的排放量加起来占总排放量的 81%[110]。

表 4-4 中所示行业是中国二噁英优先控制排放的行业，这些行业被选择的原则为：①公约要求控制的污染源（公约附件 C 第二部分的源）；②排放量较大的源；③行业排放量呈现出明显的增长趋势的源；④有 UNEP 推荐的 BAT/BEP 导则可以应用的源；⑤国际和国内有成熟减排技术和成功实践经验的源；⑥国家特定优先的源[110]。这些优先控制的二噁英重点排放源 2004 年的总排放量为 6332 g-TEQ，占据总排放量的 61.9%。

表 4-4　中国二噁英优先控制排放的行业

重点行业	是否为附件C 第二部分源	排放量（g-TEQ）		是否有 增长趋势	是否有 BAT/BEP 导则	是否有先谷 底高风险
		大气	总量			
（1）废物燃烧行业		610.5	1757.6			
生活垃圾焚烧	是	125.8	338	是	是	是
危险废物焚烧	是	57.3	243.3	是	是	是
医疗废物焚烧	是	427.4	1176.3	是	是	是
水处理污泥焚烧	是	0	0	不确定	是	否
燃烧危险废物的水泥窑	是	0.015	0.62	是	是	否
（2）造纸行业（氯漂白）	是	0.36	161	不确定	是	
（3）钢铁行业		1773.4	2648.8			
铁矿石烧结	是	1522.5	1523.4	不确定	是	是
电弧炉炼钢	否	150.9	1125.4	是	是	是
（4）再生有色金属行业		544.5	1607.3			
再生铜	是	403	1133.8	是	是	是
再生铝	是	133.5	465.5	是	是	是
再生锌	是	8	8	是	是	否
（5）火花机	否	44	54.9	是	是	否
（6）化工行业		0	102.4			
五氯酚钠生产	否	0	25	否	是	是
氯酚类衍生物产生	否	0	11.8	否	是	是
四氯苯醌生产	否	0	17.9	否	是	是
氯苯生产	否	0	18.2	否	是	是
氯碱	否	0	20	否	是	是
PVC 生产	否	0	9.54	是	是	否
重点行业源合计		2872.8	6332			
2004 年排放总量		5042.4	10236.8			
百分比		57.00%	61.90%			

废物中的二噁英主要存在于生产过程产生的飞灰、残渣、污泥等废物，多是由于废物的不完全焚烧、金属冶炼、造纸及化工生产、发电和供热等过程产生的[110]，依据二噁英清单调查，初步识别的含二噁英废弃物的主要来源为金属冶炼行业，其次为废弃物的焚烧以及电力供应行业。从地域上来分，二噁英的主要排放地区集中在东部沿海，其中山东、江苏、安徽、浙江、江西和福建地区总共排放的二噁英的比例为 29.7%；其次是河南、湖北、湖南、广东、广西和海南地区的二噁英排放比例为 22.1%；北京、天津、河北、山西和内蒙古地区的排放比例为 19.1%；重庆、四川、贵州、云南和西藏的二噁英排放比例为 8.9%；辽宁、吉林和黑龙江东北三省地区的二噁英排放比例为 8.8%；中国其他地区的二噁英排放比例只有 7.4%。

4.4.2 我国有关持久性有机污染物的政策标准

作为国家控制 POPs 的框架性指导文件，《国家实施计划》提出了我国 POPs 控制的国家战略（包括总体目标、优先领域、具体目标），并设定了二噁英减排的阶段性目标和行动计划。对于公约管控的相关化学品，我国淘汰时间点以及政策措施汇总如图 4-58 所示。

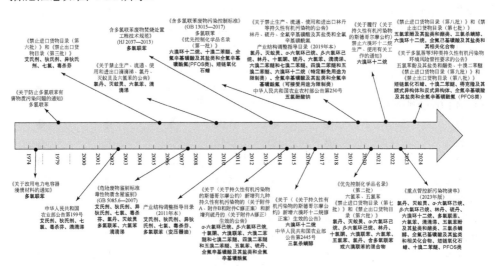

图 4-58 我国淘汰各 POPs 的时间点以及政策措施汇总[53, 66, 111-126]

针对废物焚烧行业、造纸行业（有氯漂白）、钢铁行业、再生有色金属生产行业、遗体火化、化工行业等主要行业，提出以下具体目标：①到 2008 年，基本建立无意产生 POPs 重点行业有效实施 BAT/BEP 的管理体系，实现对重点行业的新源应用 BAT，促进 BEP；②2010 年完成部分重点行业现有源减排示范；③到 2015 年建立重点行业排放源的动态监控和数据上报机制；④2015 年，对重点行业推行 BAT/BEP，基本控制二噁英排放的增长趋势[110]。

在我国参与《斯德哥尔摩公约》的签署与其正式生效的期间，为配合《斯德哥尔摩公约》的履行工作，我国先后颁布了一系列有关的环境保护政策规定，其中一些贯彻了对生产技术提高，淘汰落后技术的指导方向如：

2002 年 7 月发布的《建设项目环境保护分类管理名录》规定，对于涉及高毒性污染物、难以环境降解的原料、产品或生产过程的建设项目，应编制环境影响报告书，对产生的环境影响进行全面评价。环境影响评价技术导则中的有关规定促进企业技术改造，淘汰落后的工艺和产品，采用低污染排放技术，有利于达到控制二噁英排放的目标。

同时出台的办法以及规定，也为《国家实施计划》提前预案，针对于预防原则以及 BAT/BEP 理论推广的规定包括：

2002 年 6 月发布的清洁生产促进法规定，企业应对废物产生的情况进行监测，并根据需要对生产实施清洁生产审核。2004 年 8 月发布的《清洁生产审核暂行办法》规定（2016 年 5 月 16 日修订发布《清洁生产审核办法》，7 月 1 日起正式实施，同时废除《清洁生产审核暂行办法》），企业在生产过程中使用有毒有害原料或排放有毒物质时，必须进行强制性清洁生产审核。这些规定为废物焚烧、电力、钢铁、有色金属、水泥、化工等重点行业推行 BAT/BEP 创造了有利条件。

在《斯德哥尔摩公约》对中国生效后不久，2005 年 12 月，国务院便发布了《促进产业结构调整暂行规定》，发展改革委根据此项规定发布了《产业结构调整指导目录（2005 年本）》[127]。规定中的一些内容对二噁英主要排放行业进行了约束以及整改要求，削减和控制二噁英排放的技术开发与应用。第一类：（鼓励类）直接针对削减和控制二噁英排放、医疗废物处置中心建设、危险废物处置中心建设、区域性废旧汽车处理中心建设；（鼓励类）有利于无意产生 POPs 控制 180 平方米以下烧结机项目、公称容量 70 吨以下或公称容量 70 吨及以上、未同步配套烟尘回收装置，能源消耗、新水耗量等达不到标准的电炉项目、4 吨以下的再生铝反射炉项目；第二类（限制类）限制后无意产生 POPs 排放将减少土法炼焦（含改良焦炉）、炭化室高度小于 4.3 米焦炉（3.2 米及以上捣固焦炉除外）、土烧结矿、热烧结矿、30 平方米以下烧结机、3200 千伏安及以下矿热电炉、3000 千伏安以下半封闭直流还原电炉、3000 千伏安以下精炼电炉、利用坩埚炉熔炼再生铝合金、再生铅的工艺、1.7 万吨/年以下的化学制浆生产线；第三类（淘汰类）部分已公布了明确的淘汰年限淘汰后无意产生 POPs 排放将减少。

二噁英污染防治技术政策的目的主要是针对我国现有国情，对二噁英的整治进行最佳控制技术。加强我国相关行业的结构体系并且推进二噁英污染重点行业 BAT/BEP 策略的执行,以满足我国二噁英排放重点行业减排的迫切需求。政策着重于钢铁、废物焚烧、造纸等工业行业,更着重于行业内的源头消减技术措施、过程控制技术措施、末端治理技术措施、鼓励研发新技术以及运行管理强化。

2010 年 10 月 19 日环境保护部等九部委联合发布了《关于加强二噁英污染防治的指导意见》[128, 129]。提出坚持全面推进、重点突破原则,对现有的二噁英产生源要采取积极的污染防治措施,重点抓好铁矿石烧结、电弧炉炼钢、再生有色金属生产、废弃物焚烧等重点行业二噁英的污染防治工作。同时,强调了对重点区域如京津冀、长三角、珠三角的排放总量控制试点工作,以及建立长效的二噁英污染防治机制。此外,还要求各级环保部门结合当地实际情况,明确污染源和排放情况,制定削减和控制目标,并编制持久性有机污染物污染防治规划[129]。《指导意见》中提出了鼓励企业采用降低二噁英生成的绿色技术的同时,逐步促进企业的自主污染控制体系。通过经济补助和政策引导的办法,加快二噁英污染严重企业的改革和退出。

我国规范性的二噁英治理管理起步较晚,不同行业间的二噁英管理标准也有所不同。目前我国的二噁英管理政策目前主要集中在废弃物焚烧行业,包括污染控制标准(表 4-5)、管理政策和技术革新等方面[130]。

表 4-5 我国已颁布的涉及二噁英行业的污染控制标准

名称	二噁英限值
危险废物焚烧污染控制标准(GB 18484—2020[131] 代替 GB 18484—2001、GWKB 2—1999[132])	0.5 ng-TEQ/m³
生活垃圾焚烧污染控制标准(GB 18485—2014[133] 代替 GB 18485—2001、GWKB 3—1999[134])	0.1 ng-TEQ/m³
城镇污水处理厂污染物排放标准(GB 18919—2002[135])	100 ng-TEQ/kg (干污泥)
生活垃圾填埋场污染控制标准(GB 16889—2008)	3 ng-TEQ/g
制浆造纸工业水污染物排放标准(GB 3544—2008 代替 GB 3544—2001)	30 pg-TEQ/L
炼钢工业大气污染物排放标准(GB 28664—2012)	电炉:现有 1.0 ng-TEQ/ m³ 新建 0.5 ng-TEQ/ m³
钢铁烧结、球团工业大气污染物排放标准(GB 28662—2012)	烧结机:现有 1.0 ng-TEQ/ m³ 新建 0.5 ng-TEQ/ m³
再生铜、铝、铅、锌工业污染物排放标准[136] (GB 31574—2015[129])	0.5 ng-TEQ/ m³

此外，中国先后发布了《多氯代二苯并二噁英和多氯代二苯并呋喃的测定（HJ/T 77—2001）》《水质二噁英的测定（HJ 77.1—2008）》《环境空气和废气二噁英的测定（HJ 77.2—2008）》《固体废物二噁英的测定（HJ 77.3—2008）》《土壤和沉积物二噁英的测定（HJ 77.4—2008）》等监测规范。也发布了《危险废物集中焚烧处置工程建设技术规范（HJ/T 176—2005）》[129, 137]、《医疗废物集中焚烧处置工程建设技术规范（HJ 177—2023 [138]，代替 HJ/T 177—2005 [129]）》《危险废物（含医疗废物）焚烧处置设施二噁英排放监测技术规范（HJ/T 365—2007）[129, 130, 139, 140]》、《危险废物集中焚烧处置设施运行监督管理技术规范（试行）（HJ 515—2009[141]）》、《医疗废物集中焚烧处置设施运行监督管理技术规范（试行）（HJ 516—2009[142]）》、《废弃电器电子产品处理污染控制技术规范（HJ 527—2010）》《危险废物（含医疗废物）焚烧处置设施性能测试技术规范（HJ 561—2010）》《钢铁工业发展循环经济环境保护导则》《钢铁工业除尘工程技术规范》《钢铁工业废水治理及回用工程技术规范》《钢铁工业采选矿工艺污染防治最佳可行技术指南（试行）》《钢铁行业焦化工艺污染防治最佳可行技术指南（试行）》《钢铁行业炼钢工艺污染防治最佳可行技术指南（试行）》《钢铁行业烧结、球团工艺污染防治可行技术指南（试行）》和《钢铁行业轧钢工艺污染防治最佳可行技术指南（试行）》[143-149]等技术规范。

20 年来，中国加强顶层设计，制定国家实施计划及其增补版，分阶段、分区域、分行业、分领域明确时间表、路线图和施工图，并将 POPs 控制纳入国家重大战略规划。建立履约协调机制和工作推进机制，国家层面成立由 15 个部门组成的履约工作协调组，各地组建相关部门参与的省级履约协调机制，形成横向协同、纵向贯通的 POPs 控制与履约工作体系。

中国已成功淘汰了 29 种持久性有机污染物（POPs），全面停止了《斯德哥尔摩公约》生效的 POPs 的生产和使用，每年避免了数十万吨 POPs 的产生和排放。尽管二噁英类物质相关行业的产量或处置量大幅上升，但重点行业的烟气二噁英排放强度显著降低，向大气排放的总量在 2021 年达到峰值后呈现下降趋势。同时，大气中二噁英的浓度显著下降，一般人群的膳食中二噁英平均摄入量低于世界卫生组织（WHO）的健康指导值，且呈下降趋势。自《公约》实施以来，中国在二噁英减排方面取得了显著成效。与 2004 年相比，尽管相关行业的产量和处置量有所增加，但重点行业的烟气排放强度已显著下降。中国在 POPs 削减与控制方面逐渐由被动应对转变为主动推进，从重点整治转向系统治理，并从全球环境治理的参与者逐步成长为引领者，进入了一个新的发展阶段。

参 考 文 献

[1] 黄绣娟, 孟先贵, 姚琳. 持久性有机污染物的危害与污染现状及对策研究[J]. 内蒙古环境科学, 2009, 21(3): 21-24.

[2] 徐嘉, 张乾中, 周立, 等. 气相色谱质谱联用法测试水洗化妆品中的硅氧烷[J]. 广州化工, 2021, 49(4): 75-77.

[3] 张焘, 仇雁翎, 朱志良, 等. 有机污染物的持久性评价方法研究进展[J]. 化学通报, 2012, 75(5): 420-424.

[4] Ritter L, Solomon K R, Forget J, et al. A review of selected persistent organic pollutants[R]. Nairobi: UNEP, 1995.

[5] 刘艳霖. 西江高要断面持久性有机污染物的行为与通量研究[D]. 广州: 中国科学院研究生院(广州地球化学研究所), 2007.

[6] 戴惠玲. 持久性有机污染物及其对人体健康的危害[J]. 中国医药导报, 2008(17): 101-102.

[7] 王洋, 左金龙, 姜安玺, 等. 持久性有机污染物性质及去除技术[C]//2010 International Conference on Semiconductor Laser and Photonics(ICSLP 2010). 中国四川成都, 2010: 3, 207-209.

[8] 李智专. 水-有机两相体系中二噁英类化合物的催化加氢脱卤降解[D]. 烟台: 烟台大学, 2011.

[9] United Nations Environment Programme, The ad hoc working group on chlorinated naphthalenes under the POPs Review Committee of the Stockholm Convention. Chlorinated Naphthalenes Risk Profile[R]. Geneva: UNEP, 2012.

[10] 许蕾. 儿童指甲中全氟化合物的地区性分布及其影响因素研究[D]. 大连: 大连理工大学, 2010.

[11] United Nations Environment Programme. Report of the Persistent Organic Pollutants Review Committee on the work of its second meeting[R]. Geneva: UNEP, 2006.

[12] Zhang K, Huang J, Yu G, et al. Destruction of perfluorooctane sulfonate(PFOS) and perfluorooctanoic acid(PFOA) by ball milling[J]. Environmental Science & Technology, 2013, 47(12): 6471-6477.

[13] 唐斌. 卤代持久性有机污染物和有机磷系阻燃剂在鱼体内的生物富集、食物链传递及生物转化[D]. 广州中国科学院大学(广州地球化学研究所), 2019.

[14] World Health Organization. WHO European Centre for Environment and Health International Programme on Chemical Safety. Assessment of the health risk of dioxins: re-evaluation of the Tolerable Daily Intake(TDI)[R]. Geneva: WHO Consultation, 1998.

[15] Jacobson J L, Jacobson S W. Intellectual impairment in children exposed to polychlorinated

biphenyls in utero[J]. New England Journal of Medicine, 1996, 335(11): 783-789.

[16] Kinloch D, Kuhnlein H, Muir D. Inuit foods and diet—A preliminary assessment of benefits and risks[J]. Science of the Total Environment, 1992, 122(1-2): 247-278.

[17] Wania F, Mackay D. Modeling the global distribution of toxaphene—A discussion of feasibility and desirability[J]. Chemosphere, 1993, 27(10): 2079-2094.

[18] Wania F, Mackay D. Tracking the distribution of persistent organic pollutants[J]. Environmental Science & Technology, 1996, 30(9): A390-A396.

[19] 谢剑, 李发生. 中国污染场地的修复与再开发的现状分析(节选上)[J]. 世界环境, 2011(3): 56-59.

[20] 张淼. 土壤重金属污染之殇[N]. 21 世纪经济报道. 2011-11-14.

[21] 冯秀芳. 六六六在关中盆地典型土壤中的迁移转化规律研究[D]. 西安: 长安大学, 2006.

[22] 余立风, 丁琼, 吴广龙. 气候变化对持久性有机污染物环境过程与生态效应的影响[J]. 化学通报, 2012, 75(2): 184-187.

[23] 米糠油事件[J]. 世界环境, 2012(2): 7.

[24] 安泉. 潜伏的杀手——POPs(一)[J]. 环境, 2010(1): 58-61.

[25] 刘静. 全球持久性有机污染物国际合作的分歧——以《斯德哥尔摩公约》等系列条约为中心[J]. 美与时代(城市版), 2018(4): 131-132.

[26] 陈美金. 中国禁止"洋垃圾"入境的法律问题研究[D]. 武汉: 武汉大学, 2019.

[27] 陈婉. 新污染物的前世今生[J]. 环境经济, 2023(17): 12-17.

[28] 朱纯熙, 何芝梅, 卢晨. 铸造工作者应重视二噁英和呋喃的环境污染问题[J]. 铸造, 2002(8): 502-504.

[29] United Nations Environment Programme. Stockholm Convention on Persistent Organic Pollutants[R]. Stockholm: UNEP, 2001.

[30] 林安, 李训生. 持久性有机污染物在电镀行业减量化与替代[J]. 新技术新工艺, 2008(12): 10-13.

[31] 陈荣圻. PFOS 和 PFOA 替代品取向新进展(一)[J]. 印染, 2012, 38(15): 47-50.

[32] United Nations Environment Programme. Persistent organic pollutants[R]. Stockholm: UNEP, 1995.

[33] International Forum for Chemical Safety. Persistent organic pollutants: Socioeconomic considerations for global action–Theme paper prepared for an IFCS expert meeting on persistent organic pollutants[R]. Manila: UNEP, 1996.

[34] 曾永, 周艳丽, 李群, 等. 黄河水体中泥沙与污染物迁移转化关系探讨[J]. 人民黄河, 2006(11): 28-29, 32.

[35] 削减持久性有机污染物 降低人类健康风险[N]. 中国环境报. 2004-05-18.

［36］联合国环境规划署. 清除世界持久性有机污染物《关于持久性有机污染物的斯德哥尔摩公约》指南[EB/OL]. 2010[2024-08-15]. https://digitallibrary.un.org/record/752644?v=pdf.

［37］夏堃. 国际化学品和危险废物法律体系梳理[J]. 环境保护, 2015, 43(17): 61-63.

［38］武丽辉, 张文君. 《斯德哥尔摩公约》受控化学品家族再添新丁[J]. 农药科学与管理, 2017, 38(10): 17-20.

［39］United Nations Environment Programme. Report of the Conference of the Parties of the Stockholm Convention on Persistent Organic Pollutants on the work of its fourth meeting[R]. Geneva: UNEP, 2009.

［40］United Nations Environment Programme. Report of the Conference of the Parties to the Stockholm Convention on Persistent Organic Pollutants on the work of its fifth meeting[R]. Geneva: UNEP, 2011.

［41］United Nations Environment Programme. Report of the Conference of the Parties to the Stockholm Convention on Persistent Organic Pollutants on the work of its sixth meeting[R]. Geneva: UNEP, 2013.

［42］余刚, 周隆超, 黄俊, 等. 持久性有机污染物和《斯德哥尔摩公约》履约[J]. 造纸信息, 2011(5): 7-9.

［43］孙浩. 《斯德哥尔摩公约》二十年履约成果显著——访北京师范大学环境与生态前沿交叉研究院院长、中国工程院院士余刚[J]. 环境经济, 2024(9): 49-51.

［44］陈婉. 新污染物的前世今生[J]. 环境经济, 2023(17): 12-17.

［45］任志远, 彭政, 姜晨, 等. 典型新污染物治理国际经验研究——以《斯德哥尔摩公约》管控的持久性有机污染物为例[J]. 环境影响评价, 2023 , 45(2): 18-25.

［46］彭政, 姜晨, 余劭坤. 基于斯德哥尔摩公约履约经验强化我国新污染物治理的思考[J]. 环境保护, 2023 , 51(7): 24-27.

［47］梁宝翠. 陕西省 POPs 污染综合防治对策研究[D]. 西安: 西北大学, 2012.

［48］贺仕昌. 南极航线大气有机氯农药化学特征[D]. 厦门: 国家海洋局第三海洋研究所, 2013.

［49］熊笑颜. 农村中毒紧急应对[M]. 南昌: 江西科学技术出版社, 2009.

［50］石卫东, 张同庆, 王瑾, 等. 杀虫剂种类及作用机理[J]. 河南农业, 2014(7): 28-29.

［51］李桂香, 张国英, 浦亚清. 食品中有机氯农药残留检测研究进展[J]. 曲靖师范学院学报, 2015, 34(6): 116-119.

［52］United Nations Environment Programme. Secretariat of the Basel Convention on the Control of Transboundary Movements of Hazardous Wastes and Their Disposal. Technical guidelines on the environmentally sound management of wastes consisting of, containing or contaminated with the pesticides aldrin, chlordane, dieldrin, endrin, heptachlor, hexachlorobenzene(HCB), mirex or toxaphene or with HCB as an industrial chemical[R]. Dakar: UNEP, 2007.

［53］国家环境保护局科技标准司. 危险废物鉴别标准 毒性物质含量鉴别: GB 5085.6—2007[S]. 北京: 中国标准出版社, 2007.

［54］原环境保护部. 国家污染物环境健康风险名录——化学第二分册[M]. 北京: 中国环境科学出版社, 2011.

［55］张明. 巢湖流域水体中典型持久性有机污染物——有机氯农药的分布特征及评价[D]. 合肥: 安徽农业大学, 2009.

［56］World Health Organization. International Programme on Chemical Safety. Aldrin and dieldrin[M]. World Health Organization, 1989.

［57］宗伏霖. 禁用、限用农药管理模式比较研究[D]. 北京: 中国农业大学, 2005.

［58］高丽惠, 裴国霞, 张琦, 等. 内蒙古麻地壕灌区土壤中 HCHs 的残留水平和来源解析[J]. 中国科技论文, 2016, 11(9): 1041-1045.

［59］新华社. 全国人民代表大会常务委员会关于修改《中华人民共和国商标法》的决定[N]. 新华社, 2013-08-30.

［60］李瑞萍. 2006 新版 Intertek 生态纺织产品认证标准分析(二)[J]. 印染, 2006(11): 38-40.

［61］唐超智. 三氯杀螨醇对中华大蟾蜍的毒性和雌激素效应[D]. 西安: 陕西师范大学, 2005.

［62］丁涛. 新型阻燃剂的合成与性能[D]. 郑州: 河南大学, 2002.

［63］王洪志, 胡玉丽, 焦传梅. 离子液体改性漂珠对聚氨酯复合材料的燃烧及热解行为影响研究[J]. 青岛科技大学学报(自然科学版), 2019, 40(3): 71-79.

［64］徐娜娜, 蒋则臣. 基于 X 射线荧光光谱仪对材料元素检测的研究[J]. 绿色科技, 2017(12): 230-232.

［65］卜丽芳. 化学品灾祸沉思录[J]. 化工之友, 1997(2): 12-13.

［66］中华人民共和国环境保护部. 关于《关于持久性有机污染物的斯德哥尔摩公约》新增列九种持久性有机污染物的《关于附件 A、附件 B 和附件 C 修正案》和新增列硫丹的《关于附件 A 修正案》生效的公告[EB/OL].(2014-03-26) [2024-08-15]. https: //www.mee.gov.cn/xxgk2018/xxgk/xzgfxwj/202301/t20230116_1013157.html.

［67］万臻韵. 气相色谱质谱法测定橡胶中六溴环十二烷含量[J]. 云南化工, 2019, 46(7): 62-64.

［68］吴俐, 黄秋兰, 吴文, 等. 高效液相色谱串联质谱法测定纺织品中六溴环十二烷[J]. 印染, 2019, 45(8): 53-56.

［69］王林. 配合物凝胶膜片微固相萃取技术在多溴联苯醚分析中的应用[D]. 北京: 北京工业大学, 2013.

［70］刘俊晓, 徐锡金, 吴库生, 等. 多溴联苯醚的污染与检测[J]. 汕头大学医学院学报, 2008(2): 126-128.

［71］Darnerud P O, Eriksen G S, Jóhannesson T, et al. Polybrominated diphenyl ethers: Occurrence, dietary exposure, and toxicology[J]. Environmental Health Perspectives, 2001, 109: 49-68.

[72] 牛勤耘, 龚艳, 闻胜, 等. 多溴联苯醚在我国主要食物中的污染状况[J]. 湖北农业科学, 2011, 50(6): 1095-1100.

[73] 孙云娜. 铁炭微电解耦合 Fenton 试剂降解十溴联苯醚(BDE-209)的实验研究[D]. 兰州: 兰州交通大学, 2012.

[74] De Wit C A. An overview of brominated flame retardants in the environment[J]. Chemosphere, 2002, 46(5): 583-624.

[75] 朱婷婷, 陆永奋, 齐秀娟, 等. Bde-209对人正常肝L-02细胞生长和凋亡的影响[J]. 北京大学学报(自然科学版), 2020, 56(5): 966-970.

[76] 周冰, 仇雁翎. 多溴联苯醚及其环境行为[J]. 环境科学与技术, 2008(5): 57-61.

[77] 叶梦圆. 全国人民代表大会常务委员会关于批准《〈关于持久性有机污染物的斯德哥尔摩公约〉列入多氯萘等三种类持久性有机污染物修正案》和《〈关于持久性有机污染物的斯德哥尔摩公约〉列入短链氯化石蜡等三种类持久性有机污染物修正案》的决定[N]. 新华社, 2022-12-30.

[78] Agency for Toxic Substances and Disease Registry. Toxicological profile for perfluoralkyls Draft for public comment[R]. Atlanta.

[79] 何鹏, 何春兰, 陈忠. 食品接触材料中全氟/多氟烷基化合物的监管及对其替代品的思考[J]. 食品安全质量检测学报, 2020, 11(4): 1033-1039.

[80] 多氯联苯对环境的污染及其危害[J]. 环境科学, 1978(4): 3-7.

[81] Melymuk L, Blumenthal J, Sanka O, et al. Persistent problem: Global challenges to managing PCBs[J]. Environmental Science & Technology, 2022, 56(12): 9029-9040.

[82] MITRA A, ZAMAN S. Soil pollution and its mitigation[M]. Cham: Springer International Publishing, 2020.

[83] 苏畅. 废弃库存 POPs 农药危害严重[N]. 中国环境报, 2007-01-15.

[84] 余刚, 黄俊. 持久性有机污染物知识 100 问[M]. 北京: 中国环境科学出版社, 2005.

[85] 姚薇, 邱琦, 郭琳琳, 等. 我国 PFOS 的环境风险管理对策研究[J]. 环境与可持续发展, 2010, 35(4): 19-22.

[86] 翁振坤, 何前长, 陈杰坤, 等. 全氟辛烷磺酸对雄性动物生殖毒性作用的研究进展[J]. 环境与职业医学, 2015, 32(11): 1084-1089.

[87] 王春香. 基于纳米金探针的全氟化合物生物检测技术研究[D]. 武汉: 华中科技大学, 2011.

[88] 汤婕, 张银龙. 土壤/沉积物中全氟辛酸(PFOA)、全氟辛烷磺酸(PFOS)吸附−解吸行为研究进展[J]. 土壤, 2014, 46(4): 599-606.

[89] 李正军. 值得重视的国际贸易技术壁垒[J]. 西部皮革, 2008(12): 43-45.

［90］谭华健, 林丽珠, 陈霞. 纺织服装出口可能受阻[N]. 中山日报, 2007-06-23(A2).

［91］舒波, 黄德贵, 关万春, 等. PFOS 对哈维氏弧菌生长及外毒素基因的影响[J]. 广东微量元素科学, 2011, 18(9): 44-49.

［92］李慧婷, 李洪志, 张春雷, 等. 孕期染毒 PFOS 对胎鼠体重的影响[J]. 牡丹江医学院学报, 2014, 35(2): 43-44.

［93］饶振中. 改性油茶果壳对全氟辛烷磺酸盐的吸附性能研究[J]. 广东化工, 2017, 44(11): 27-29.

［94］孙建树. 山东省典型湿地水体和沉积物中全氟辛烷羧酸(PFOA)和全氟辛烷磺酸(PFOS)的污染特征研究[D]. 曲阜: 曲阜师范大学, 2019.

［95］吴广龙, 余立风, 胡乐, 等. 我国削减并逐步替代全氟辛烷磺酸盐(PFOS)的策略与建议[J]. 生态毒理学报, 2012, 7(5): 477-482.

［96］Wang T, Khim J S, Chen C, et al. Perfluorinated compounds in surface waters from northern China: Comparison to level of industrialization[J]. Environment International, 2012, 42: 37-46.

［97］蒋闳, 盛旋, 杨嫣嫣, 等. 全氟辛烷磺酰基化合物(PFOS)分析研究进展[J]. 安徽化工, 2007(2): 5-10.

［98］Paul A G, Jones K C, Sweetman A J. A first global production, emission, and environmental inventory for perfluorooctane sulfonate[J]. Environmental Science & Technology, 2009, 43(2): 386-392.

［99］张珏. 长江三角洲二噁英类物质大气输送、沉降数值模拟研究[D]. 南京: 南京信息工程大学, 2011.

［100］梁运霞, 梁晓庆, 吕衍娟. 二噁英对动物源食品的污染与毒性[J]. 黑龙江畜牧兽医, 2006(2): 86-87.

［101］张玉君, 杨春根, 范美玲. 电弧炉炼钢工艺二噁英节能型防治措施[J]. 环境工程, 2011, 29(5): 88-91.

［102］娄英斌, 杨萌, 高会, 等. 福建省近岸海域表层沉积物中的二噁英污染特征及生态风险评估[J]. 生态毒理学报, 2024, 19(2): 84-92.

［103］刘佳佳. 氯苯催化氧化的次生污染特征及抑制[D]. 杭州: 浙江大学, 2021.

［104］方平, 岑超平, 唐子君, 等. 污泥焚烧大气污染物排放及其控制研究进展[J]. 环境科学与技术, 2012, 35(10): 70-80.

［105］李雪萍. 废活性炭再生过程脱附废气及其治理措施研究[J]. 河南化工, 2024, 41(3): 49-51.

［106］李琳, 郭文建, 张晓琳, 等. 垃圾焚烧及冶金工业烟气中二噁英的排放特征[J]. 化工管理, 2022(8): 29-31.

［107］黄超, 陈凝, 杨明嘉, 等. 二噁英类化合物的毒性作用机制及其生物检测方法[J]. 生态毒理学报, 2015, 10(3): 50-62.

[108] 吴秋璇. 溴代二噁英的鸟类相对毒性效力及其种间敏感性差异的研究与预测[D]. 济南: 济南大学, 2024.

[109] 王鑫格, 李娜, 韩颖楠, 等. 二噁英及类二噁英污染物致免疫毒性作用机制研究进展[J]. 生态毒理学报, 2023, 18(1): 138-148.

[110] 国家履行《斯德哥尔摩公约》工作协调组. 中华人民共和国履行《关于持久性有机污染物的斯德哥尔摩公约》国家实施计划[R]. 北京, 2007.

[111] 中华人民共和国农业部. 中华人民共和国农业部公告第 199 号[EB/OL].(2002-06-05) [2024-08-15]. https://www.moa.gov.cn/ztzl/ncpzxzz/flfg/200709/t20070919_893058.htm.

[112] 中华人民共和国商务部. 商务部、海关总署、环境保护总局公布《禁止进口货物目录》(第六批)和《禁止出口货物目录》(第三批)的公告[EB/OL].(2005-12-31) [2024-08-17]. https: //www.mee.gov.cn/gkml/hbb/gwy/200910/t20091030_180683.htm.

[113] 原国家生态环境总局. 2005 年中国环境状况公报[R]. 2005.

[114] 中华人民共和国环境保护部. 关于禁止生产、流通、使用和进出口滴滴涕、氯丹、灭蚁灵及六氯苯的公告 [EB/OL].(2009-04-16) [2024-05-23]. https: //www.mee.gov.cn/xxgk2018/ xxgk/xzgfxwj/202301/t20230113_1012587.html.

[115] 苏畅, 姜晨, 张彩丽, 等. 全氟辛酸(PFOA)化学品污染的应对浅析——以电影《黑水》杜邦事件为例[J]. 世界环境, 2020(4): 60-63.

[116] 中华人民共和国农业部. 中华人民共和国农业部公告 第 2445 号[EB/OL].(2016-09-07) [2024-08-15]. https://www.moa.gov.cn/govpublic/ZZYGLS/201609/t20160913_5273423.htm.

[117] 中华人民共和国生态环境部. 关于禁止生产、流通、使用和进出口林丹等持久性有机污染物的公告 [EB/OL].(2019-03-04) [2024-08-15]. https: //www.mee.gov.cn/xxgk2018/xxgk/ xxgk01/201903/t20190312_695462.html.

[118] 王龙, 陈文静, 张扬, 等. 我国 PFOS/PFOSF 环境管理现状及其废物污染防治对策研究 [J]. 环境保护科学, 2024, 50(3): 1-9.

[119] 中华人民共和国农业农村部. 中华人民共和国农业农村部公告 第 250 号[EB/OL]. (2019-12-27) [2024-08-15]. https://www.moa.gov.cn/govpublic/xmsyj/202001/ t20200106_ 6334375.htm.

[120] 中华人民共和国商务部. 商务部 海关总署 生态环境部公告 2020 年第 73 号 公布《禁止进口货物目录(第七批)》和《禁止出口货物目录(第六批)》[EB/OL].(2020-12-30) [2024-08-15]. https: //www.mee.gov.cn/xxgk2018/xxgk/xxgk10/202101/t20210107_816408. html.

[121] 中华人民共和国商务部. 商务部 海关总署 生态环境部关于公布《禁止进口货物目录(第八批)》和《禁止出口货物目录(第七批)》的公告[EB/OL].(2023-06-06) [2024-08-15]. https: //www.mee.gov.cn/xxgk2018/xxgk/xxgk10/202306/t20230608_1033209.html.

[122] 中华人民共和国生态环境部. 关于多氯萘等 5 种类持久性有机污染物环境风险管控要求的公告 [EB/OL].(2023-06-06) [2024-08-15]. https: //www.mee.gov.cn/xxgk2018/xxgk/xxgk01/202306/t20230606_1032939.html.

[123] 张忠彬, 周永平. 日本、韩国、东盟与我国石棉危害预防控制现状[J]. 中国安全生产科学技术, 2010, 6(1): 121-124.

[124] 杨海峰, 李俊芳, 闫妍, 等. 石棉类物质的危害及其监管[J]. 检验检疫学刊, 2013, 23(3): 71-76.

[125] 中华人民共和国商务部. 商务部 海关总署 生态环境部关于公布《禁止进口货物目录(第九批)》和《禁止出口货物目录(第八批)》的公告[EB/OL].(2023-12-29) [2024-08-17]. https: //www.mee.gov.cn/xxgk2018/xxgk/xxgk10/202401/t20240104_1060810.html.

[126] 董良云, 张宇, 罗瑜, 等. 多氯联苯管理体系探讨[J]. 环境科学与管理, 2008(1): 1-4, 8.

[127] 中华人民共和国国家发展和改革委员会. 《产业结构调整指导目录(2005 年本)》[R]. 北京, 2005.

[128] 中华人民共和国环境保护部. 国家发展和改革委员会, 等.关于加强二恶英污染防治的指导意见 [EB/OL].(2010-10-19) [2024-05-23]. https: //www.mee.gov.cn/gkml/hbb/bwj/201011/t20101104_197138.htm.

[129] 中华人民共和国环境保护部. 关于征求国家环境保护标准《二恶英类监测技术规范》(征求意见稿)意见的函[EB/OL].(2015-11-20) [2024-08-17]. https: //www.mee.gov.cn/gkml/hbb/bgth/201511/t20151126_317778.htm.

[130] 耿静, 吕永龙, 王铁宇, 等. 削减和控制二恶英管理政策与技术应用的国际对比分析[J]. 中国人口·资源与环境, 2008, 18(6): 134-141.

[131] 中华人民共和国生态环境部. 危险废物焚烧污染控制标准 [EB/OL].(2020-11-26) [2024-08-17]. https: //www.mee.gov.cn/ywgz/fgbz/bz/bzwb/gthw/gtfwwrkzbz/202012/t20201218_813928.shtml.

[132] 中华人民共和国生态环境部. 危险废物焚烧污染控制标准(自 2021 年 7 月 1 日起废止)[EB/OL].(2001-11-12) [2024-08-17]. https: //www.mee.gov.cn/ywgz/fgbz/bz/bzwb/gthw/gtfwwrkzbz/200201/t20020101_63046.shtml.

[133] 中华人民共和国生态环境部. 生活垃圾焚烧污染控制标准 [EB/OL].(2014-05-16) [2024-08-17]. https: //www.mee.gov.cn/ywgz/fgbz/bz/bzwb/gthw/gtfwwrkzbz/201405/t20140530_276307.shtml.

[134] 中华人民共和国生态环境部. 生活垃圾焚烧污染控制标准(已废止)[EB/OL].(2001-11-12) [2024-08-17]. https: //www.mee.gov.cn/ywgz/fgbz/bz/bzwb/gthw/gtfwwrkzbz/200201/t20020101_63051.shtml.

[135] 中华人民共和国生态环境部. 城镇污水处理厂污染物排放标准[EB/OL].(2002-12-24)

[2024-08-17]. https: //www.mee.gov.cn/ywgz/fgbz/bz/bzwb/shjbh/swrwpfbz/200307/t20030 701_66529. shtml.

[136] 中华人民共和国生态环境部. 再生铜、铝、铅、锌工业污染物排放标准 [EB/OL].(2015-04-16) [2024-08-17]. https: //www.mee.gov.cn/ywgz/fgbz/bz/bzwb/dqhjbh/ dqgdwrywrwpfbz/201505/t20150505_300588.shtml.

[137] 中华人民共和国生态环境部. 危险废物集中焚烧处置工程建设技术规范 [EB/OL].(2005-05-24) [2024-08-17]. https: //www.mee.gov.cn/ywgz/fgbz/bz/bzwb/other/ hjbhgc/200505/t20050524_67081.shtml.

[138] 中华人民共和国生态环境部. 医疗废物集中焚烧处置工程技术规范[EB/OL].(2023-02-01) [2024-08-17]. https: //www.mee.gov.cn/ywgz/fgbz/bz/bzwb/other/hjbhgc/202302/t20230214_ 1016208.shtml.

[139] 中华人民共和国生态环境部. 危险废物(含医疗废物)焚烧处置设施二噁英排放监测技术 规范 [EB/OL].(2007-11-01) [2024-08-17]. https: //www.mee.gov.cn/ywgz/fgbz/bz/bzwb/ jcffbz/200711/t20071107_112667.shtml.

[140] 何艺, 霍慧敏, 蒋文博, 等. 中国危险废物管理的历史沿革——从"探索起步"到"全 面提升" [J]. 环境工程学报, 2021, 15(12): 3801-3810.

[141] 中华人民共和国生态环境部. 危险废物集中焚烧处置设施运行监督管理技术规范(试 行)[EB/OL].(2009-12-29) [2024-08-17]. https: //www.mee.gov.cn/ywgz/fgbz/bz/bzwb/other/ hjbhgc/201001/t20100112_184150.shtml.

[142] 中华人民共和国生态环境部. 医疗废物集中焚烧处置设施运行监督管理技术规范(试 行)[EB/OL].(2009-12-29) [2024-08-17]. https: //www.mee.gov.cn/ywgz/fgbz/bz/bzwb/other/ hjbhgc/201001/t20100112_184152.htm.

[143] 赵洁, 姚珺, 陈华, 等. 江苏省钢铁工业综合环保要求[J]. 污染防治技术, 2018, 31(5): 80-85.

[144] 中华人民共和国环境保护部. 关于发布钢铁行业炼钢、轧钢、焦化三个工艺污染防治最 佳可行技术指南(试行)的公告[EB/OL].(2010-12-17) [2024-08-17]. https: //www. mee. gov. cn/gkml/hbb/bgg/201012/t20101230_199308.htm.

[145] 中华人民共和国生态环境部. 钢铁工业发展循环经济环境保护导则[EB/OL].(2009-03-14) [2024-08-17]. https: //www.mee.gov.cn/ywgz/fgbz/bz/bzwb/other/qt/200903/t20090320_ 135 502. shtml.

[146] 中华人民共和国生态环境部. 钢铁工业除尘工程技术规范 [EB/OL].(2008-06-06) [2024-08-17]. https: //www.mee.gov.cn/ywgz/fgbz/bz/bzwb/other/ hjbhgc/200806/t20080612_ 123872.shtml.

[147] 中华人民共和国生态环境部. 钢铁工业废水治理及回用工程技术规范

[EB/OL].(2012-10-17) [2024-08-17]. https://www.mee.gov.cn/ywgz/fgbz/bz/bzwb/ other/ hjbhgc/201210/t20121023_240243.shtml.

[148] 中华人民共和国环境保护部. 关于发布《钢铁行业采选矿工艺污染防治最佳可行技术指南(试行)》的公告[EB/OL].(2010-03-23) [2024-08-17]. https://www.mee.gov.cn/ gkml/ hbb/bgg/201003/t20100331_187619.htm.

[149] 环境保护部. 关于征求《钢铁行业污染防治最佳可行技术导则—烧结及球团工艺》(征求意见稿)意见的函[EB/OL].(2008-12-30) [2024-08-17]. https://www.mee.gov.cn/gkml/hbb/bgth/200910/t20091022_174959.htm.

推 荐 阅 读

环境保护部国际合作司. 《控制和减少持久性有机污染物：斯德哥尔摩公约谈判履约十二年（1998—2010)》，北京：中国环境出版社，2010.

胡建信，等. 中国履行斯德哥尔摩公约系列研究丛书. 北京：中国环境出版社，2008.

思 考 题

1. 什么是全球蒸馏效应？

2. 持久性有机污染物及其特性是什么？

3. 什么是环境内分泌干扰物？

4. 《斯德哥尔摩公约》最初管制的 12 种持久性有机污染物有哪些？

5 《控制危险废物越境转移及其处置的巴塞尔公约》

本章旨在了解《控制危险废物越境转移及其处置的巴塞尔公约》（以下简称《巴塞尔公约》）的起源和履约机制，掌握《巴塞尔公约》及其基本制度，熟悉《巴塞尔公约》管控的主要废物种类，了解中国"无废城市"及"十四五"时期的实施方案。

5.1 《巴塞尔公约》的起源和历史进程

5.1.1 《巴塞尔公约》的起源

20 世纪七八十年代，随着工业化国家民众环境意识的逐渐觉醒和相应的环境法规措施日趋严格，公众对危险废物处置的抵制日益增强，处置成本渐涨。20 世纪 80 年代末，随着危险废物处置费用的迅速上升，一些发达国家的废物产生企业开始将危险废物转运至发展中国家和东欧国家，以规避处理责任。然而，由于这些国家对环境问题的认识不够深入，且缺乏相应的危险废物处置法规和管理体系，这一做法带来了诸多问题。在 1986~1988 年间，工业化国家向亚洲、非洲、拉丁美洲、加勒比和南太平洋的发展中国家输出了超过 350 万吨的危险废物[1, 2]。目的地国经济发展相对落后，环境管理较弱，缺乏足够的环境意识，导致流入的危险废物被无序堆放或不当处置，对环境和健康造成严重污染和危害。

《巴塞尔公约》产生的大背景是国际危险废物（以下简称"危废"）贸易中的乱象。多年来，危废贸易作为一种贸易类型有其存在的必要性，促成危废国际贸易的原因主要包括产生危废的国家缺乏处理能力、部分国家在设施和经济性上更加可行以及回收利用材料等因素。自 20 世纪下半叶起，尽管大多数危险废物源自发达国家，这些国家的环保法规和标准变得越来越严格[2]，导致危险废物处理成本显著上升。例如在美国，从 20 世纪 70 年代到 21 世纪初，一吨有毒废物的处理费用增加了大约 16 倍。这种巨大的差价使一些废品处理商为了牟利动起歪脑筋，甚至突破合法贸易的约束，由此给非工业化国家带来的公共健康问题和环境风险在 20 世纪 80 年代达到了耸人听闻的地步，"希安海号"事件就在这时发生[3]。

1986 年 8 月，一艘名为"希安海号"的货船从美国费城垃圾焚烧厂装载了 1.4 万吨废物起航。负责货物分包的两家公司想把废物倒到巴哈马，但遭到巴哈马政府的拒绝，费城方面则表示废物不处理掉就不会付款。进退维谷的"希安海号"在接下来的 16 个月中几乎跑遍整个大西洋，只为寻找一个能卸载废物的地方，但多米尼加、洪都拉斯、巴拿马、百慕大、几内亚比绍和荷属安的列斯群岛均拒绝接收废物[3]。走投无路之际，"希安海号"1988 年 1 月将 4000 吨废物倾倒在海地的戈纳伊夫附近，对外宣称这些废物是"表土肥料"。然而，知名 NGO"绿色和平组织"把废物的来源告知海地政府后，海地商务部部长命令船员们把废物重新装船，但"希安海号"却趁机溜走了。震惊之余，海地政府禁止所有废物的进口，并组织人力把部分废物清理到内陆一处掩体中，部分仍留在海滩上。

接下来，"希安海号"一路狂奔，不断改变名称和注册地，船员们虽然在塞内加尔、摩洛哥、南斯拉夫、斯里兰卡和新加坡等地卸载废物未果，但船上的上万吨废物却在航程中神秘地消失了。直到 1993 年相关负责人被绳之以法后，船长才承认船上的 1 万吨废物早被抛到大西洋和印度洋里。2002 年，在各方冲破重重阻碍后，被倾倒在海地的废物才被装船运回美国，最终埋在宾夕法尼亚州的垃圾填埋场，此时距离"希安海号"把废物倒在海地海滩上已经过去了 14 年[3]。

与"希安海号"事件发生在同一年的尼日利亚科科港事件，是另一例典型的有害废物投弃案例。1988 年，尼日利亚报道了一则非官方消息：一家意大利公司通过 5 艘船向科科港运送了约 3800 吨有害废物，并以每月 100 美元的租金堆放在当地农民的土地上[2-4]。这些有害废物散发出恶臭，并渗出脏水，经检验，发现其中含有一种致癌性极高的化学物质。这些有害废物造成很多码头工人及其家属瘫痪或被灼伤，有 19 人因食用被污染了的米而中毒死亡。经过调查核实后，尼日利亚政府疏散了居民，逮捕了 10 余名与此案有关的人员，从意大利撤回了大使[2, 5]。经过交涉，意大利政府最终将有害废物运回国[2]。但由于意大利的各个港口拒绝其进港，欧洲各国也拒绝其入境，只好长期停留在法国外的公海上。"希安海号"事件和科科港事件连同其他危废管理和贸易造成的意外事故一起，给当时的国际社会敲响了警钟。深受触动的各国觉得有必要坐下来达成一项国际公约，以防类似事件的发生。

随着危险废物在全球范围内越境转移的日益增多，由此而产生的国际纠纷愈发频繁，成为最严重的全球环境问题之一。在 UNEP 及国际社会的共同努力下，《控制危险废物越境转移及其处置的巴塞尔公约》（以下简称《巴塞尔公约》）于 1989 年 3 月 22 日获得通过[6-8]。这一公约的生效标志着国际社会为应对危险废物越境转移的挑战而采取了具体的法律行动，旨在保护人类健康和环境免受危险废物的不利影响。该公约于 1992 年 5 月 5 日正式生效，标志着国际社会为解决这一全球性环境问题而采取的重要举措的开始[6]。

5.1.2 《巴塞尔公约》的历史进程

1972 年，联合国人类环境会议通过的《联合国人类环境会议宣言》（简称《人类环境宣言》）成为历史上第一次全球环境会议的成果之一。旨在明确各国在环境问题上的共同责任，并提出了一系列原则，其中包括确保任何国家的活动不会对其他国家或其他国家管辖范围以外地区的环境造成损害。这一原则性规定为后来《巴塞尔公约》等国际环境法律文件的制定奠定了基础，特别是在危险废物管理方面，为各国合作共同保护环境提供了法律依据[9]。

《巴塞尔公约》于 1989 年 3 月 22 日在瑞士巴塞尔市举行的专家组会议和外交大会上签署，从而成为全球性国际法律文件。公约旨在控制危险废物越境转移及其处置，以保护全球环境和人类健康。该公约于 1992 年 5 月 5 日正式生效，至今已有 104 个国家成为该公约的缔约国[10]。公约由序言、29 项条款和 9 个附件组成，涵盖公约的适用范围、定义、缔约方的一般义务、指定主管部门和联络点、缔约方之间危险废物越境转移的管理、防止非法贩运、国际合作、资料和信息交流等（图 5-1）[11]。

图 5-1　《巴塞尔公约》中英文版本

《巴塞尔公约》的确立旨在加强全球范围内对危险废物和其他废物的控制和管理，以保护人类健康和环境不受其不良影响。通过国际合作和协调，公约的目标是推动各国在废物管理方面采取统一的行动，特别是在危险废物的越境转移和环境无害化处理方面。这一举措旨在减少废物对环境和人类健康的潜在危害，促进可持续发展和环境保护[12]。

签署《巴塞尔公约》的各缔约国对以下事项负有整体责任：确保将危险废物

和其他废物之越境转移（TBM）降至最低限度，同时确保在进行任何越境转移时，均能以保护人类健康和环境的方式进行。除了上述一般性义务外，该公约还规定：只有在满足某些条件及在上述条件符合特定程序之情况下，方可进行越境转移。各个缔约国均应指定主管部门（CA）对《巴塞尔公约》就有关越境转移所规定各项要求是否得到遵守进行评估。

缔约方通过禁止危险废物和其他废物的进口，以及禁止与非缔约方进行相关交易，保护了本国和其他国家的环境和健康。此外，采取措施促进废物源头减量和无害化管理，有助于减少废物的产生和减轻环境压力。出口危险废物和其他废物的缔约方必须确保这些废物在目的地以环境无害化方式管理，这有助于防止废物转移后对环境和人类健康造成危害。打击非法运输、国家报告和信息通报等措施则进一步加强了公约的执行和监管机制，确保了公约的有效实施[5]。

《巴塞尔公约》的发展历程展现了其不断适应全球环境和社会变化的能力，主要包括以下三个十年的发展重点和成就：第一个十年（1989～1999 年），该阶段致力于建立控制危险废物和其他废物越境转移的法律框架。重点工作包括建立针对越境转移的管制制度，编制废物清单和法律范本，通过禁止出口危险废物的修正案等。此外，建立了区域和次区域的培训和技术转让中心，为各国提供了必要的支持和帮助[6, 13]。第二个十年（2000～2009 年），在这一阶段，公约大力推动环境无害化管理，重点是通过建立伙伴关系、区域中心和制定技术准则等措施，促进各缔约方在废物管理方面的能力和水平提升，加强对危险废物和其他废物的环境无害化处理。第三个十年（2010～2019 年），这一阶段聚焦于源头减量、环境无害化管理和越境转移控制。重点是提高法律清晰度，加强打击非法运输行为，并延伸管理范围以包括非废物管理。这些举措旨在进一步加强公约的实施效果，应对全球废物管理面临的新挑战。随着时间的推移，巴塞尔公约不断发展壮大，为全球废物管理提供了重要的框架和指导，促进了国际合作和共同努力，以保护人类健康和环境免受废物越境转移的危害[6]。

进入 21 世纪后，公约履行职能的国际环境发生了变化。具体而言就是此前的废物（特别是危废）从被视为应尽可能限制其转移的一种环境危害，转变为受到国际社会逐渐认可的一种资源。公约发展的重心由此开始转向强调废物减量化和环境无害化管理。2011 年，公约缔约方大会第 10 次会议通过了关于废物减量化的重要决定——"卡塔赫纳宣言"，此后陆续通过了"卡塔赫纳宣言"的实施行动路线图、编制《废物预防和减量技术准则》等，积极推进各缔约方开展废物预防和减量。同年，废物环境无害化管理被列为促进公约生效的重要工具之一。公约更加侧重从国家战略和政策层面指导缔约方实施环境无害化管理，体现了公约与时俱进的拓展性[3]。公约的发展趋势具有以下特点：

（1）废物全过程管理的内涵越来越丰富，生产者责任制度受到广泛关注。《巴塞尔公约》将废物产生最小化、越境转移控制和环境无害化管理作为三大支柱，要求各缔约方对危险废物或其他废物的运输或处置执行许可制度，形成了传统的从摇篮到坟墓的全过程管理。《巴塞尔公约》通过的《关于防止、尽量减少和回收危险废物及其他废物的卡塔赫纳宣言》和《巴塞尔公约实施战略框架（2012～2021年）》（以下简称"战略框架"），将源头预防和废物减量化、产品生命周期管理、生产者责任延伸制度作为履约重要工具。制定国家危险废物实施计划、在可持续发展中考虑危险废物事项、推动可持续资源利用等六项指标是对缔约方实施战略框架整体评估的重要内容。

（2）《巴塞尔公约》管辖范围不断扩展，新型废物日益受到重视。《巴塞尔公约》的管辖范围包括附件一和附件八两个清单列出的危险废物，缔约方国家立法确定的危险废物，以及附件二列出的其他废物（包括住家收集废物及其焚烧残渣及大部分废塑料）[14]。新型废物流就是附件二确定的从住家收集的废物类别，如电子废物等。据联合国大学研究估算，2014 年全球电子废物的产生量达到 4180 万吨[15]。《巴塞尔公约》的管辖范围直接决定着各国责任分担、废物处置成本等。联合缔约方大会通过《巴塞尔公约》第十三号决议，为家庭来源废物的环境无害化管理创造出创新性解决方案。

（3）打击危险废物非法运输不受关注，形势依然严峻。《巴塞尔公约》旨在保护发展中国家免受因危险废物及其他废物越境转移所带来的危害。然而，由于发展中国家在能力上的不足，在公约的发展过程中通常处于落后和跟随的地位。这导致公约在涉及发展中国家利益的越境转移控制、退运以及打击危险废物非法运输等领域，因缺乏发达国家的资金支持和关注而进展缓慢。在公约通过后的 25 年里，危险废物向发展中国家的非法运输案件仍时有发生，退运问题也面临重重困难。公约在实现其控制危险废物越境转移的核心目标方面，仍缺乏有效的强制执行手段，非法运输问题依然严峻巴塞尔公约区域中心实力不断增强，服务范围也从废弃物拓展到化学品，形成了一股新的国际政治和技术力量。

《巴塞尔公约》创新性地在全球设立了 14 个区域中心支持帮助发展中国家履约，并得到了联合国环境大会（决议 1/5）认可。区域中心对外是政府间组织架构，对内是国家机构的性质，已经成为主办国政府增强国际环境联系、推动公约谈判、争取国家利益、提升国家软实力的重要平台。2015 年 5 月的联合缔约方大会上，我国清华大学设置的巴塞尔公约亚太区域中心在《巴塞尔公约》和《斯德哥尔摩公约》履约技术支持业绩方面均获得满分 100 分，成为全球最成功区域中心[16]。

2019 年 4 月 28 日至 5 月 10 日，《控制危险废物越境转移及其处置的巴塞尔公约》第 14 次缔约方大会在瑞士日内瓦举行[17]。会议审议并通过了针对塑料废物的修正案，其中包括以下主要内容：①将大部分塑料废物列入公约受控名单，以加强对塑料废物的管控。②确定不受控名单，仅保留单一材质几乎不污染的塑料废物以及 PET、PP、PE 混合物，目的是进行环境无害化回收。③增加了对各国采取更严格要求的规定，以便更多塑料废物纳入管控范围。④对"几乎不污染不混合"的塑料废物的分类标准规定，允许参考执行相关国际和国家技术文件[7]。此前，一些国家和地区已经启动了停止废弃塑料的全球流通的行动，希望通过更彻底的措施从源头减少塑料垃圾的产生。例如，欧盟于 2019 年 3 月通过法规，规定从 2021 年起禁止使用一次性塑料吸管、刀叉等产品，到 2029 年，塑料饮料瓶的回收率要达到 90%[18]。另外，关于禁止附件Ⅶ国家向发展中国家出口危险废物的禁运修正案也于 2019 年 12 月 5 日生效。该修正案禁止附件七国家（包括 OECD、欧盟、列支敦士登等）向其他国家出口危险废物，无论是为处置还是为利用的目的[19]。

2020 年 10 月 17 日，中国第十三届全国人民代表大会常务委员会第二十二次会议决定批准了《巴塞尔公约》附件二、附件八和附件九的修正案[20]，这是对 2019 年 5 月在日内瓦召开的《巴塞尔公约》缔约方会议第十四次会议通过的《巴塞尔公约》附件修正的批准。标志着中国对国际废物管理的承诺和贡献。然而，仅仅从贸易角度控制废塑料的跨境转移还不足以解决废物管理的问题。我们需要观念的变革，即改变人们"用完即抛弃"的不良习惯。如果我们能够改变这种恶习，不仅对废塑料等废弃物的管理有益，也比不断修订《巴塞尔公约》更为重要。这样的变革将带来一个真正的环保新时代，促进人类和地球的可持续发展[3]。

5.1.3 《巴塞尔公约》谈判的关键议题

近年来，随着国际形势和环境问题的变化，巴塞尔公约谈判逐渐聚焦在以下关键议题：

1. 海洋塑料垃圾和微塑料

随着塑料废物的全球污染问题日益严峻，塑料废物修订议题引起高度关注。经过艰苦谈判和磋商，COP14 大会全体会议通过了对塑料废物附件修订的一致意见，公约最终通过的塑料废物附件修正案见附录一。相较于公约现有规定，修正案的主要变化包括：①在附件二和附件八中增加了塑料废物条目，扩大了公约受控的废物范围。②大幅度减少了附件九中塑料废物的类别和范围，仅允许"几乎不污染不混合"的单一品种塑料废物和分类回收的 PP、PE 和 PET 混合物，并缩减了"非卤化聚合物和多聚物的塑料废物"的类别。③增加了列入附件九的塑料废物最终应进行环境无害化回收的要求，强调对塑料废物的环境处理。④在附件二增加了"各国可采取更严格要求"的规定，允许各国根据自身情况对塑料废物采取更严格的管控要求，并规定了对"几乎不污染不混合"的塑料废物的分类标准[7]。这些修正使得公约更加灵活，赋予了各缔约方对塑料废物进行更严格管控的权利，从而更有效地保护环境和人类健康。此外，会议还决定邀请缔约方及相关方继续就塑料废物附件中热固性塑料和氟化聚合物塑料是否应纳入公约管辖范围提交评论意见，以供考虑是否进一步开展附件修订。

2. 提高法律明确性（《巴塞尔公约》附件审查）

为促进和指导公约的有效实施，COP 决定对公约法律术语进行明确、对公约附件进行审查和修订。目前公约法律术语表已经完成，公约正在对附件一（危险废物）、附件三（危险特性）、附件四（处置方式）、附件八（附件一的说明）和附件九（不受公约管控的废物）进行审查及必要的修订，附件修订工作拟于 COP16（2023 年）完成。附件修订直接影响到公约管控废物范围，对各国废物相关法律法规及管理将带来重要影响。

目前已开展了针对公约附件四的审查，该附件与公约废物定义以及修正案中禁运的危险废物种类范围相关。我国已针对专家组的修订建议提交反馈意见：一是考虑到附件四的扩大化可扩大公约"废物"的范围，有利于我国固体废物特别是进口废物管理政策，因此我国拟支持专家组关于附件四涵盖所有作业方式的建议；二是为避免国际社会对附件四（B）的误解（即以利用方式鼓励废物转移），我国拟强调区分列入附件四（A）或（B）的处置作业时，不应只考虑处置作业方式本身，还应考虑是否为环境无害化管理方式。

3. 技术导则修订

公约下废旧电子和电气设备越境转移技术导则、关于持久性有机污染物（POPs）废物技术导则、危险废物处置技术导则等文件是促进发展中国家提升相应类别废物处理处置或特定类型技术水平的重要指导性文件。

COP14 审议了包括 POPs 废物环境无害化准则、电子废物准则、废铅蓄电池准则等技术议题和环境无害化管理准则、伙伴关系等战略事项。我国作为牵头国修订的电子废物准则较 2015 年暂行文件有较大改进，得到多数缔约方认可，但由于印度和非洲国家认为文件对废物和非废物区分及防止以二手电子电气设备为名向发展中国家倾废措施不足，拒绝通过准则文件。积极参与秘书处组织的包括印度、非洲国家、欧盟、日本、澳大利亚、瑞士等关键缔约方的沟通与磋商，推动会议最终暂行通过修订的电子废物准则并授权工作组继续开展工作。

4. 废物管理伙伴关系

1999 年，COP5 通过了巴塞尔宣言，将"在各国、公共管理部门、国际组织、工业部门、非政府组织和学术机构之间建立合作与伙伴关系"作为公约促进环境无害化管理的重要手段。由此，伙伴关系举措被确立为公约框架下解决废物问题的创新性解决方案，为解决重点废物流问题以及加强各方合作与信息交换发挥了重要作用。目前公约下在开展的伙伴关系包括关于住家废物的伙伴关系，以及 COP14 通过的计算设备行动伙伴关系的后续伙伴关系（Post PACE）和关于塑料废物的伙伴关系。

通过伙伴关系，公约正逐渐推动通过自愿性参与途径进行重点废物流和新兴废物流的环境无害化管理。利用伙伴关系成果为基础制定公约技术准则、术语表等技术性文件。相关文件在公约下虽无法律强制力，但废物管理能力欠缺的发展中国家和经济转型国家缔约方常将相关文件作为国内管理的主要参考依据。因此，为推进我国废物相关管理政策实践和技术与公约管理的衔接和转化，促进我国逐步引领公约的发展进程和公约相关工作朝维护公约宗旨和环境利益方向发展，我国将继续密切参与各伙伴关系工作组工作计划制定及具体工作执行。

5.1.4 公约生效后的废物非法越境转移案例

自公约生效以来，最令人担忧的问题不是公约如何规范需要最终处置的废物，而是如何管理用于回收的危险材料的贸易。因为可回收物在国际市场上具有巨大的贸易价值，发达国家经常将可回收的危废运往需要原材料的发展中国家。因此，对《巴塞尔公约》持反对看法的一些国家认为，如果允许出口商转移危废到发展中国家进行处理，他们将有更大的动力帮助发展中国家提高技术和无害环境管理。

2006 年 8 月，一艘外国货轮通过代理公司在非洲国家科特迪瓦首都阿比让市内十多处地方倾倒了数百吨有毒工业垃圾，引起严重环境污染，导致 7 人死亡，就医的民众超过 3 万人，这次污染事件还引发该国过渡政府集体辞职。此时，公约生效已经 14 年了，部分发达国家在转移危废上的毫无底线可以说是骇人听闻（图 5-2）。这一事件发生 10 年后，受害者以及阿比让的其他居民仍然不知道这些废物到底是什么，可能对他们身体造成怎样的危害，倾倒场地是否得到了足够的清理，这些有毒废物是否进入到了水源和食物链，下一代的健康是否会受到影响等。事实是，当地居民仍在投诉大雨过后会闻到臭气，以及存在头痛、皮肤病和呼吸道问题[21]。

数据显示，2016～2018 年，东盟地区的塑料垃圾进口量从 83.7 万吨增加到 226.6 万吨，增幅达到惊人的 171%。其中，马来西亚进口塑料垃圾数量最多，总量逾 87 万吨。相较 2016 年增长了 300%，其次是越南，泰国位居第三，处于第四位的印尼也有超过 32 万吨塑料垃圾流入，这一数字在短短 12 个月内飙升近 250%，其中垃圾出口最多的国家是美国、加拿大等发达国家[22]。

图 5-2　有毒废物[21]

2018 年前七个月，美国向马来西亚出口的废塑料比上一年增加了一倍以上。4 月 24 日，马来西亚成立联合工作组，打击日益严重的废塑料非法进口。当局已经进行 10 次行动。2019 年 5 月，在马来西亚的巴生港，9 个集装箱被发现含有贴错标签的塑料和不可回收垃圾，其中包括生活垃圾和电子废物的混合物。马来西亚已经向西班牙退回几批塑料垃圾，并打算对来自美国、英国、日本、澳大利亚和其他几个国家的货物进行同样的退运。马来西亚将把 450 吨受污染的塑料垃圾退还给运送这些垃圾的国家，拒绝成为世界垃圾的倾倒地（图 5-3）[23]。

图 5-3　马来西亚巴生港非法进口的废塑料和不可回收垃圾[23]

加拿大在 2013～2014 年间将大量垃圾运往菲律宾，声称这些垃圾是可回收物品。然而，实际情况是，这些集装箱中含有有毒有害物质，包括使用过的成人纸尿裤、废旧报纸、塑料瓶和塑料袋等。这一行为严重违反了国际法和《巴塞尔公约》的相关规定，该公约禁止发达国家将危险废物和其他废物出口至发展中国家以进行最终处置。这一事件导致了加拿大与菲律宾之间的外交争端，并最终要求加拿大收回这些垃圾[24]。2018 年，菲律宾的一家法院裁定，要求加拿大一家私人进口商将滞留在菲律宾的 69 个垃圾集装箱运回加拿大[25]。这场垃圾纠纷给加拿大和菲律宾之间的外交关系带来了困扰，菲方通过施加压力，甚至提出了"开战"和"断交"的言论。最终，加拿大屈服于压力，同意将垃圾运回。六年后，这些垃圾终于离开菲律宾。在 2018 年 5 月 31 日，一艘装载着 1000 吨垃圾的船只启程返回加拿大[26]。

2019 年 9 月，印尼称几百箱混合废塑料和危险废物的废纸集装箱非法进口，将根据巴塞尔公约退运。国际 NGO 利用 GPS 跟踪其中的 58 个应退运回美国的集装箱，仅 12 个回到美国，38 个去印度，3 个去韩国，泰国、越南、墨西哥、加拿大、荷兰各 1 个（图 5-4）[27]。

图 5-4　工作人员检查垃圾

不仅国外存在这种情况，中国也有非法出口和危险废物退运的相关案例（表 5-1）[28]。2018 年至今，江浙沪多家公司咨询焚烧飞灰出口申请以危险废物（HW18）申报出口，以水泥生料（HS3824）名义进口。

表 5-1　我国非法出口危废案例

废物类别	行业来源	废物代码	危险废物[29]	危险特性
HW18 焚烧处置残渣	环境治理业	772-002-18	生活垃圾焚烧飞灰	T
		772-003-18	危险废物焚烧、热解等处理过程产生的底渣、飞灰和废水处理污泥（医疗废物焚烧处置产生的底渣除外）	T
		772-004-18	危险废物等离子体、高温熔融等处置过程产生的非玻璃态物质和飞灰	T
		772-005-18	固体废物焚烧过程中废气处理产生的废活性炭	T

5.2 《巴塞尔公约》的基本内容

5.2.1 《巴塞尔公约》的管辖范围及基本原则

公约管辖范围包括危险废物和其他废物,其中危险废物包括公约附件一所列45 类废物以及缔约方立法确定并通知秘书处的危险废物;其他废物是指从住家收集的废物和从焚化住家废物产生的残余物[13]。此外,电子废物、塑料废物、船舶拆解废物、纳米材料废物等国际社会高度关注的废物类型,也被纳入公约无害化管理的讨论议题。

公约确立了产生国对其危险废物和其他废物承担全生命周期责任的基本原则。这一原则的核心目标在于保护人类健康和环境免受危险废物和其他废物的产生、转移和处置可能造成的不利影响。公约明确三项核心原则,即危险废物和其他废物减量化、产生地就近处理和环境无害化、越境转移最少化。围绕核心原则,公约规定的缔约方义务主要包括废物产生量最小化、实施废物环境无害化管理、控制废物越境转移、年度国家报告等方面,具体如表 5-2 所示[30]。

表 5-2 巴塞尔公约规定的缔约方义务

义务事项		时限及要求	依据
义务一: 指定主管当局和联络点	指定主管当局和联络点	在 1992 年 8 月 5 日前通知公约秘书处关于国内指定为联络点和主管当局的机构信息;并将之后的任何变动通知秘书处	公约第五条第二款
义务二: 废物环境无害化管理	废物产生量最小化	采取措施保证将国内产生的废物减至最低限度	公约第四条第二款
	实施废物环境无害化管理	保证提供充分的处置设施用于废物的环境无害化管理	公约第四条第二、七款
		保证采取措施防止废物管理过程产生污染,尽量减少健康和环境影响	
		保证将废物越境转移减至最低限度;对运输或处置实行许可经营管理	
义务三: 控制废物出口	禁止出口	禁止向非缔约方、禁止此类废物进口的缔约方、预计无能力无害化处置的缔约方,以及南纬 60°以南的区域(南极洲)出口废物	公约第四条第二、五和六款
	审核废物越境转移申请	批准出口申请前须确定以下事项: 国内不具备有关废物环境无害化处置能力;拟出口废物符合进口国需求;废物越境转移活动符合过境国和进口国相关标准;废物越境转移有保险、保证或进口或过境缔约方要求的其他担保	公约第四条第九款 公约第六条第十一款

续表

义务事项		时限及要求	依据
义务三：控制废物出口	对废物出口者或产生者提出要求	参考国际规则、标准或惯例对拟出口的废物进行包装、标签和运输； 越境转移全过程须随附转移文件；出口废物必须进行环境无害化处理	公约第四条第七和八款
	废物出口通知与执行	我国主管当局书面通知有关国家主管当局拟议出口废物越境转移申请 批准拟议出口废物开始越境转移前，必须得到：进口国和过境国的书面同意；进口国证实出口者与处置者存在废物无害化处理的契约	公约第六条第一、二和三款
	废物再进口	（1）对于遵照公约规定出口的废物，在既定契约未能完成且进口国通知我国和秘书处后90天内（或进口国商定时限内）仍无废物无害化处置替代方案时，我国应确保由出口者将废物运回国内，不应反对、妨碍或阻止其运回 （2）因国内出口者或产生者的行为而致废物越境转移被视为非法运输时，应确保在被告知该情况后的30天内（或与有关国家商定时限），由出口者或产生者或相关部门将有关废物运回国，或按照公约规定另行处置	公约第八条 公约第九条第二款
义务四：控制废物进口	废物进口与过境通知回复	收到其他缔约方关于出口废物的书面通知后，书面答复对方关于废物过境或进口的决定，并将最后答复的副本送交相关缔约方主管当局，其中关于经我国过境的通知应在60天内回复	公约第六条第一、二和三款
义务五：打击非法运输和违反公约的行为	打击非法运输和违反公约的行为 [31]	认定废物的非法运输为犯罪行为，并采取适当的国家/国内法律措施防止和惩办非法运输 采取适当的法律、行政及其他措施，以实施公约的规定，防止和惩办违反公约的行为	公约第四条第三、四款 公约第九条第一、五款
	通报国家对于废物管理的相关规定	在1992年8月5日前，通知秘书处关于公约未涵盖的，但国家立法视为危险废物的废物名单及其适用的相关越境转移程序规定；并将之后的任何重大变更情况通知公约秘书处 通过秘书处告知其他缔约方我国关于禁止废物进出口的规定 将秘书处递送的其他国资料提供给国内出口者	公约第三条
义务六：报告义务	意外信息告知	当获悉废物在越境转移及其处置过程中发生可能危及其他国家人类健康和环境的意外时，应立即通知相关国家	公约第十三条第一款
	送交越境转移材料	某一缔约方认为我国参与的某一废物越境转移活动可能影响其环境且提出将越境转移通知书和答复送交秘书处的请求后，须向秘书处送交相关材料	公约第十三条第四款
	国家报告	12月31日前提交关于前一日历年的国家报告，主要包括机构信息、关于废物越境转移资料、国内废物环境无害化管理情况及相关能力等	公约第十三条第三款

2002 年，公约缔约方大会第六次会议通过的第VI/12 号决定确立了一项重要机制，旨在促进《巴塞尔公约》的履行和遵守。这一机制包括成立了促进履行和遵约机制管理委员会，通常被称为"遵约委员会"。这个委员会的成立旨在监督和推动各缔约方履行公约义务的进展，并促进公约的有效实施。通过这一机制，公约缔约方可以更好地合作，共同应对可能存在的不遵守情况，保障公约的有效性和权威性。

遵约委员会主要通过两种程序启动工作：

（1）一般审查：依职责对遵约和履约一般性问题进行审查。

（2）具体呈文：依职责审查收到的具体呈文，包括缔约方自主提交、缔约方举证关切和秘书处提交三类。

遵约委员会审议呈文后，须与有关缔约方分享结论和建议，供其审议并提供评论，并将审议报告和评论意见提交缔约方大会。对不遵约行为，遵约委员会的处理方式包括两个层次：

（1）首先采取便利程序向缔约方提供咨询意见、无约束性的建议、资料，包括：①建立和/或加强其国内/区域管理体系；②促进援助，包括如何获得财政和技术支持等；③拟订自愿遵约行动计划，并审查其实施情况。

（2）向缔约方大会提交进一步的措施建议，包括：①提供进一步支持，如将技术援助和能力建设以及财务资源的获得列为优先事项；②发出告诫声明并提供进一步咨询意见，帮助缔约方履约并促进缔约方间开展合作。

5.2.2　《巴塞尔公约》的核心制度

《巴塞尔公约》通过之时即明确了三大核心宗旨：①减量化：将危险废物的数量和危险性降至最低；②环境无害化：危险废物及其他废物的就近环境无害化处置；③越境转移控制：按环境无害化管理原则将危险废物及其他废物的越境转移减到最低。在确保废物管理的可持续性和环境保护方面发挥着重要作用。这些原则的实施旨在降低废物数量和危害程度，促进就近环境无害化处置，以及限制废物的越境转移，特别是防止其流向发展中国家。这些措施有助于保护全球环境和人类健康，促进可持续发展的实现[32]。

1. **核心制度Ⅰ：预防危险废物产生和产生量最小化**

序言："铭记着保护人类健康和环境免受这类废物的危害的最有效方法是把其产生的数量和（或）潜在危害程度减至最低限度"，并"意识到国际上日益关注严格控制危险废物和其他废物越境转移的必要性，以及必须尽量减少危险废物和其他废物的产生"[33]。第 4 条和第 14 条则规定了各缔约国应采取措施将国内产生的废物减至最低限度,并建立培训和技术转让中心以促进废物管理和减量化。这些条款体现了公约对于减少废物产生和促进可持续发展的承诺[30]。

2. 核心制度Ⅱ:越境转移控制

《巴塞尔公约》规定了严格的危险废物和其他废物越境转移程序,确保废物在产生国尽可能以环境无害化方式处置[31]。任何国家都有权禁止外国废物进入其领土或在境内处置。危险废物可以向未禁止进口的缔约方出口,但必须遵守公约规定,并取得事先书面同意。各缔约方不得将废物从其领土出口到非缔约方,或从非缔约方进口到其领土。公约还设立事先知情同意(PIC)程序,确保越境转移符合规定[33]。该程序构成《巴塞尔公约》控制体系核心,四个关键阶段:①通知;②同意并签发转移文书;③越境转移;④处置确认。

1)第一阶段:通知

第一阶段(图5-5)旨在要求废物出口者,应将拟进行的危险废物或其他废物之越境转移事项正确通知废物进口者。废物产生者或废物出口者将拟进行的危险废物或其他废物之装运事项通知出口国之主管当局后,该出口国之主管当局应对拒绝或允许该废物出口事项作出决定。在上述运输获得允许之前,废物出口者或废物产生者应与废物处置者签订合同,确保废物之处置以无害环境之方式进行。如果对此项废物出口没有异议,则出口国之主管当局,或者代表出口国主管当局的废物产生者或出口者,应将拟进行的危险废物或其他废物之越境转移事项通知相关国家之主管当局(进口国或过境国),此类通知应以通知文件之方式进行,通知文件应载明《巴塞尔公约》项下附件五-A规定的所有必要信息。

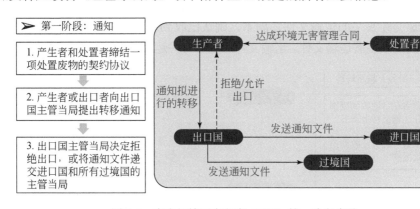

图5-5 事先知情同意程序(PIC)第一阶段步骤

2)第二阶段:同意并签发转移文书

第二阶段(图5-6)旨在确保废物进口者同意拟进行的越境转移事项以及确保

危险废物或其他废物之运输具备有效文件。在收到上述通知文件后，进口国之主管当局应以书面形式向通知人出具批准书（无条件或附条件）或否决书（可以要求通知人进一步澄清）；如果决定批准的，应同时确认通知人具有出口者与处置者之间签署的协议。每个过境国之主管当局应及时确认已收到通知，并可以在收到通知后 60 天内以书面形式向通知人出具允许过境到出口国之批准书（无条件或附条件）或否决书。相关主管当局一旦确认跨境转移事项符合《巴塞尔公约》的所有规定，并同意进行运输，出口国的主管当局即可签发运输文件并授权开始装运。

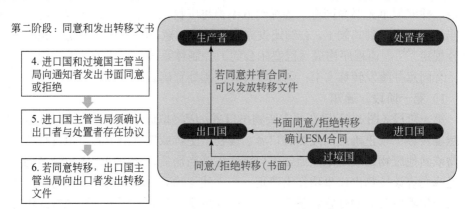

图 5-6　事先知情同意程序（PIC）第二阶段步骤

3）第三阶段：越境转移

第三阶段（图 5-7）是对越境转移自开始之日起至处置者已收到废物之日止所应遵循的各项步骤之说明。处置者应向废物出口者或废物产生者及废物出口国之主管当局递交经签字的运输文件之副本，确认已收到运输文件。负责越境转移的每个当事人均须签署运输文件。运输文件应包含有关运输情况的详细信息（废物之

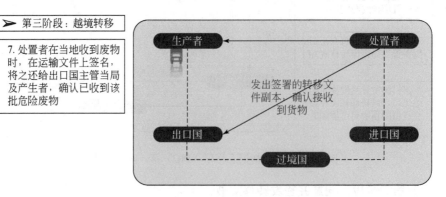

图 5-7　事先知情同意程序（PIC）第三阶段步骤

类型、包装、主管当局之授权书、装运废物之承运人，应通过检验的海关人员，等等），且必须附有越境转移自开始之时起至处置者已收到废物之时止的物流装运信息[34]。

4）第四阶段：处置确认

第四阶段（图 5-8），在《巴塞尔公约》的越境转移程序中，最后一个阶段旨在确保废物的产生者和出口者接收到有关跨境转移废物已按计划、以无害环境方式进行处置的确认书。根据公约规定，一旦废物得到处理，处置者应根据通知文件中列明的合同条款出具确认书。如果出口国的主管当局未收到有关废物处理已完成的确认书，必须通知相关进口国的主管当局[34]。

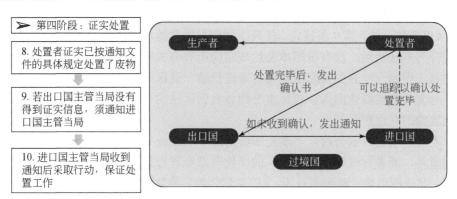

图 5-8　事先知情同意程序（PIC）第四阶段步骤

作为《巴塞尔公约》缔约方之一，我国一直严格按照公约要求履行危险废物出口程序。2007 年，原国家环境保护总局发布了《危险废物出口核准管理办法》，该办法规定了我国境内产生的危险废物应尽量在境内进行无害化处置，以减少出口量，降低危险废物出口转移的环境风险。根据《办法》，禁止向《巴塞尔公约》非缔约方出口危险废物。对于向中华人民共和国境外的《巴塞尔公约》缔约方出口危险废物的情况，必须获得危险废物出口核准[35]。

3. 核心制度Ⅲ：环境无害化管理

根据《巴塞尔公约》第 2 条的规定，危险废物或其他废物的环境无害化管理是指采取一切可行步骤，确保这些废物的管理方式能够保护人类健康和环境，使其免受可能产生的不利后果影响。第 4 条的规定，各缔约方应采取适当措施，确保提供充足的处理设施，对危险废物和其他废物进行环境友好的管理。为此，应该制定适用于公约管辖废物的环境无害化管理技术准则，以促进这些废物的环境友好处理[33]。

5.2.3　《巴塞尔公约》与非法贩运

《巴塞尔公约》作为一项国际协定，致力于控制危险废物和其他废物的跨境转移和处理。公约建立了一系列强制性程序，旨在控制特定废物的出口、过境和进口，其中包括日常物品如电视显示器、塑料绝缘金属电缆、铅酸蓄电池、生活垃圾和待处置的废油等。该公约的首要目标是保护人类健康和环境免受这些废物的生成和管理所带来的危害，尤其是跨境转移造成的影响[32]。在任何危险废物或其他废物离开出口国之前，需要通知并取得相关国家以及所有过境国家的同意。此外，在批准出口之前，必须确保出口方和处置方之间有合同关系，明确规定了对废物进行环境友好处理的责任。

《巴塞尔公约》第9条规定，任何下列情况的危险废物或其他废物的越境转移均应视为非法贩运：没有按照本公约规定向所有有关国家发出通知；没有按照本公约规定得到一个有关国家的同愿；通过伪造、谎报或欺诈而取得有关国家的同愿；与文件有实质性出入；违反本公约以及国际法的一般原则，造成危险废物或其他废物的有意弃置。

不符合《巴塞尔公约》"事先知情同意"（prior informed consent，PIC）规定的货运，或者导致违反《公约》的废物有意弃置行为（例如倾倒）的货运是非法的。非法贩运是一种犯罪行为。《巴塞尔公约》是为数很少的将被禁活动界定为犯罪行为的环境条约之一。非法贩运被视为缔约方承诺加以制止并惩处的犯罪行为，这一事实彰显了国际社会对危险废物和其他废物进行环境无害化管理的决心。并不是所有人都认可《巴塞尔公约》表达的全球共同宏愿。有人找到很多颇具创造性的方式去规避该公约的规定，比如越境走私、贿赂、欺诈和虚假申报。正如许多其他犯罪行为一样，贪婪往往是非法贩运的驱动力。

危险性废物如处理不当，可以给人类健康和环境带来骇人听闻的后果。例如，二噁英是焚化过程和诸如纸浆漂白等制造工序的有害副产品。已知持续接触二噁英短期内可导致皮肤损伤和肝功能改变，长期则导致免疫系统受损，甚至癌症。不当处置危险废物所带来的潜在后果的另一个残酷例子是工人受雇切割电线，剥取贵重的铜，以供重新使用。铜一经取出，塑料外层即被焚毁，向环境释放出聚氯乙烯和溴化阻燃剂。这一过程将工人们置于罹患呼吸道和皮肤疾病、眼部感染和癌症的风险之中。非法装运的危险废物常常被轻率地倾倒入河流、村庄和海洋之中。除了给人类健康造成的不利影响之外，我们的土地、空气和水体所遭受的污染可以对环境造成无法弥补的破坏。

制止危险废物的非法贩运将确保只有那些有意愿而且有能力以无害于环境的方式处置废物的人们才可能收到废物。制止非法贩运将改善人类健康，特别是贫困人口的健康状况，且将最终导致弱势群体生活质量的整体改善。此外，它将保护我们的环境免于因管控不当的危险废物和其他废物弃置行为而可能出现进一步退化。防止非法贩运所带来的不良后果还将帮助各国以对环境损害有限的方式发展，使人们得以继续长期享受环境及其提供的资源。这将使我们向千年发展目标的实现迈近一步，尤其是减贫、降低儿童死亡率、改善孕产妇健康和确保环境可持续性等目标。

管理非法贩运的措施包括国家层面、区域层面、国际层面，具体如下：

1）国家层面

采用一个适当的法律框架贯彻实施《巴塞尔公约》，其中包括制止和惩处非法贩运的各项措施。该法律框架将阐明相关程序，以及处理非法贩运问题的各个部门各自的权利和义务；提高所有利益相关方对《巴塞尔公约》针对非法贩运问题的各项规定以及国家法律框架的认识——法律和政策制定者、司法部门、环境当局、执法部门、港口当局、航运行业、废物生成方、废物处置方；确保拥有尽可能位于本国境内的适当的处置设施，以便对危险废物和其他废物进行无害于环境的管理；培训执法人员（海关、港口当局、海岸警卫队、环境部门、警察），建设其能力，以更好地制止、发现、查获和处理非法贩运案件；像重视进口一样地重视出口，并提供激励措施，鼓励执法部门制止和处理危险废物和其他废物的非法贩运案件；增进在国家层面处理实施、遵约和强制执行问题的各部门之间的合作，尤其是《巴塞尔公约》主管当局与执法部门之间的合作；对非法贩运案件进行调查、检控和惩处。

2）区域层面

同一区域内各个国家间进行有效的信息交流和加强合作，特别是共享边境口岸或水上航道的国家，确保所有国家均能获悉区域内可能为非法的废物转移活动，从而减少"在一个又一个港口之间跳港"的企图；分享同一区域内的最佳做法还有助于增强各国处理这一问题的能力。

3）国际层面

从供需两方的角度更好地理解和解决这一现象的社会和经济驱动力，以及非法活动为何、何处、何时得以进入全球废物链；发展中国家和经济转型国家通过对环境无害的方式管理危险废物和其他废物；建设各国尤其是发展中国家和经济转型国家有效制止和处理非法贩运活动的能力[33]。这一点可以通过工具和信息资料的开发来实现，亦可以通过进行培训来实现——比如通过"绿色海关倡议"以及秘书处和《巴塞尔公约》各中心的项目；加强活跃在非法贩运领域的各机构和网络之间的合作；阐明各项适用程序，并增进受某一非法贩运案件影响的缔约方之间的合作。例如，一旦某批非法装运的货物被出口方收回，各相关国家可以对该装运货物实行联合监控，以确保它能运抵出口方，并遵照《巴塞尔公约》得到处置；提高人们对非法贩运给人类健康和环境带来的影响的认识。

《巴塞尔公约》的核心原则可概括为"前期许可、后期责任"。在前期许可方面，任何国家在出口危险废物之前，必须获得进口国的书面同意并取得许可证，该许可证需详细说明危险废物的类型、数量以及目的地。在后期责任方面，如果出口者未按照公约的要求获得上述同意和许可，或出口的废物类型、数量和目的地与许可证不符，则出口者有义务将废物运回，并承担所有相关费用，包括运输费用、清理费用和赔偿费用。《巴塞尔公约》生效后，各国在公约核心宗旨的指导下，结合实际操作不断完善和补充公约及国内相关法律。经过数年努力，公约文本中的"附件"已增加至九个，各国在争论、交流和博弈中深化了对公约的理解，并达成了一些共识。然而，自公约生效以来，最令人担忧的问题并非如何规范需要最终处置的废物，而是如何管理用于回收的危险材料的国际贸易。因为这些可回收物在国际市场上具有巨大的贸易价值，发达国家往往将其运往需要原材料的发展中国家。反对公约的国家认为，如果允许出口商将危险废物转移到发展中国家进行处理，他们可能会有更大的动力帮助发展中国家提高技术水平和无害环境的管理能力。富裕的经济合作与发展组织（OECD）国家在寻求更便宜的危险废物处理方案上拥有强大的财务激励，因此自然倾向于寻找更便宜的海外处理替代方案。然而，绿色和平组织对约 50 个非经合组织国家的回收企业进行的调查表明，许多情况下回收并未得到认真对待，废物往往在收到处理费用后被简单倾倒或焚烧。因此，为了确保危险废物无法流入发展中国家，唯一的有效方式可能是完全禁止这些基于经济利益的出口[3]。

《巴塞尔公约》框架内提交的国家报告显示，全世界每年产生近 1.8 亿吨的危险废物和生活垃圾。基于送达《巴塞尔公约》秘书处的 2006 年度国家报告，这些废物之中每年至少有 900 万吨从一个国家转移到另一个国家，且此类废物可能会被接收方视为一种颇受欢迎的生意来源。这样算来，约 1.7 亿吨的危险废物和生活垃圾想必在本国境内以无害于环境的方式得到了处置。但实际情况果真如此吗？许多国家怨声连连，声称它们收到自己从未应允接收，或者无法妥当处置的运载货物。从巴西到新加坡，从比利时到加纳，从加拿大到俄罗斯，要想找到一个从未遭受非法垃圾贩运案件之苦的国家，很可能会颇费周章。

鉴于《巴塞尔公约》对公众健康和保护环境的重要意义，迄今全球已有 187 个国家成为缔约国，只有美国和海地等 9 国未加入。作为最大的发达国家和危废生产大国，美国未加入该公约，多年来受到大量批评。对此，美国化学会出版的《环境科学与技术》杂志 2000 年 7 月刊文释疑，该文称美国每年给予公约秘书处以财政支持，也做了不少相关工作。但要批准该公约，必须对现有的《资源保护和回收法》（RCRA）予以修改，涉及冗长的政治程序[8]。此外，公约和现行美国法律的另一个不同之处是关于"一定场合下要运回废物"条款，在美国法律体系里，美国环保署无权命令一家公司从国外把废物运回美国处置或再利用[8]。

5.2.4　《巴塞尔公约》与越境转移

危险废物越境转移是指危险废物或其他废物从一国的国家管辖地区移至或通过另一国的国家管辖地区的任何转移，或移至或通过不是任何国家的国家管辖地区的任何转移，但该转移须涉及至少两个国家[31]。这种转移可能对人类健康和环境造成严重的危害，因此受到国际法律的严格管控，其中包括《巴塞尔公约》的相关规定。越境转移包括以下情况：危险废物或其他废物从一个国家的国家管辖范围内的某一区域转移到或经由另一个国家的国家管辖范围内的某个区域，或者转移到不属于任何一国的国家管辖范围之外的某个区域[36]。这意味着至少涉及两个国家的转移行为，无论是直接的转移还是通过第三国间接转移[30]。

各缔约国均有义务采取适当措施，确保只有在满足以下三个条件之一时（第4条第9款），方可进行危险废物和其他废物的越境转移：①出口国不具备能够以"无害环境方式"对有关废物进行处置的技术能力以及必要设施、设备能力或适当的处置场所；②进口国需要有关废物作为再循环或回收工业的原材料；③所涉越境转移应符合缔约国之间所确定的其他标准（一般说来，上述标准是经由缔约国大会决议之方式表决通过的）[30]。

《巴塞尔公约》规定，在任何情况下，均应遵守关于危险废物和其他废物的"无害环境管理"（Environmental Sound Management，ESM）之标准。ESM 是指采取一切可行措施，从而确保危险废物和其他废物能够以保护人类健康和环境之方式对其进行管理，免受此类废物可能带来的有害影响（第2条第8款）[33]。除了上述条件之外，《巴塞尔公约》还在其条款中规定了各缔约国有权限制越境转移以及各缔约国必须限制越境转移的四种情况：

（1）各缔约国有权完全或部分禁止危险废物或其他废物进口到其管辖范围内进行处置（第4条第1款）；如果某一缔约国限制或禁止危险废物或其他废物的进口，其他缔约国必须尊重该限制或禁止决定（第4条第2款）[30]。

（2）当某一缔约国有理由认为此类废物未能以"无害环境方式"进行管理时，不得允许出口到某个国家［第4条第2款第（7）项］。各缔约国有权决定限制或者禁止将危险废物或其他废物出口到其他缔约国［第13条第2款（4）项］。

（3）严禁各缔约国将属于《巴塞尔公约》规定的废物运输至南纬 60°以南的区域范围内，亦即南极区域范围内进行处置（第4条第6款）。除非签订了规定适用"无害环境管理"要求之有关越境转移之协议或协定，否则不得与非缔约国进行越境转移（第 4 条第 5 款以及第 11 条第 1 款）。

（4）越境转移可以经由《巴塞尔公约》之非缔约国进行，但废物产生者、出口者或出口国必须向任何有关越境转移之过境国的主管当局发出通知（第 7 条）。此外，《巴塞尔公约》还规定，只有得到授权或许可其运输废物或处置废物的人，方可从事上述运作；且规定涉及越境转移的危险废物和其他废物须按照有关包装、标签和运输方面普遍接受和承认的国际规则和标准进行包装、标签和运输［第 4 条第 7 款第（1）和（2）项］[33]。

5.2.5　《巴塞尔公约》的履约机制

1. 遵约委员会

遵约委员会是受托管理该机制的行政机构。它由 15 名成员组成，由公约缔约方根据联合国五个区域组（非洲国家、亚洲和太平洋国家、中东欧国家、拉丁美洲和加勒比国家以及西欧和其他集团）的公平地域代表原则提名。委员会成员由作为公约管理机构的缔约方大会选举产生。委员会成员应具备科学、技术、社会经济和/或法律领域的专门知识，客观地服务于公约的最高利益。主席团成员：一名主席、三名副主席和一名报告员——由委员会选举产生。委员会应至少在缔约方大会闭会期间举行一次会议。它在协商一致的基础上就所有实质性事务开展工作。如果无法以协商一致方式达成协议，会议报告和委员会的建议将反映委员会所有成员的意见。作为最后手段，委员会还可以以出席并参加表决的成员的三分之二多数或由八名成员通过决定，以人数较多者为准。委员会负有双重职责：①处理涉及个别缔约方遵约的具体呈文（第 9 段）；②审议履约和遵约的一般性问题（第 21 段）。取决于委员会是根据其具体呈文还是根据一般审议任务采取行动，决定其如何启动工作，遵循的程序以及工作的可能结果。

委员会在收到有效呈文后可协助缔约方解决履约或遵约中遇到的困难，初步评估后，可采取便利程序，并根据便利程序结果编制报告提交给缔约方大会。具体流程如图 5-9 所示。

缔约方大会决定委员会对那些遵约和履约的一般性问题进行审议。委员会将审议以下方面的问题，具体包括：①确保对危险和其他废物实行无害环境管理和处置；②对海关和其他人员进行培训；③特别是发展中国家获得技术和资政支持，如技术转移和能力建设；④确定和制定包括调查，抽检和检测在内的稽查和消除非法贩运的方法；⑤监测、评估和便利《巴塞尔公约》第 13 条规定的汇报义务；⑥履行和遵守公约规定的义务。

委员会根据缔约方大会赋予的任务授权，着手审议履约和遵约的一般性问题

（第21段）。多年来，形成了一套做法，即委员会向缔约方大会提出工作方案草案，供其审议和酌情通过。一旦获得通过，委员会将在资源允许的情况下开展委托给它的活动。以下流程图概述了审议履约和遵约一般性问题的程序（图5-10）。

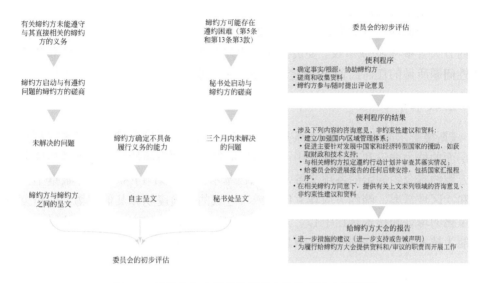

图5-9 委员会初步评估及委员会协助缔约方的流程

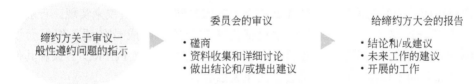

图5-10 委员会审议一般性问题的流程

多年来，委员会审议了缔约方履约和遵约的义务中存在的困难：①指定一个联系人以及一个或若干主管当局（第5条）；②递送国家年度报告（第13条第3款）；③充分立法执行《巴塞尔公约》（第4条第4款和第9条第5款）；④防范和打击非法贩运（第9条）；⑤管控危险废物和其他废物越境转移（第6条）。已开展的活动包括：①审议缔约方履行具体义务的困难；②确定解决这些困难的方法；③审议当前指导文件或制定新的指导文件；④ 向缔约方大会提出改善《公约》履约和遵约可采取的其他措施的建议。

委员会制定并由缔约方大会批准的指导文件有：①关于制定执行《巴塞尔公约》的国家法律框架指南（2019年）；②基准报告，旨在促进《巴塞尔公约》第13条第3款规定的报告——缔约方良好做法的实例（2019年）；③修订的改进国家报告的指南（2019 年）；④关于落实《巴塞尔公约》有关非法贩运规定的指南（第 9 条第 2、3 和 4 款）（2017 年）；⑤关于根据《巴塞尔公约》建立危险废物和其他废物名录的方法导则（2015 年）；⑥控制系统指南（2015 年）；⑦执行《巴塞尔公约》指南（2015 年）。

委员会向缔约方大会每次例会报告其为履行具体呈文所涉职责开展的工作，缔约方大会参考和/或审议。委员会向缔约方大会每次例会报告其就履约和遵约一般性问题所做的任何结论和/或建议以及有关未来任何工作的想法。

2. 技术中心

《斯德哥尔摩公约》第 12 条规定：缔约方应提供履约安排，包括区域和次区域层面的能力建设和技术转让中心，以协助发展中国家缔约方和经济转型国家缔约方履约本公约规定的各项义务[37]。《巴塞尔公约》第 14 条规定：根据不同区域和次区域需要，缔约方应建立区域或次区域的危险废物和其他废物管理和废物减量化的培训和技术转让中心[10]。2002 年，第六次缔约方大会确立的区域中心职能为技术转让、培训、提供信息、宣传、咨询服务[38]。

3. 会议机制

缔约方大会（Conference of the Parties，COP）是公约的主管机构，由各缔约方政府组成。公约的发展都需依靠在大会上各国共同通过的决议来实现。一般每两年召开一次缔约方大会。此外还包括巴塞尔公约不限成员名额工作组会议（OWEG）、鹿特丹化学品审查委员会会议、斯德哥尔摩公约 POPRC 会议和其他会议（如会间工作组、遵约委员会、伙伴关系等）。

全体会议（每天 10：00～13：00，15：00～18：00）由六种联合国官方语言同传，是各代表团谈判和表决的场合。参会谈判流程见图 5-11。

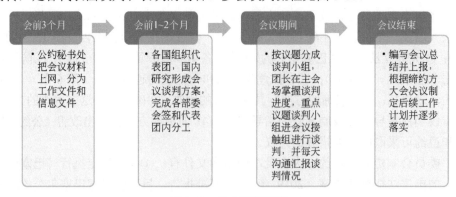

图 5-11 参会谈判流程

5.3 《巴塞尔公约》管控的主要物质

5.3.1 《巴塞尔公约》管控的废物种类

《巴塞尔公约》中废物的定义为：处置或打算予以处置抑或按照国家法律规定必须加以处置的物质或物品[33]。公约通过第 1 条和 5 个附件（附件一、二、三、八和九）确定了所管辖废物的范围，主要分为两大类：危险废物和其他废物（表 5-3 至表 5-5）。

表 5-3 附件一应加控制的废物类别

Y1	从医院、医疗中心和诊所医疗服务中产生的临床废物	Y16	从摄影化学品和加工材料的生产、配制和使用中产生的废物
Y2	从药品的生产和制作中产生的废物	Y17	从金属和塑料表面处理产生的废物
Y3	废药物和废药品	Y18	从工业废物处置作业产生的残余物
Y4	从生物杀伤剂和植物药物的生产、配制和使用中产生的废物	Y19	金属羰基化合物
		Y20	铍；铍化合物
Y5	从木材防腐化学品的制作、配制和使用中产生的废物	Y21	六价铬化合物
Y6	从有机溶剂的生产、配制和使用中产生的废物	Y22	铜化合物
Y7	从含有氰化物的热处理和退火作业中产生的废物	Y23	锌化合物
Y8	不适合原来用途的废矿物油	Y24	砷；砷化合物
Y9	废油/水、烃/水混合物乳化液	Y25	硒；硒化合物
Y10	含有或沾染多氯联苯（PCBs）和（或）多氯三联苯（PCTs）和（或）多溴联苯（PBBS）的废物质和废物品	Y26	镉；镉化合物
		Y27	锑；锑化合物
Y11	从精炼、蒸馏和任何热解处理中产生的废焦油状残留物	Y28	碲；碲化合物
Y12	从油墨、染料、颜料、油漆、真漆、罩光漆的生产、配制和使用中产生的废物	Y29	汞；汞化合物
		Y30	铊；铊化合物
Y13	从树脂、胶乳、增塑剂、胶水/胶合剂的生产、配制和使用中产生的废物	Y31	铅；铅化合物
		Y32	无机氟化合物（不包括氟化钙）
Y14	从研究和发展或教学活动中产生的尚未鉴定的和（或）新的并且对人类和（或）环境的影响未明的化学废物	Y33	无机氰化合物
		Y34	酸溶液或固态酸
Y15	其他立法未加管制的爆炸性废物	Y35	碱溶液或固态碱

续表

Y36	石棉（尘和纤维）	Y41	卤化有机溶剂
		Y42	有机溶剂（不包括卤化溶剂）
Y37	有机磷化合物	Y43	任何多氯苯并呋喃同系物
Y38	有机氰化物	Y44	任何多氯苯并二噁英同系物
Y39	酚；酚化合物包括氯酚类	Y45	有机卤化合物（不包括其他在本附件内提到的物质，例如，Y39、Y41、Y42、Y43、Y44）
Y40	醚类		

表 5-4　附件二须加特别考虑的废物类别

Y46	从住家收集的废物
Y47	从焚化住家废物产生的残余物
Y48	塑料废物，包括塑料废物混合物，但以下情况除外： ·根据第 1 条第 1（a）款规定属于危险废物的塑料废物 ·下列塑料废物，条件是将以环境无害化方式进行回收，且几乎未受污染并不含有其他种类废物： -几乎完全由一种非卤化聚合物组成的塑料废物，包括但不限于以下聚合物： 　·聚乙烯（PE） 　·聚丙烯（PP） 　·聚苯乙烯（PS） 　·丙烯腈-丁二烯-苯乙烯共聚物（ABS） 　·聚对苯二甲酸乙二醇酯（PET） 　·聚碳酸酯（PC） 　·聚醚 -几乎完全由一种固化树脂或缩合物组成的塑料废物，包括但不限于以下树脂： 　·脲醛树脂 　·酚醛树脂 　·三聚氰胺甲醛树脂 　·环氧树脂 　·醇酸树脂 -几乎完全由以下一种含氟聚合物组成的塑料废物： 　·全氟乙烯丙烯共聚物（FEP） 　·全氟烷氧基链烷烃： 　·四氟乙烯-全氟烷基乙烯基醚共聚物（PFA） 　·四氟乙烯-全氟甲基乙烯基醚共聚物（MFA） 　·聚氟乙烯（PVF） 　·聚偏二氟乙烯（PVDF） 　·由聚乙烯（PE）、聚丙烯（PP）和/或聚对苯二甲酸乙二醇酯（PET）组成的塑料废物混合物，条件是其将以环境无害化方式单独回收每种材料，且几乎未受污染并不含有其他种类废物

表 5-5　附件三危险特性清单[40]

编号	特性	编号	特性
H1	爆炸物	H6.1	毒性（急性）
H3	易燃液体	H6.2	传染性物质
H4.1	易燃固体	H8	腐蚀
H4.2	易于自燃的物质或废物	H10	同空气或水接触后释放有毒气体
H4.3	同水接触后产生易燃气体的物质或废物	H11	毒性（延迟或慢性）
H5.1	氧化	H12	生态毒性
H5.2	有机过氧化物	H13	经处置后能以任何方式产生上列任何特性的另一种物质

　　附件一列举了 45 类废物，其中包括废矿物油、石棉、医疗废物等。不论这些废物是否包括在附件一中，也不论它们是否具有附件三所列的危险特性，只要是出口、进口或过境的缔约方国家内部立法确定为危险废物的废物，都应被视为危险废物。附件八对公约管辖的危险废物进行了进一步的细化。例如，附件八将附件一中列出的第 29 类 "汞和汞化物" 废物细分为两类：一类是由汞合金构成的废物，另一类是含有汞或被汞污染的废物[39]。

　　公约附件八和附件九的进一步分类细化了公约管辖废物的范围。附件八列出了危险废物清单，而附件九则包含不受公约管控的废物清单。在公约管辖范围内的 "其他废物" 是指附件二中列出的 "从住家收集的废物" 和 "从焚烧住家收集废物产生的残余物"[37]。在第 14 次缔约方大会（COP14）中，对附件二和附件九进行了修订，将部分塑料废物从附件九调整到附件二，并纳入公约的管辖范围中。第 16 次缔约方大会（COP16）再次修订了附件，将电子废物列入附件二和附件八，使其都受到公约的管控。公约第 1 条还规定了排除条款，将具有放射性的废物和船舶正常作业产生的废物排除在公约管辖范围之外[39]。

　　此外，为便于公约执行，附件四（处置作业）包括 A 和 B 两节，列出了两类处置作业方式的清单，其中 A 节为最终处置作业方式，包括填埋、焚烧等 15 种方式；B 节为可能导致资源回收利用和直接再利用等的处置作业方式，包括金属再生、溶剂再生等 13 种方式[33]。

　　附件八名录 A 中所列废物根据公约第 1 条（a）款被确定具有危险性，将其列入附件八并不意味着不可以采用附件三来表明废物不具有危险性。其中 A1 为金属和含有金属的废物（A1010～A1180），A2 主要包含无机成分，也许包含金属和有机材料的废物（A2010～A2060），A3 主要包含有机成分，也许包含金属和无机材料的废物（A3010～A3190），A4 包含或者无机或者有机成分的废物（A4010～A4160）。包括在附件九名录 B 中的废物不是公约第 1 条（a）款所涵盖的废物，除非废物中附件一物质的含量高到使其展现出附件三的特性[37]。其中 B1 为金属和含有金属的废物（B1010～B1240）B2 主要包含无机成分，也许包含金属和有机材料的废物（B2010～A2120），B3 主要包含有机成分，也许包含金属和无机材料的废物（B3010～B3140），B4 包含或者无机或者有机成分的废物（B4010～B4030）[41]。

5.3.2 《巴塞尔公约》管控的含汞废物

《巴塞尔公约》附件一和附件八中列出了公约管控下的含汞废物，具体如表5-6 所示。

表 5-6 《巴塞尔公约》附件一和附件八中载列的汞废物[41]

	直接提及汞的条目		与可能含汞或受汞污染的废物相关的其他条目
Y29	具有以下成分的废物：汞；汞化合物	A1170	混杂废电池，但不包括名录 B 所列电池的混合体。名录 B 未明列但含有附件一成分 而使其具有危险性的废电池
		A2030	废催化剂，但不包括名录 B 所列废物
A1010	金属废物和由以下任何物质的合金构成的废物： -汞；但不包括名录 B 明确列出的废物	A2060	煤发电厂产生其附件一成分含量使具有附件三危险特性的粉煤灰（注意名录 B 的有关条目 B2050）
		A3170	生产卤化链烃（如甲基氯、二氯乙烷、氯乙烯、亚乙烯基氯、烯丙基氯和表氯醇）产生的废物
		A4010	从药品的生产和制作中产生的废物， 但不包括名录 B 所列废物
A1030	其成分或污染体为以下任何物质的废物： -汞；汞化合物	A4020	临床废物和有关废物；即医疗、护理、兽医或类似活动产生的废物和医院或其他设施在检查和医治过程中产生的废物或研究设施产生的废物
		A4030	从生物杀伤剂和植物药物的生产、配制和使用中产生的废物，包括不合格、过期或不适用于原定用途的杀虫剂和除草剂
A1180	具有以下特点的废弃电气和电子组件或废料：含蓄电池和清单 A 中列出的其他电池、汞开关、阴极射线管玻璃及其他活性玻璃，以及多氯联苯电容器等部件；或因受到附件一所列成分（如镉、汞、铅、多氯联苯）污染而具备了附件三所列的任一特点（请注意名录 B 中的相关条目 B1110）	A4080	具有爆炸性的废物 （但不包括名录 B 所列此类废物）
		A4100	用于清除工业废气的工业污染控制设施产生的废物，但不包括名录 B 所列此类废物
		A4140	成分为或含有相当于附件一类别的并具有附件三危险特性的不合格或过期化品的废物
		A4160	名录 B 未列入的用过的放射性碳 （注意名录 B 的有关条目 B2060）

2013 年巴塞尔公约第十一次缔约国大会通过了危险废物和其他废物环境无害管理框架。该框架就环境无害化管理涵盖的内容达成了共识，并确认了支持和促进实施环境无害化管理的工具和战略。该框架旨在为各国政府和参与危险废物和其他废物管理工作的其他利益攸关方提供实践指导，并构成迄今为止最全面的环境无害管理指南，为巴塞尔公约下通过的各项技术准则提供补充。

2015 年 5 月，巴塞尔公约第十二次缔约方大会通过了基于 UNEP/CHW.12/5/Add.8/Rev.1 文件中含有的技术准则草案制定的关于由汞或汞化合物构成、含有此类物质或受其污染的废物实行环境无害化管理的技术准则的第 BC-12/4 号决定[42]。准则旨在针对汞废物的范畴，更精确地提供环境无害化管理的定义，包括定义适当处理和处置汞废物流的环境无害管理方法（表 5-7）。

表 5-7　汞废物的来源、类别和示例

来源	类别	废物类型示例	评论意见
1. 提取和使用燃料/能源来源			
1.1. 发电站燃煤			
1.2. 其他燃煤			
1.3. 矿物油的提取、精炼和使用	C	烟道气清理残留物（飞灰、颗粒物、废水/污泥等）	在底灰和烟道气清理残留物中的积累
1.4. 天然气的开采、精炼和使用			
1.5. 其他化石燃料的开采和使用			
1.6. 以生物质为燃料的发电和供热			
2. 初级（原生）金属生产			
2.1. 汞的初级提取和加工	C	熔渣	末矿石的火冶处理
2.2. 金属（铝、铜、金铅、锰、汞、锌、初级黑色金属、其他有色金属）的开采和初级加工	C	尾矿、开采加工残留物、烟道气清理残留物、废水处理残留物	·工业工艺 ·矿石的热处理 ·汞齐化
3. 杂质汞的生产工艺			
3.1. 水泥生产	C	加工残留物、烟道气清理残留物、污泥	原材料和燃料的高温冶金处理，同时产生杂质汞
3.2. 纸浆和纸张生产	C	加工残留物、烟道气清理残留物、污泥	原材料和燃料的煅烧，同时产生杂质汞
3.3. 石灰生产轻质结块窑	C	加工残留物、烟道气清理残留物、污泥	原材料和燃料的煅烧，同时产生杂质汞
4. 工艺生产中汞的有意使用			
4.1.采用汞技术的氯碱生产	A/C	受汞污染的固体废物、废电极、加工残留物、土壤	·汞电池 ·汞回收单元（蒸馏）
4.2.乙醇化物（如甲醇钠、甲醇钾、乙醇钠或乙醇钾）、连二硫酸酯和超纯氢氧化钾溶液的生产	A/C	受汞污染的固体废物、废电极、加工残留物、土壤	·汞电池 ·汞回收单元（蒸馏）

续表

来源	类别	废物类型示例	评论意见
4.3.以氯化汞（$HgCl_2$）作催化剂的氯乙烯单体生产	A/C	加工残留物、废催化剂	汞催化剂加工
4.4.以硫酸（$HgSO_4$）作催化剂的乙醛生产	A/C	废水、废催化剂	汞催化剂加工
4.5.采用汞化合物和/或催化剂的其他化学品及药物的生产	A/C	加工残留物、废水、废催化剂	汞催化剂加工
5.有意使用汞的产品和应用			
5.1.含汞的温度计及其他测量仪器			
5.2.含汞的电气和电子开关、接触器和继电器	B1	使用过的、废旧的或破损的产品	汞
5.3.汞光源			·气态汞 ·磷光粉吸附的二价汞
5.4.含汞电池	B2		汞、氧化汞
5.5.抗微生物剂和杀虫剂	B1	库存的过期的杀虫剂、受汞污染的土壤和固体废物	汞化合物（主要氯化乙基汞）
5.6.涂料	B1	库存的过期的涂料、受汞污染的固体废物、废水处理残留物	醋酸苯汞及类似的汞化合物
5.7.人用和牲畜用的药物	B1	库存的过期药物、医疗废物	·硫柳汞 ·汞化氯 ·硝酸苯汞 ·汞溴红等
5.8.化妆品和相关产品	B2	库存的化妆品和相关产品	·碘化汞 ·白降汞等
5.9.牙科汞合金补牙剂	B2/C	库存牙科汞合金、废水处理残留物	汞、银、铜及锡的合金
5.10.血压计和测压表	B1	使用过的、废旧的或破损的产品	汞
5.11.实验室化学品和设备	A/B1/B2/C	库存的实验室化学品和设备、废水处理残留物、实验室废物	·汞 ·氯化汞
5.12.聚氨酯弹性体金业来源的松质金/金生产	B2/C	有缺陷的和超量的产品废物、使用过的或报废的产品	含有汞化合物的弹性体废物
5.13.手工和小规模开采	C	烟道气残留物、废水处理残留物	·金的热处理 ·工业工艺
5.14.汞金属在宗教仪式和民俗中的使用	A/C	固体废物、废水处理残留物	汞

续表

来源	类别	废物类型示例	评论意见
5.15.其他产品用途、汞金属用途及其他来源	B1/B2/C	库存、废水处理残留物、固体废物	·采用汞的红外探测半导体 ·探针和坎特尔式管
6. 二级金属生产			
6.1. 回收汞	A/C	回收过程中的漏溢物、开采加工残留物、烟道气清理残留物、废水处理残留物	·拆解氯碱设施 ·从天然气管道所用汞电度表中回收 ·从血压计、温度计及其他设备中回收
6.2. 回收黑色金属	C		·切碎 ·熔化含汞材料
6.3. 从电子废物（印刷电路板）中回收金	A/C		·汞 ·热加工
6.4. 回收其他金属，如铜和铝	C		其他添加汞的材料或产品/组成部分
7. 废物焚烧			
7.1. 城市固体废物的焚烧			
7.2. 危险废物的焚烧	C	烟道气清理残留物、废水处理残留物	
7.3. 医疗废物的焚烧			
7.4. 水处理污泥的焚烧			
8. 废物堆放/填埋和废水处理			
8.1. 受控的填埋场/堆放场			
8.2. 部分受控的分散堆放			
8.3. 工业生产废物的不受控本地处置	C	废水、废水处理残留物、受汞污染的固体废物	
8.4. 一般废物的不受控倾倒			
8.5. 废水系统/处理		废水处理残留物、泥浆	
9. 火化和殡葬			
9.1. 火化	C	烟道气清理残留物、废水处理残留物	
9.2. 殡葬		受汞污染的土壤	

　　在公约要求的背景下，各国也分别制定了本国的汞废物管控阈值，具体如表5-8所示。

表 5-8 各国汞废物阈值

国家	总含量阈值	浸出阈值	其他
欧盟	17 mg-Hg/kg（干） （西班牙国际海洋战略委员会确定无危险沉积物的阈值）	0.2 mg-Hg/kg（L/S=10 L/kg） （确定是否可以在垃圾填埋场接受惰性或非危险废物的阈值） 2 mg-Hg/kg（L/S=10 L/kg） （确定是否可以在垃圾填埋场接收危险废物的门槛）	
瑞士	0.01 mg-Hg/L（液体废物） 5 mg-Hg/kg（液体废物以外的废物） （确定它们是否为危险废物的阈值）	无	
挪威	0.1%（确定是否为危险废物的阈值）		
美国		0.2 mg-Hg/L（是否为危险废物的阈值） 0.025 mg-Hg/L（是否可以填埋的阈值）	美国危险废物法规还明确将过量的元素汞分类为危险废物
日本	15 mg-Hg/kg （确定在日本是否被认定为汞废物的阈值） 液体废物为 0.05 mg-Hg/L （确定它们是否为危险废物的阈值）	0.005 mg-Hg/L （确定它们是否为危险废物且可以填埋的阈值）	存在另一个阈值（如含汞量的0.1%），这是受《巴塞尔公约》规定的贸易限制的废物和含汞的可回收材料的共同阈值。特定的添加汞的产品被指定为需要特殊处理/处理的添加汞的产品的工业废物
中国	碘化汞，硫氰酸汞，氯化汞，氰化汞和溴化汞 0.1% （危险废物鉴别标准毒性物质含量鉴别）	甲基汞：0.01 μg-Hg/L 乙基汞：0.02 μg-Hg/L 总汞：0.1 mg-Hg/L 垃圾填埋处理的阈值为 0.05 mg-Hg/L （危险废物鉴别标准浸出毒性鉴别）	
泰国	20 mg-Hg/kg （确定是否为危险废物的阈值）	0.2 mg-Hg/L （确定是否为危险废物的阈值）	
韩国		0.005 mg-Hg/L （确定是否为危险废物的阈值）	回收汞后回收处理过的添加汞的产品，如果汞含量低于 0.005 mg/L，则通过浸出试验将残留物弃置于垃圾填埋场

其中日本汞废物管理立法和监管框架（图 5-12）包括：①《废物管理和公共清洁法案》（2015 年修订），"受特殊管制的废弃物"，需按照特殊标准在各地方行

政区许可下进行受理。包括由汞或汞化合物构成的废弃物和渗滤液含量＞0.005 mg/L 的被汞或汞化合物污染的工业废物；②《防止汞污染环境法》，如果含量为至少 1000 mg/kg 的汞废物作为商品进行交易，将其分类为"含汞的可回收资源"且必须对其进行环境无害化管理；③《指定危险废物及其他废物的进出口及其他管理法》，主要涉及汞废物的进出口管理办法；④《汞废物管理技术导则》是针对汞废物的管理制度，于 2017 年发布。该导则对汞废物的收集、运输、储存和最终处置等环节都做出了严格的规定，旨在规范和保护环境[43]。

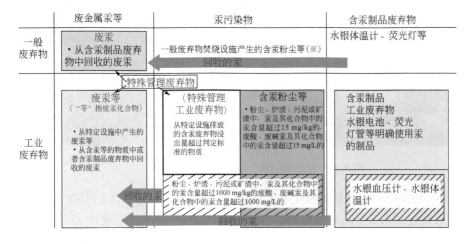

图 5-12　日本汞废物分类

在日本，汞废物的最终处置包括一般工业废物填埋和有害工业废物填埋，其中工业废物填埋需保证废物采用提纯-硫化-固化稳定化的处理方式以达到汞浸出浓度符合要求，对雨水渗透采取防护措施，且有害工业废物还需要进行隔离填埋。具体的汞废物管理措施如表 5-9。

表 5-9　日本汞废物管理措施

项目		废物类别	责任主体
废物	一般废弃物	家庭源生活垃圾	市政
		特别管理废弃物（类似我国的社会源危险废物）	
	工业废弃物	法律规定的 20 种工业生产产生的废弃物	企业
		特别管理工业废物（相当于我国工业源危险废物）	

在蒙古国，由于含汞废物收集和处置能力不足，含汞废物与其他废物一起倒入市政垃圾填埋场和垃圾场（图 5-13）。

图 5-13　与生活垃圾一起填埋的含汞废物

经统计，2014 年待处置的过期化学药品（Hg, HgO, $HgCl_2$, $Hg(NO_3)_2$）共有 230 kg，暂存的汞废物包括汞 239 kg，汞盐 18.26 kg，水银血压计 15 支，温度计 32 支。

越南汞废物管理立法框架尚不健全。国家环境部负责制定颁布危险废物清单、发放危险废物处理的许可、检查、开发危险废物数据库。地方政府负责管理危险废物源产生者的活动、档案、报告、合同和凭证、更新危险废物数据库以及向国家环境部报告危险废物管理（图 5-14）。

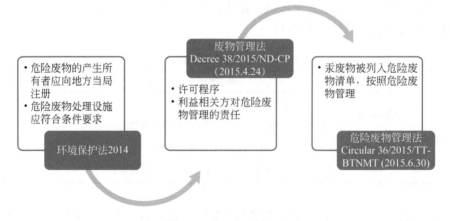

图 5-14　越南汞废物管理框架

我国对含汞废物的界定：含汞废物属于危险废物；《国家危险废物名录》中第29类为含汞废物；未列入《国家危险废物名录》的，但其浸出液体中汞超过 0.1 mg/L 的危险废物（表 5-10）。

表 5-10　我国危险废物名录中的含汞废物[28]

废物类别	行业来源	废物代码	危险废物	危险特性
HW29 含汞废物	合成材料制造	265-001-29	氯乙烯生产过程中含汞废水处理产生的废活性炭	T，C
		265-002-29	氯乙烯生产过程中吸附汞产生的废活性炭	T，C
		265-003-29	电石乙炔法聚氯乙烯生产过程中产生的废酸	T，C
		265-004-29	电石乙炔法生产氯乙烯单体过程中产生的废水处理污泥	T
	电池制造	384-003-29	含汞电池生产过程中产生的含汞废浆层纸、含汞废锌膏、含汞废活性炭和废水处理污泥	T
	照明器具制造	387-001-29	含汞电光源生产过程中产生的废荧光粉和废活性炭	T
	通用仪器仪表制造	401-001-29	含汞温度计生产过程中产生的废渣	T
	非特定行业	900-022-29	废弃的含汞催化剂	T
		900-023-29	生产、销售及使用过程中产生的废含汞荧光灯管及其他废含汞电光源	T
		900-024-29	生产、销售及使用过程中产生的废含汞温度计、废含汞血压计、废含汞真空表和废含汞压力计	T
		900-452-29	含汞废水处理过程中产生的废树脂、废活性炭和污泥	T
HW49 其他废物	非特定行业	900-044-49	废弃的铅蓄电池、镉镍电池、氧化汞电池、汞开关、荧光粉和阴极射线管	T

除了规定含汞废物的名录，也规定了可以实施危险废物豁免管理的含汞废物清单，具体如表 5-11 所示。而《巴塞尔公约》汞废物清单中未在我国危险废物名录的种类如表 5-12 所示。

表 5-11　危险废物豁免管理清单

废物类别/代码	危险废物	豁免环节	豁免条件	豁免内容
家庭源危险废物	家庭日常生活中可能产生的危险废物包括废药品及其包装、废弃荧光灯管、废温度计、废血压计、废镍镉电池和氧化汞电池，以及其他电子类危险废物	全部环节	未分类收集	全过程不按危险废物管理
		收集	分类收集	收集过程不按危险废物管理

表 5-12　《巴塞尔公约》汞废物清单中未在我国危险废物名录的种类

	来源	废物类型实例	注解
A 由汞或汞化合物构成的废物			
小规模珠宝加工（工艺品商店里或商店附近手工回收黄金废物）		回收汞	金汞齐
B 含有汞或汞化合物的废物			
化妆品和相关产品	库存	碘化汞　白降汞等	
汞合金补牙填料	牙科用汞合金的库存、清除出来的补牙填料、胶囊、设备	汞、银、铜及锡的合金	
其他产品用途、汞金属用途及其他来源	库存	•采用汞的红外探测半导 •弹药和雷管 •探针和坎特尔氏管 •教育用途等	
C 受到汞或汞化合物污染的废物			
水泥生产	加工残留物、烟道气体清理残留物、污泥	原材料和燃料的高温冶金处理，同时产生杂质汞	
石灰生产和轻质结块容	加工残留物、烟道气体清理残留物、污泥	原材料和燃料煅烧同时产生杂质汞	
其他产品用途、汞金属用途及其他来源	废水处理残留物、固体废物	•采用汞的红外探测半导 •探针和坎特尔氏管 •教育用途等	
汞金属在宗教仪式和民间药物中的使用	固体废物、废水处理残留物	汞	
汞回收		•拆除氯碱设施 •从天然气管道所用汞电度表回收 •从压力计、温度计及其他设备回收	
黑色金属的回收	受回收工艺溢漏、开采加工残留物、烟道气体清理残留物、废水处理残留物污染材料	•切碎 •熔化含汞材料	
铜、铝等其他金属回收		•汞 •热加工	
小规模珠宝加工（工艺品商店或商店附近手工回收黄金废物）	废水、开采加工残留物、固体废物（包括粉尘和灰烬）	汞齐	

　　基于上述情况，针对我国含汞废物管控建议包括：①阈值。在国际层面，积

极参与汞公约汞废物阈值专家组工作，巴塞尔公约汞废物环境无害化管理技术导则修订。在区域层面，开展含汞废物清单调查，以及含汞废物中汞浓度的检测。②处理处置设施。区域国家：对于汞废物产生量较少的国家，可考虑含汞废物移动式处理处置设施。③检测能力。建设实验室、提高检测能力。分行业分领域开展含汞废物浓度的检测，以确定阈值[28]。

5.3.3   《巴塞尔公约》管控的塑料废物

在《巴塞尔公约》现行规定中，塑料废物被列在附件九（即不受公约管控的废物）中的"B3010：固体塑料废物"类别。该规定指出，以下塑料或混杂塑料材料可以列入附件九，前提是这些材料未与其他废物混合，且经过按规格的预处理[33]，主要包括以下三种塑料废物：成分为非卤化聚合物和多聚物的废塑料、干结的废树脂或缩聚产品、聚酰胺以下废氟化聚合物[7]。此外，家庭产生的塑料废物，如塑料袋和塑料瓶，应归入《巴塞尔公约》附件二（受控的其他废物）中的"Y46：从住家收集的废物"。如果这些塑料废物含有危险成分，从而被认定为危险废物，则应列入公约附件八（受管控的危险废物）。在这种情况下，这两类塑料废物在跨境转移时必须按照公约的要求执行事先知情同意程序。

2018 年 6 月，挪威政府向巴塞尔公约秘书处提交申请，要求将《巴塞尔公约》附件九中"固体塑料废物"条目删除。2018 年 10 月，挪威政府再次提交修正方案，建议将塑料废物划分为三类：附件九包括未妨碍以环境无害化方式回收的塑料废物，适合立即回收；附件八包括含有危险废物成分或受其污染的塑料废物；附件二则包括其他未涉及的塑料废物[8]。塑料废物相关附件修订进程见图 5-15。

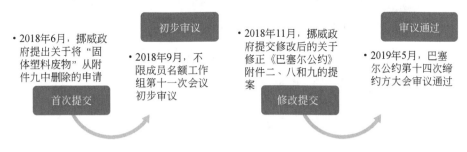

图 5-15   塑料废物相关附件修订进程

挪威提案的具体内容包括以下几点：①附件二 Y48，适用于附件八 AXXXX条目或附件九 B3010 条目未涉及的塑料废物；②附件八 AXXXX，针对包含附件一所列成分或受到其污染的塑料废物，这些废物表现出附件三所描述的特性（需注意名录 B 中的相关条目 B3010）；③附件九，提议用新的文本替代现有条目的开头部分,同时保留现有的缩进和次级缩进,更新 B3010 条目为 B3010 塑料废物——指符合以下条件的塑料材料:未达到妨碍以无害环境方式进行回收的程度,没有与其他废物混合或相互混杂,且未受到污染。此类塑料材料在运送时应按规格进行预处理,并适合立即回收,只需最低限度的机械预处理或无需处理(注意名录 A 的相关条目 AXXXX)[44]。PET 在附件中的分类及对应 PET 分类的实际塑料废物照片见图 5-16 和图 5-17。

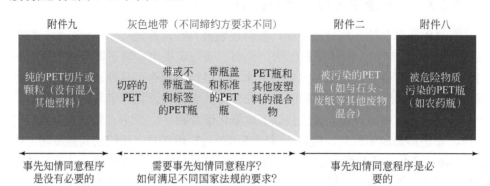

图 5-16 PET 在附件中的分类

图 5-17 对应 PET 分类的实际塑料废物照片

关于塑料废物修正案的附件主要内容:附件二 Y48 中,塑料废物,包括这些废物的混合物,但下列情况除外:根据本公约第 1 条第 1(a)款被确定具有危险性的塑料废物；下列的塑料废物，条件是其以环境无害化方式回收，且几乎未受到污染且不同其他废物混杂：

- 几乎只由一种非卤化聚合物组成的塑料废物；
- 几乎只由一种干结的废树脂或缩合物组成的塑料废物；
- 几乎只由一种废氟化聚合物组成的塑料废物；
- 塑料废物的混合物，包括聚乙烯（PE）、聚丙烯（PP）或聚对苯二甲酸乙酯（PET），条件是这些废物必须以环境无害化方式分别回收，且几乎未受到污染且不同其他废物[7]。

附件八 A3210 中塑料废物及其混合物，含有附件一成分或其污染，具有附件三特性。

附件九 B3011 中以下所列的塑料废物，条件是其以环境无害化方式回收，且几乎未受到污染且不同其他废物混杂：

- 几乎只由一种非卤化聚合物组成的塑料废物；
- 几乎只由一种干结的废树脂或缩合物组成的塑料废物；
- 几乎只由一种废氟化聚合物组成的塑料废物；
- 塑料废物的混合物，包括聚乙烯（PE）、聚丙烯（PP）或聚对苯二甲酸乙酯（PET），条件是这些废物必须以环境无害化方式分别回收，且几乎未受到污染且不同其他废物。

附件修正案对《巴塞尔公约》的塑料废物管理提出了更具体和严格的要求（图5-18）：增加附件二和附件八的塑料废物条目、减少附件九的塑料废物类别和范围、增加对附件九塑料废物环境无害化回收的要求、在附件二增加"各国可采取更严格要求"的规定、对附件九的塑料废物分类标准规定"可参考执行相关国际和国家技术文件"[7]。

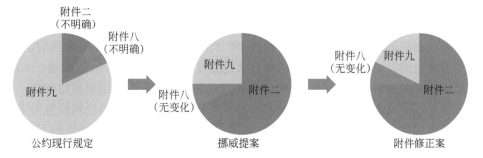

图 5-18 公约现有规定、挪威提案和公约附件修正案对塑料废物的管控范围示意图

相较于《巴塞尔公约》现行规定，挪威提案扩大了公约管控的塑料废物的范

围，明确了部分是否受控的塑料废物[8]。相比挪威提案，第四点中的"各国可采取更严格要求"的规定，以及对附件九中"几乎不污染且不混合"的塑料废物分类标准的规定——"可参考执行相关国际和国家技术文件"，确实是一个重要进步。这意味着各缔约方可以根据自身的情况和需要，对不受《巴塞尔公约》管控的塑料废物采取更为严格的管理措施，以更有效地保护环境和人类健康。这种灵活性和自主性为各国提供了更多选择，以应对塑料废物污染问题，也有助于推动国际合作，共同应对全球环境挑战[7]。

针对塑料修正案，中国也作出了很多贡献。中国代表团由生态环境部牵头，其他成员包括科技部、应急管理部、工业和信息化部、外交部、农业部等相关部门及来自香港特别行政区的代表，以及清华大学、中国科学院等科研机构的专家[45]。这个代表团的构成显示了中国政府在处理固体废物和环境保护方面的跨部门合作和专业支持。塑料废物议题则由生态环境部固体废物与化学品司、巴塞尔公约亚太区域中心负责准备。

中国在 2017 年颁布的"禁废令"禁止了洋垃圾的进口，使中国逐步摆脱了"世界最大垃圾场"的称号。这项政策的实施意味着发达国家，如美国，无法再将大量塑料垃圾无限制地运往中国。自"禁废令"实施以来，中国进口的塑料废物数量大幅减少，这标志着中国在固体废物管理方面取得了显著成就之一。此外，自 2019 年 12 月 31 日起，中国进一步禁止了包括不锈钢废碎料在内的 16 种固体废物的进口，并采取了严格的废物进口政策。这些措施显示了中国政府在环境保护和资源利用方面的坚定决心，对于推动国内固体废物处理和资源回收产业的发展具有重要意义[46, 47]。

56 个缔约方进行了大会发言。绝大多数缔约方支持挪威关于塑料废物附件修订的提案及伙伴关系。我国代表团发言主要包括我国在管控塑料废物方面开展的工作和取得的进展。本着推动构建"人类命运共同体"的精神，强调公约应以保护全球特别是发展中国家环境为根本遵循，提醒各方重视发展中国家在塑料废物管理方面面临的管理和能力不足等问题，呼吁全面加强塑料废物全生命周期管理。缔约方大会的双边多边磋商以灵活和开放的态度积极与各方磋商，与欧盟、日本、挪威、马来西亚、巴基斯坦、加纳、尼日利亚进行了数十次双边和多边磋商，各方逐渐形成对我立场和建议的理解和支持。在我国代表团多方协商积极努力下，我国代表团从立场未得到回应和支持，到获得多方理解，到部分发展中国家支持，再到获得大部分缔约方的理解和支持，最终达成了我国关切。

塑料废物的修正案于 2021 年起正式生效。《巴塞尔公约》的修正案通过后，缔约国被赋予了对塑料废物采取更严格管控措施的权利，这被视为近年来在危险废物控制方面的重大进展。这一修正案对于保障人类社会的健康发展具有重要意义，使各缔约国能够禁止其他国家向本国进口塑料废物。对于发展中国家而言，这是一项重要的积极举措，有助于减少塑料废物带来的环境和健康风险[47]。这将有助于减少发展中国家因大量进口塑料废物而面临的环境污染和健康风险，促进这些国家的可持续发展。同时该公约将促使各国国内立法提速升级，更多国家禁止塑料废物进口，并可能出台禁塑令、限塑令。也会促使塑料废物全球循环转向塑料废物国内循环，促使各国自行建设塑料废物回收利用设施。

未来将加速出台国际或区域相关标准，并修订关于塑料废物的识别和无害环境管理及处置的技术准则[48]。塑料废物伙伴关系可能会起草更多相关国际指南，推动"政府管理政策—企业生产方式—人民生活习惯"的综合变革。这将促进塑料生产与再生利用产业链的融合，推动生产方式和消费习惯的转变[49]。

5.3.4 《巴塞尔公约》管控的电子废物

在当前消费主义盛行的背景下，手机和电脑等廉价电子产品变得如同时尚服装一样，更新换代周期不断缩短，导致每年产生约五千万吨电子废物。这种现象在一代人前尚难以想象，但现在已成为严峻现实。这些电子废物中含有的重金属和氯化物对环境和人类健康构成越来越大的威胁，更糟糕的是，贫穷国家正成为这些废物的倾倒场。例如，尼日利亚的拉各斯港每月接收多达十万台废旧电脑。亚洲沿海地区的污染也与电子废物密切相关。大量电子废物的产生不仅意味着地球资源被浪费，还对联合国千年发展目标的实现产生了负面影响[19, 50]。

自 2002 年开始关注电子废物问题，主要涉及：环境无害化管理（ESM），预防电子废物向发展中国家转移，全球范围内的更好管理电子废物的能力建设，建立伙伴关系。2002 年 COP6 通过的巴塞尔公约实施战略计划确定了包括电子废物、POPs 废物，废铅蓄电池等 8 类重点废物流。2002 年 COP6，举行了电子废物 ESM 部长级圆桌会议，决定建立"移动电话合作倡议"（MPPI）。2006 年 COP8，通过了关于电子废物环境无害化管理的内罗毕宣言。2008 年 COP9，决定建立"计算设备行动伙伴关系"（PACE）。2011 年 COP10，编制《关于电子和电气废物以及废旧电气和电子设备的越境转移，尤其是关于依照巴塞尔公约对废物和非废物加以区别的技术准则》[14]，延长 PACE 工作期限至 2013 年。2015 年 COP12，暂行通过《电子废物越境转移准则》。2017 年 COP13，中国牵头修订《电子废物越境转移准则》。2019 年 COP14，再次暂行通过《电子废物越境转移准则》修订稿。

其中，《关于电子和电气废物以及废旧电气和电子设备的越境转移，尤其是关于依照巴塞尔公约对废物和非废物加以区别的技术准则》内容和争议焦点主要集中在：①关于故障分析、维修及翻新情形下不作为废物管理的规定；②关于故障分析、维修及翻新产生的危险废物的复运出境和责任[14]。

　　我国废弃电器电子产品的来源分为工业源和社会源两类。工业源的废弃电器电子产品来自制造企业，包括生产过程中产生的不良品和其他废物，如边角料等。社会源的废弃电器电子产品来自居民消费、企事业单位和政府部门，涵盖家电、电脑及其附件、通信产品、办公设备等[51]。定点拆解处理企业的范围涵盖电视机、冰箱、洗衣机、空调和电脑（统称为"四机一脑"）等废弃电器电子产品，主要进行这些产品的拆解处理。大部分企业采用手工拆解方式，少数企业对电视机、电脑显示器、冰箱等产品采用手工预处理加机械破碎分选的方法。这种方式符合中国劳动力成本较低以及废弃电器电子产品拆解处理企业仍处于初步发展阶段的国情[52]。

　　2016 年 8 月 8 日，韩国一批重 95027 千克的"复合粉"通过长沙海关由深圳某公司申报进口，共计 5 个集装箱，申报货值为 42424.62 美元。然而，现场关员审核时发现，报关单上的收发货人为深圳某公司，但货物实际从韩国直接运至长沙。经鉴定，这批货物实际上是回收电池电极粉的混合物，属于我国禁止进口的固体废物。调查进一步显示，自 2016 年 4 月起，青岛某公司和湖南某公司与韩国公司勾结，冒用深圳两家公司名义，将韩国的"二次电池粉"伪报为"复合粉"并通过长沙海关进口，累计申报了 4 批次，重量共计 296.3 吨（图 5-19）[52, 53]。

图 5-19　我国电子废物违法越境案例

5.3.5　《巴塞尔公约》管控的含 POPs 废物

　　持久性有机污染物是特别有害的化学物质。虽然它们通常不再用于新产品，但它们仍然可以在来自一些消费品的废物中找到，例如防水纺织品、家具、塑料和电子设备。为了实现循环经济，废物将越来越多地用作二次原材料，限制废物中持久性有机污染物的存在至关重要。巴塞尔公约在与斯德哥尔摩公约协同管控时，POPs 废物成为两公约共同管控的重点（图 5-20）。

PCBs废物　　　　　　　　　　杀虫剂废物　　　　　　　　　　PBDEs废物

图 5-20　与《斯德哥尔摩公约》规定的含 POPs 废物协同管控废物种类

2022 年举行的第十五次巴塞尔公约缔约方大会上，在第 BC-15/6 号决定第 9 段中，决定增订关于《斯德哥尔摩公约》附件 A 所列化学品的一般技术准则，并拟订或增订关于《斯德哥尔摩公约》附件 A 所列化学品的具体技术准则-10/13。

《巴塞尔公约》第十五届缔约方大会闭会期间，持久性有机污染物废弃物问题小型闭会期间工作组更新了关于对由下列物质构成的废弃物实行无害环境管理的技术准则（UNEP/CHW/OEWG.13/INF/6）：含有全氟辛烷磺酸（PFOS）、其盐类和全氟辛基磺酰氟（PFOSF）、全氟辛酸（PFOA）、其盐类和与全氟辛基磺酰氟（PFOA）有关化合物，包括第 BC-15/6 号文件的全氟己烷磺酸（PFHxS）、其盐类和与全氟辛基磺酰氟有关化合物等[41]。

秘书处考虑到收到的意见和为落实联合国环境大会第5/14 号决议而开展的工作，编写了一份文件草案，说明可根据《公约》开展的进一步活动，以应对科学知识和环境信息的发展以及与作为土地污染源的塑料废弃物、海洋塑料垃圾和微塑料有关的健康影响（UNEP/CHW/OEWG.13/INF/11）。根据第 BC-15/15 号决定第 10 段，缔约方和其他方面向秘书处提供了意见，此类意见已在《巴塞尔公约》网站公布。

此外，2022 年欧盟理事会和议会达成了一项关于修订持久性有机污染物法规附件的临时协议，以进一步限制这些物质在废物中的存在。临时协议的条款如下：

（1）PFOA：理事会和议会将 PFOA 纳入法规。全氟辛酸及其盐类的最大限值为 1 mg/kg，全氟辛酸相关化合物的最大限值为 40 mg/kg，并附有在法规生效 5 年后重新评估情况的审查条款。

（2）二噁英和呋喃（PCDDs/PCDFs 和 dl-PCBs）：二噁英和呋喃的限值设定为 5 μg/kg。生活灰烬和烟尘中这些物质的限量值将从 2025 年 1 月 1 日起实施。用于热电生产的生物质机组飞灰中这些物质的限量值将在法规生效一年后实施，过渡值同时设定为 10 μg/kg。目的是让成员国当局更详细地审查情况，以便有效实施该法规。会员国最迟将在 2026 年 7 月 1 日之前收集并提供数据。限值将在法规生效后 5 年进行审查。

（3）全氟己烷磺酸：全氟己烷磺酸及其盐类的限值为 1 mg/kg，全氟己烷磺酸相关化合物的限值为 40 mg/kg。这些值将在生效 5 年后进行审查。该物质最初并未包含在委员会的提案中，但在《斯德哥尔摩公约》缔约方大会决定于 6 月 9 日将该物质添加到公约附件 A 之后，共同立法者添加了该物质。

（4）HBCDD：共同立法者同意在法规生效时将限值分两步降低至 500 mg/kg，并在法规生效 5 年后将该值降至 200 mg/kg 的审查条款。这是为了让拆迁部门能够适应，同时向他们发出信号，让他们改进分拣方法。

（5）PBDE：该协议预见了一个三步法，在法规生效时将限值设定为 500 mg/kg；生效后 3 年自动降至 350 mg/kg；另一个自动降低到 200 mg/kg，生效后 5 年，前提是将该物质投放市场的限值不更高。这是为了避免产品可以合法投放欧洲市场（附件Ⅰ），但一旦退出市场就被视为 POP 废物（附件Ⅳ）。附件一将同时进行审查。

（6）短链氯化石蜡：共同立法者同意在生效 5 年后将限值设定为 1500 mg/kg，并附有审查条款。此外，委员会将评估是否修改欧盟废物立法，以评估含有超过 POPs 法规附件Ⅳ中规定的浓度限值的任何持久性有机污染物的废物是否应归类为危险废物。

5.3.6　《巴塞尔公约》管控的拆船废物

拆船产业的作业客体——废船，是具有高污染性、高危险性的废物，而且作为一个规模较大的废物回收产业，自然成为《巴塞尔公约》关注的重点。船舶拆解，通常也被称为"船舶回收"，是船舶完成漫长航海使命后的宿命。作为船舶处理技术之一，船舶拆解涉及将退役船舶从其机械结构上剥离的过程。旧船拆除后获得的钢屑液化后可以再次用于建造新船，并且还可以用于许多其他行业。此外旧船上的木制家具、玻璃等一些其他部件，也可以用于各种应用。船舶寿命通常不超过 30 年，船舶的维护费用随着时间的推移而不断增加，越是老龄船，越是要花费更多的维护费用，并且会越来越难以处理，当用于维护旧船的费用和精力超过一定限度时，船东就会直接考虑将旧船进行有效处置，以便将常规费用投入其他方面，如港口费、燃油费和船员工资等。所以船舶拆解是非常必要的。此外，船舶拆解过程中产生的再生钢也是钢铁厂的福音。

船舶拆解时，通常的做法是先将船体拆分成不同部分，然后对每一部分进一步拆除处理。在世界上最大的船舶拆解场，如印度，将拆解场地设在海岸边，承包商在古吉拉特邦的阿郎沿岸设有办公室。需要拆解的船只被运到拆解场，发动机被关闭，锚杆下降，以使船舶稳定。然后，劳动者借助强大的链条、电缆和机械系统，将船只拉到海滩上——拆船过程中最危险的任务之一，因为有时链条可能在此过程中破裂，造成对劳动者的巨大伤害。拆除船舶必须遵循若干规定，然而一些发展中国家的拆船场，在遵守相关拆船公约方面有待提高。

此外，在船舶开始拆解之前，船舶的油箱要完全排空，以防止在船厂发生任何意外爆炸。然后，工人会上船，将包括旗帜、酒、管道、电线、电子设备、家具等在内的有用物品进行搜索，以在当地市场重复使用或出售。在最初的报废程序结束后，就是一些可重复利用的外在材料拆除完后，真正的船舶拆除工作才开始，这时相关人员将检查整艘船并确定有效的拆除方案，对船体结构进行彻底解构，拆解的时间可以从两周到 12 个月不等。打破一艘坚固的船只，绝对是一项艰巨的任务，因为它的建造是坚不可摧的，否则难以抵御恶劣的天气和海洋风暴，并承载无数货物。并且，船舶拆解也是一项比较危险的工作，当前已经形成了若干指导方针和方案，以控制拆解过程中可能出现的风险。许多有毒船舶含有危险物质，如石棉、石化产品副产品、铅、汞、多氯联苯、镭、毒药和重金属等，对人类和环境造成极大危害。与此同时，工人往往使用非常简陋的个人防护设备，并且在恶劣的天气和温度条件下工作。由于他们极度贫穷，又渴望获得快钱，所以每天承受着致命的危险。尽管采取了一些预防措施，但每年船舶拆解场工人的死亡人数仍在上升。

由于孟加拉国、巴基斯坦、印度等亚洲国家有大量廉价劳动力，因此世界各地的拆船业务主要集中在这些地区。世界上大约 85%的拆船活动发生在上述这些国家，其中位于印度的拆船工厂非常有利，因为印度海滩具有潮汐落差较高的优势，海岸线有 15°的斜坡，并且没有泥浆，非常适合作为拆船厂。船舶拆解的代价很高，因为它会造成各种环境危害，比如有毒固体、液体、油污对海洋、海滩的污染，还有重金属污染，因此船舶的无害化拆解受到国际社会高度关注，特别是那些在生态海滩进行拆解的做法，会对海滩生态系统造成严重破坏，因此面临更加强烈的反对。但是由于世界经济发展对钢铁需求的不断增长，又使得拆船业获得了生存土壤。

《巴塞尔公约》作为船舶拆解业务的重要规范之一，与国际海事组织（IMO）共同确定了船舶拆解作业需要遵守的专门规则和条例，以防止环境遭受无法弥补的伤害。《巴塞尔公约》旨在遏止越境转移危险废物，特别是向发展中国家出口和转移危险废物。公约要求各国把危险废物数量减到最低限度，用最有利于环境保护的方式尽可能就地储存和处理。公约明确规定：如出于环保考虑确有必要越境转移废物，出口危险废物的国家必须事先向进口国和有关国家通报废物的数量及性质；越境转移危险废物时，出口国必须持有进口国政府的书面批准书[54]。

1999 年 4 月，《巴塞尔公约》第 15 次技术工作组会议讨论了船舶的全部和部分拆解[55]。会议的主要议题包括收集和汇编有关船舶拆解的研究资料，以及考虑拟定"无害环境管理船舶拆解导则"。这一举措旨在加强对船舶拆解活动的环境管理，通过制定导则，指导缔约方、政府间组织和非政府组织在船舶拆解过程中采取无害环境管理措施。这些措施有助于减少船舶拆解活动对环境的负面影响，保护海洋生态系统和人类健康[55]。

挪威、荷兰和印度牵头负责了《船舶全部或部分拆解环境无害化管理技术准则》的编写工作，国际海事组织（IMO）、国际劳工组织（ILO）及其他环保非政府组织也参与其中。该准则最终于 2002 年 5 月在第 20 次技术工作组会议上获得通过。准则包括前言、目标、定义、应用范围、拆解规划、拆解操作、废物管理、监督与执行等八个部分，并附有相关文件、参考资料及术语表三份附录[39]。其中，第 3 至第 7 部分是准则的主要内容，详细介绍了当前的拆船工艺与标准，提供了用于环境无害化拆船管理及拆船设施管理的详细技术标准和程序，并提出了改进建议。根据准则第 4 部分，拆船的环境无害化管理方案包括：查明潜在污染物并制定防污措施，监督相关法规的遵守，制定危险废物的标准和限度，以及应对事故和紧急情况的准备措施。第 5 部分则针对拆船设施的环境无害化管理，提出在设计阶段应充分考虑主要的潜在危害，做好预防措施，并在建造拆船设施时评估对环境、健康和安全可能造成的风险[55]。

准则的技术性质对于拆船工艺和程序提供了指导，旨在推动相关拆船国家建立或有意向建立拆船设施，从而解决拆船活动可能带来的环境问题，实现拆船的环境无害化管理。通过提供拆船工艺和程序的建议，该准则为拆船行业提供信息和规划，帮助拆船行业采取适当的措施，确保拆船活动不对环境造成不利影响。这样的举措有助于提高拆船行业的环境可持续性，促进拆船活动与环境保护之间的平衡。简而言之，该准则只是为绿色拆船的操作提供建议，但实际操作中并不具备强制性和约束力。加之《巴塞尔公约》对拆船客体的规定并不具体，报废的船舶何时成为废物尚存异议，因此该公约在推动、实现绿色拆船上收效甚微[55]。

5.4　中国履行《巴塞尔公约》进展

5.4.1　中国履行《巴塞尔公约》进程

我国签署公约三十多年来，严格履行公约，建立了相关管理体制和协调机制，制定了一系列固体废物管理制度，积极参与公约各项活动，相关履约工作主要包括以下方面：

（1）推动国内固体废物管理体系完善。颁布了《中华人民共和国固体废物污染环境防治法》，建立了固体废物管理的法律框架，与公约要求相一致。此外，我国的危险废物名录（第一版）基本以公约附件一为基础编制而成，确保了我国危险废物管理的国际接轨。此外，我国还建立了一系列法律法规、部门规章、政策、规划及地方性法规，共计超过100项，为废物管理提供了制度保障和操作指导。同时，我国还颁布了《中华人民共和国清洁生产促进法》和《中华人民共和国循环经济促进法》，为废物源头减量工作提供了法律支持。这些举措有助于提高我国固体废物管理水平，减少环境污染，保护人民健康，促进可持续发展。

（2）促进危险废物和其他废物的进出口管控。针对进口管理，根据《巴塞尔公约》赋予的权利，中国建立了固体废物进口管理制度，明确了对固体废物进口全过程的监管要求。2011年，原环境保护部、商务部等五部门联合发布了《固体废物进口管理办法》，进一步加强了固体废物进口的管控[56]。2017年，中国开始实施禁止洋垃圾入境政策，推进固体废物进口管理制度改革，大幅减少固体废物进口种类和数量，并于2021年1月1日实现了固体废物零进口。在出口管理方面，2008年，中国颁布了《危险废物出口核准管理办法》，根据公约和相关法律法规制定，明确了对危险废物出口的管理原则，包括禁止向非缔约方出口危险废物以及实行事先知情同意制度等措施。这些举措有助于加强我国对危险废物和其他废物的进出口管控，保护环境和人类健康[57]。

（3）积极参与和推动与公约相关活动，严格履行公约的报告义务。中国提名专家参加公约的闭会期间工作组和环境无害化管理专家工作组等，参与公约相关技术准则和指南文件的制修订工作。同时，中国作为牵头国或共同牵头国，主持废旧电子和电气设备越境转移、塑料废物环境无害化管理等4项技术准则的制修订工作。此外，中国积极开展调研和统计分析工作，动态掌握全国危险废物和其他废物的产生、处理处置和越境转移情况，执行危险废物和其他废物的越境转移通知，并每年按时提交完整的国家报告，以确保公约的有效实施。

（4）我国危险废物和其他废物处理处置设施建设及处理处置技术水平迅速发展。我国长期积极推进固体废物利用处置设施建设，危险废物和其他废物处理处置工作的水平显著提升。2019年，全国持危险废物（含医疗废物）经营许可证单位4066家，共颁发4195份许可证。核准收集和利用处置经营规模12896万吨/年，其中利用规模8490万吨/年，处置规模2580万吨/年，收集规模1826万吨/年；2018年，生活垃圾清运量2.28亿吨，无害化处置量2.26亿吨，无害化处置率达99.0%。此外，2018年，我国一般工业固废综合利用率41.7%，处置和贮存率分别为18.9%和39.3%，倾倒丢弃率低于0.1%。

（5）持续加强信息交换与国际合作。加强信息交换与国际合作在废物管理方面起到了重要作用。例如，生态环境部与欧盟环境法执行和执法网络合作有助于加强对废物进出口管控的监督和执法，促进了双方在环境法律执行方面的经验分享和合作。海关总署与欧盟海关建立废物进出口监管工作组加强在废物跨境贸易管控方面的协调与合作，共同打击非法废物运输和走私行为。中国海关总署积极参与全球或区域范围内的废物走私打击行动，与其他国家和地区海关机构合作，共同打击跨境废物走私犯罪活动。生态环境部与日本环境省建立中日废物进出口相关管理机构座谈会机制有助于加强中日两国在废物进出口管理领域交流与合作，共同应对废物管理面临的挑战和问题。通过以上形式的信息交换与国际合作，中国与其他国家在废物管理领域加强了合作与沟通，促进了全球范围内的废物管理和环境保护工作[58]。

生态环境部固体废物与化学品司作为实施公约的国家主管部门和联络点负责危险废物和其他废物的越境转移的 PIC 程序的执行，国际合作司负责公约的谈判工作，巴塞尔公约亚太区域中心、固体废物与化学品管理技术中心及中国环境科学研究院是主要技术支持单位。在固体废物进口管控方面，生态环境部和海关总署于 2011 年起建立了固体废物进口管理和执法信息沟通与共享机制，海关总署多次发起与世界海关组织的全球或区域打击废物走私活动并每年持续开展打击废物走私专项行动（图 5-21）。

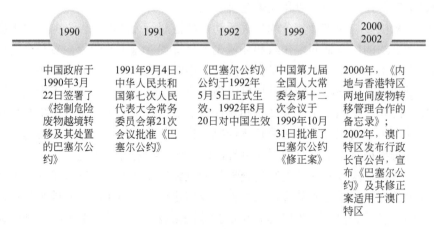

图 5-21 中国签署和批准《巴塞尔公约》时间表

围绕公约三项核心原则，发展改革委、商务部、住房城乡建设部、海关总署、交通运输部等部门根据各自职责分工开展废物减量化、无害化、越境转移控制相关工作（图 5-22）。

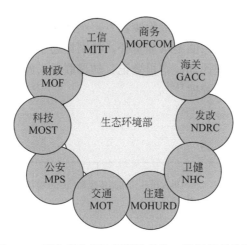

图 5-22　固体废物污染环境防治统一监督管理机制

5.4.2　中国履约的法律法规体系

中国在危险废物和其他废物跨境转移控制和环境管理方面建立了较为完善的法律法规体系，包括以下七个方面的内容：①国家法律法规：例如《固体废物污染环境防治法》《危险废物经营许可管理办法》等，这些法律法规为危险废物和其他废物的管理提供了法律依据。②部门规章：包括环境保护部门和其他相关部门发布的管理规章，如《危险废物出口核准管理办法》等，对废物的管理提供了具体操作指南。③目录：包括进口废物管理目录、危险废物管理目录等，规定了哪些废物可以进口、出口或处理，以及相关的管理要求。④标准：制定了一系列废物处理、处置的技术标准，如固体废物处置场环境保护标准等，确保废物处理过程中符合环保要求。⑤政策：发布了一系列政策文件，如固体废物进口管理政策、废弃电器电子产品回收政策等，为废物管理提供了政策支持。⑥规划：制定了废物管理相关的规划文件，如城市固体废物管理规划、危险废物管理规划等，指导废物管理的长期发展。⑦地方性法规：各地方政府根据国家法律法规和政策制定的地方性法规和规章，针对当地的废物管理情况进行具体规定和管理。这些法律法规体系的建设为危险废物和其他废物的管理提供了法律依据和操作指南，促进了废物管理工作的规范化、科学化和可持续发展[39]。危险废物和其他废物越境转移控制和环境管理的法律法规体系见图 5-23。

1995 年 10 月 30 日第八届全国人民代表大会常务委员会第十六次会议通过了《中华人民共和国固体废物污染环境防治法》，1996 年 4 月 1 日实施，这是中国履行巴塞尔公约及国内固体废物管理的基本法律。此后，分别于 2004 年 12 月、2013年 6 月、2015 年 4 月、2016 年 11 月进行部分内容修订。《固体法》是一部综合性法律，定义了"固体废物"和"危险废物"，全面规定了工业固体废物、生活垃圾、危险废物以及废物进口的要求和责任，特别详述了对危险废物的管理基本制度：危险废物鉴别、管理计划、申报登记、转移联单、经营许可、应急预案、标识、出口核准、危险废物管理[59]。

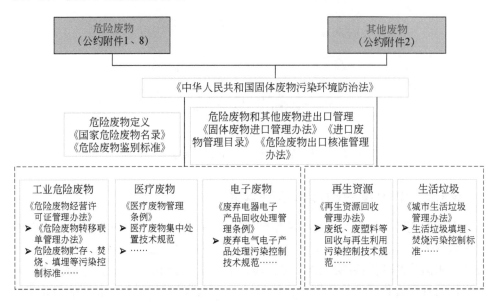

图 5-23　危险废物和其他废物越境转移控制和环境管理的法律法规体系

《固体废物进口管理办法》于 2011 年由环保部、商务部、发改委、海关总署、国家质检总局联合发布，对进口废物的各个环节提出了具体要求，包括国外供货、转运前检验、国内收货、口岸检查、海关监管和进口许可等，以实现固体废物进口全过程的监管。此外，《进口废物管理目录》定期进行调整和修订，包括禁止进口固体废物目录、限制进口可用作原料的固体废物目录以及非限制进口可用作原料的固体废物目录。到了 2021 年 1 月 1 日，中国全面禁止固体废物的进口。自 2007 年由原国家环境保护总局颁布，自 2008 年 3 月 1 日起施行的《危险废物出口核准管理办法》，基于《巴塞尔公约》的原则，明确了中国对危险废物出口的管理政策和程序。这些措施确保了危险废物出口行为符合国际规范，并严格控制了危险废物对环境和公众健康的潜在风险，体现了中国政府对环境保护的高度重视和承诺[56]。

5.4.3　中国固体废物管理进展

中国作为人口众多、农业和工业发达的大国，面临着庞大的固体废物管理挑战。政府一直高度重视固体废物治理工作，并采取了一系列措施来应对这一挑战。早在 20 世纪 70 年代，中国政府就将固体废物治理列为环境治理的重点，并不断完善法规制度标准，推动固体废物减量化、资源化和无害化处理。此外，中国政府在塑料污染治理方面也展现了积极的姿态。中国率先采取了禁止废塑料进口等措施，为全球塑料污染治理树立了榜样，并为其他国家和地区提供了有益的经验和借鉴。这些举措表明了中国在环境保护和可持续发展方面的决心和行动[60, 61]。中国在固体废物管理领域取得了一些新的进展，主要包括以下几个方面：

1. 可持续发展战略

1994 年 3 月，国务院发布《中国 21 世纪议程 中国 21 世纪人口、环境与发展白皮书》，是首部国家级可持续发展战略。《议程》第 19 章明确提出"固体废物的无害化处理"即"建立科学的固体废物和危险废物管理机构，开展危险废物管理、废物减量化、资源化和处理处置技术研究，建设安全填埋场、焚烧厂等示范工程，提高管理能力贯彻实施《巴塞尔公约》。2016 年 12 月，国务院发布《"十三五"生态环境保护规划》，以生态环境质量改善为核心，强调源头防控和绿色发展。第六章第三节提出"提高危险废物处置水平"，主要内容包括合理配置危险废物安全处置能力、防控危险废物环境风险、推进医疗废物安全处置。中国于 1995 年颁布了《固体废物污染环境防治法》，自那时起经历了多次修订，包括 2004 年、2013 年、2015 年、2016 年和 2020 年的修订。《固废法》的制定和修订为固体废物管理提供了基本法律框架，与之相辅的一系列行政法规、部门规章、标准规范和技术指南提供了更为具体和细致的操作指导。这些规范性文件涵盖了危险废物、电子废物、生活垃圾、工业固体废物和农业废弃物等多个领域，从源头到处置全过程进行规范管理。其中，建立的危险废物鉴别、申报登记和转移联单等制度，明确了危险废物管理的全过程，而电子废物名录、规划和基金补贴等制度则为电子废物的管理提供了具体规范。生活垃圾管理方面，制定的规章和标准促进了生活垃圾的有效处理和回收利用。整体来看，这些规范性文件为固废管理提供了制度保障，推动了固体废物管理的规范化和科学化发展[61]。

2. 危险废物和其他废物非法越境转移控制

在打击废物走私和非法转移方面，中国采取了一系列重要行动：①补天行动：2006 年发起，旨在打击亚太地区的环境违法犯罪，特别是非法贸易和废物走私活动。通过世界海关组织亚太情报联络办公室和联合国环境规划署亚太办公室的协调，组织地区成员参与。②绿篱行动：2013 年 2 月启动，为期 10 个月，重点打击走私国家禁止进口固体废物目录中的废物，以及通过藏匿、伪报等方式走私进口不符合环境控制标准的废物。③大地女神行动：2013 年 10～11 月启动，第三期行动旨在打击从欧洲、北美洲等地向亚太地区走私废物的不法行为。④联合执法：2015 年，环境保护部、海关总署、质检总局联合印发《关于加强进口固体废物管理打击各类违法行为的通知》，进一步加强对进口固体废物的监管，打击各类违法行为。⑤蓝天行动：2017 年 2～12 月，全国海关开展了蓝天行动，以打击工业废料、电子废物、生活垃圾、废塑料为重点，严厉打击一般贸易渠道走私固体废物的违法活动（图 5-24）。

图 5-24　我国各项危险废弃物管制行动

中国在禁止废塑料进口方面引领全球发展中国家。以往，发达国家常通过国际贸易向发展中国家转移废塑料，导致环境污染和健康风险。为此，中国自 2017 年起实施洋垃圾禁令，改革固体废物进口管理制度，至 2020 年底近乎实现零进口。2019 年，中国全面禁止废塑料进口，为其他发展中国家树立了榜样。受此鼓舞，泰国计划 2021 年全面禁止可回收废塑料进口，印度也于 2019 年全面禁止废塑料进口，共同为全球环保事业贡献力量，彰显了国际合作在应对环境问题中的重要性[61]。

3. 危险废物和其他废物减量化

《中华人民共和国清洁生产促进法》2002 年通过、2012 年 2 月修正，其中详细规定了包括固体废物减量化在内的清洁生产的实施步骤。《中华人民共和国循环经济促进法》2008 年通过，包括在生产、流通和消费过程中产生包括固体废物在内的废物减量化的具体规定[62]。2007 年，国务院办公厅出台了《关于限制生产销售使用塑料购物袋的通知》（即"限塑令"）。自"限塑令"实施以来，数据显示，我国塑料袋使用量年均增速稳步下降，已由 2008 年前一度超过 20%下降为目前的 3%以内。2008～2016 年，超市、商场的塑料购物袋使用量普遍减少 2/3 以上，累计减少塑料购物袋 140 万吨左右，相当于减排二氧化碳近 3000 万吨[63]。

2020 年初，国家发展改革委与生态环境部联合发布《关于进一步加强塑料污染治理的意见》。随后，各部门及地方政府迅速响应，生态环境部修订了相关法律，明确了法律责任，增强了法律约束力。同时，九部门联合发布推进通知，29 个省份也出台了省级实施方案。各地积极行动，如北京开展塑料袋专项整治，河南成立专项工作小组，青海加强市场执法，海南持续全省试点，福建、浙江将治理作为生态文明示范内容。随着生活垃圾处理能力提升，中国塑料垃圾对环境的负面影响逐渐减弱。据研究，2020 年中国塑料垃圾入海量估值低于国际普遍估算，有助于国际社会更准确地认知问题[61]。

4. 危险废物和其他废物环境无害化管理

较为完善的危险废物和其他废物环境管理法规体系。国家和地方省市每 5 年制定纲领性文件"危险废物固体废物污染防治规划"，开展废物污染防治工作。固体废物管理信息统计：每年环保部编制发布《全国大中城市固体废物污染环境防治年报》，包括固体废物种类、产生量、处置状况等信息。目前，结合全国第二次污染源普查，开展危险废物普查。多元化管理手段：实施危险废物规范化管理督查考核，省级环保部门组织对辖区内危险废物规范化管理工作进行考核；开展国内废物加工利用集散地整治。

2015 年，全国持危险废物经营许可单位 1980 家，核准利用处置规模为 5138 万吨/年，实际利用处置总量 1523 万吨，分别为 2006 年的 7.2 倍和 5.1 倍。2011 年起，全面开展危险废物产生和经营单位规范化管理督查考核工作。五年来共抽查 8000 余家危险废物产生和经营单位，2015 年抽查合格率为 79.0%和 79.1%，企业危险废物规范化管理水平逐年提升[64]。截至 2019 年底，全国危险废物集中利用处置能力超 1.1 亿吨/年，利用能力和处置能力比"十二五"末分别增长了 1 倍和 1.6 倍。同时，生态环境部全力做好疫情防控医疗废物处置相关环保工作，确保全国所有医疗机构及设施环境监管与服务 100%全覆盖，医疗废物及时有效收集转运和处理处置 100%全落实。疫情发生以来，全国医疗废物均得到妥善处置[65]。

5. 管理能力建设

履约管理技术支撑体系：建成包括国家和省级固体废物管理中心、187 个市级固体废物管理中心，形成 1500 人左右的管理队伍。依托巴塞尔公约亚太区域中心（简称"亚太区域中心"）开展全国危险废物管理培训和战略研究，为国内履约提供技术支持。定期开展能力建设：生态环境部每年年度培训计划中包含危险废物和固体废物管理与技术培训，2015 年建立全国环保网络学院；每年面向全国环保、海关部门定期开展进口固体废物环境管理培训。

6. 国际合作

加强与贸易伙伴国家的合作，包括在废物进出口管控及打击非法运输的信息交换方面。例如，生态环境部与欧盟环境法执行和执法网络（IMPEL）合作，海关总署与欧盟海关共同建立了废物进出口监管工作组，并多次发起或参与世界海关组织（WCO）的全球或区域废物走私打击行动。此外，生态环境部还与日本环境省建立了中日废物进出口管理机构的定期座谈机制，以促进双方在废物管理领域的交流与合作[58]。

推动国内和区域履约。2011 年经国务院授权，生态环境部与巴塞尔公约秘书处签署了框架协议，正式建立了亚太区域中心。亚太区域中心通过开展培训、技术转让、信息、咨询、宣传等活动支持区域履约，在 2015 年第十二次缔约方大会关于区域中心运行评估中获评满分。

治理塑料污染已成为国际共识，在联合国环境大会、G20 领导人峰会等场合提出相关倡议。塑料污染防治涉及多个环节、多个部门，难度极大。作为发展中大国，中国一直积极履行负责任大国义务，将倡议转化为行动，为全球共同应对塑料污染提供智慧和方案[61, 63]。

5.4.4　中国"无废城市"建设成效

"无废城市"是以创新、协调、绿色、开放、共享的新发展理念为引领，通过推动形成绿色发展方式和生活方式，持续推进固体废物源头减量和资源化利用，最大限度减少填埋量，将固体废物环境影响降至最低的城市发展模式，也是一种先进的城市管理理念。开展"无废城市"建设试点是深入落实党中央、国务院决策部署的具体行动，是从城市整体层面深化固体废物综合管理改革和推动"无废社会"建设的有力抓手，是提升生态文明、建设美丽中国的重要举措[66]。

2017 年 10 月，党的十九大报告提出："加强固体废弃物和垃圾处置"改革任务；"无废城市"建设试点工作在 2018 年被列入中央全面深化改革领导小组的工作要点。同年 6 月，中国政府提出"无废城市"试点（表 5-13），强调固体废物资源化[67, 68]。2019 年政府工作报告重申了固体废弃物与城市垃圾分类的重要性。至 2021 年 12 月，生态环境部等 18 部门联合发布《"十四五"无废城市建设方案》，标志着"无废城市"建设进入新阶段，旨在加强固体废物管理，推动绿色发展[69-71]。

《工作方案》以习近平新时代中国特色社会主义思想为指导，强调系统谋划、依法治理等原则，着重加快工业绿色低碳发展，降低工业固废压力，通过强化保障措施推进"三化"（减量化、资源化、无害化），助力污染防治、碳达峰及美丽中国建设[72]。此工作方案的核心任务在于全面推动工业领域的减污降碳，以构建绿色、低碳、循环的工业体系。具体措施涵盖了对高耗能、高排放项目的严格控制，推动绿色低碳产业发展；在钢铁、化工等重点行业探索工业固体废物减量化路径，全面推行清洁生产；加速绿色矿山和无废矿区建设，推广环境友好型技术；推动大宗工业固体废物在多个领域的规模化利用；加强贮存处置环节的环境管理，特别是对难以利用的冶炼渣、化工渣等进行有效管理；促进再生资源回收合作，建设一体化的绿色分拣加工配送中心和废旧动力电池回收中心；加快绿色园区建设，实现固体废物的循环利用；利用水泥窑、燃煤锅炉等设施协同处置固体废物；以及开展历史遗留固体废物的排查与整治[66]。

表 5-13   "十四五"时期"无废城市"建设名单[72]

序号	省（自治区、直辖市）	建设范围
1	北京市	密云区、北京经济技术开发区
2	天津市	主城区（和平区、河西区、南开区、河东区、河北区、红桥区）、东丽区、滨海高新技术产业开发区、东疆保税港区、中新天津生态城
3	上海市	静安区、长宁区、宝山区、嘉定区、松江区、青浦区、奉贤区、崇明区、中国（上海）自由贸易试验区临港新片区
4	重庆市	中心城区（渝中区、大渡口区、江北区、沙坪坝区、九龙坡区、南岸区、北碚区、渝北区、巴南区、两江新区、重庆高新技术产业开发区）
5	河北省	石家庄市、唐山市、保定市、衡水市
6	山西省	太原市、晋城市
7	内蒙古自治区	呼和浩特市、包头市、鄂尔多斯市
8	辽宁省	沈阳市、大连市、盘锦市
9	吉林省	长春市、吉林市
10	黑龙江省	哈尔滨市、大庆市、伊春市
11	江苏省	南京市、无锡市、徐州市、常州市、苏州市、淮安市、镇江市、泰州市、宿迁市
12	浙江省	杭州市、宁波市、温州市、湖州市、嘉兴市、绍兴市、金华市、衢州市、舟山市、台州市、丽水市
13	安徽省	合肥市、马鞍山市、铜陵市
14	福建省	福州市、莆田市
15	江西省	九江市、赣州市、吉安市、抚州市
16	山东省	济南市、青岛市、淄博市、东营市、济宁市、泰安市、威海市、聊城市、滨州市
17	河南省	郑州市、洛阳市、许昌市、三门峡市、南阳市
18	湖北省	武汉市、黄石市、襄阳市、宜昌市
19	湖南省	长沙市、张家界市
20	广东省	广州市、深圳市、珠海市、佛山市、惠州市、东莞市、中山市、江门市、肇庆市

续表

序号	省（自治区、直辖市）	建设范围
21	广西壮族自治区	南宁市、柳州市、桂林市
22	海南省	海口市、三亚市
23	四川省	成都市、自贡市、泸州市、德阳市、绵阳市、乐山市、宜宾市、眉山市
24	贵州省	贵阳市、安顺市
25	云南省	昆明市、玉溪市、普洱市、西双版纳傣族自治州
26	西藏自治区	拉萨市、山南市、日喀则市
27	陕西省	西安市、咸阳市
28	甘肃省	兰州市、金昌市、天水市
29	青海省	西宁市、海西蒙古族藏族自治州、玉树藏族自治州
30	宁夏回族自治区	银川市、石嘴山市
31	新疆维吾尔自治区	乌鲁木齐市、克拉玛依市

　　自 2019 年以来，广东省深圳市等"11+5"个城市和地区已制定并实施了试点建设方案，将试点工作与城市经济社会发展相融合，重点推进制度、技术、市场监管体系建设，初步形成了一批可复制、可推广的示范模式[73]。在《"十四五"无废城市建设规划》及《污染防治攻坚指导意见》推动下，生态环境部协同相关部门，基于城市条件与国家战略，精选了将实施"无废城市"建设的城市名单，并指定兰州新区等 8 个区域参照执行。核心目标是提升工业固体废物管理效率与利用水平，加速资源循环利用现代化。在国家战略引领下，入选城市及区域将共同努力，力争在"十四五"期间取得显著成效，为生态文明建设注入新动力，推动其向更高层次发展，既响应环保需求，又布局未来可持续发展[74]。

参 考 文 献

[1] 陈钧浩. 国际贸易、FDI 与资源环境关系的现实、理论与启示 [J]. 生态经济, 2009: 60-62.

[2] 张湘兰, 秦天宝. 控制危险废物越境转移的巴塞尔公约及其最新发展：从框架到实施 [J]. 法学评论, 2003(3): 93-104.

[3] 刘国伟. 缔约国增至 187 个《巴塞尔公约》剑指危废贸易乱象 [J]. 环境与生活, 2020(148): 12-19.

[4] 李卓彬.《巴塞尔公约》框架下危险废物越境转移法律问题研究 [D]. 哈尔滨：东北林业大学, 2012.

[5] 陈美金. 中国禁止"洋垃圾"入境的法律问题研究 [D]. 武汉：武汉大学, 2019.

[6] 郑挺颖, 刘国伟. 中国如何履行《巴塞尔公约》——访巴塞尔公约亚太区域中心工作团队 [J]. 环境与生活, 2020(6): 20-25.

[7] 王佳佳, 赵娜娜, 李金惠. 中国海洋微塑料污染现状与防治建议 [J]. 中国环境科学, 2019, 39(7): 3056-3063.

[8] 何子佳. 《巴塞尔公约》下塑料废物越境转移法律问题研究[D]. 沈阳: 辽宁大学, 2021.

[9] 钟娟. 环境权论纲 [J]. 学海, 2002(5): 33-37.

[10] 董晓珊.《巴塞尔公约》及其框架下的危险废物越境转移法律问题研究[D]. 青岛: 中国海洋大学, 2008.

[11] 戴秀河. 论巴塞尔协议体系的演化历程和实施现状 [C] //上海法学研究, 上海, 2022.

[12] 鄂晓梅. 危险废物的越境转移与《巴塞尔公约》 [J]. 内蒙古大学学报, 1999(3): 76-89.

[13] 李金惠, 王洁瑰, 郑莉霞. 在博弈中发展的国际废物管理——以《巴塞尔公约》为例 [J]. 中国人口·资源与环境, 2016,26(S1): 94-97.

[14] 刘芳, 郑莉霞, 谭全银, 等. 废旧电器电子产品越境转移国际管理制度比较 [J]. 中国环境科学, 2018,38(6): 2193-2201.

[15] 王如晨. "每年换手机"背后的环保危机 [J]. 环境教育, 2015 (6): 16.

[16] Alan J, Jackson L C, Mundin C, et al. Summary of the Meetings of the Conferences of the Parties to the Basel, Rotterdam, and Stockholm Conventions: 1-12 May 2023[J]. Earth Negotiations Bulletin, 2023,304(15): 1-21.

[17] 郭琳琳, 于丽娜, 刘刚, 等. 中国固体废物进口管理制度改革对全球废物处理的影响[J]. 世界环境, 2020(2): 40-41.

[18] 刘冰玉. 规制塑料废物跨境转移的里程碑:《巴塞尔公约》修正案的影响[J]. 经贸法律评论, 2020(2): 47-59.

[19] 联合国环境规则署. 关于对由持久性有机污染物构成、含有此类污染物或受其污染的废物实行环境无害化管理的一般性技术准则[S]. 2019.

[20] 全国人民代表大会常务委员会关于批准《〈巴塞尔公约〉缔约方会议第十四次会议第14/12号决定对〈巴塞尔公约〉附件二、附件八和附件九的修正》的决定[R]. 中华人民共和国全国人民代表大会常务委员会公报. [2020-11-15].

[21] 联合国. 人权专家:科特迪瓦有毒废物倾倒事件十周年 受害者仍活在黑暗中[EB/OL]. https://news.un.org/zh/story/2016/081261792. [2016-8-17]

[22] 人民日报. 东南亚国家加强"洋垃圾"进口政策限制[EB/OL]. https://baijiahao.baidu.com/s?id=1644868002066826788&wfr=spider&for=pc. 2019.9.17. [2024-12-4]

[23] 新华社. "塑料垃圾大王"美国甩锅推责危害全球.[EB/OL]. http://www.xinhuanet.com/2022-03/04/c_1128435462.htm. [2024-12-4]

[24] 钱皓. 国际政治中的中等国家——加拿大 [M]. 上海:上海人民出版社, 2020: 272.

[25] 读家[N]. 新民周刊. 2019-06-02.

[26] 国际在线. "洋垃圾"引发菲加外交纠纷 菲律宾召回驻加大使[EB/OL]. https://baijiahao.baidu.com/s?id=1633920759533867820&wfr=spider&for=pc. [2024-12-4]

[27] 观察者网. 印尼欲退回美澳德垃圾：38 箱有毒，11 箱废品[EB/OL]. https://news.ifeng.com/c/7o0FrbhOEym. ［2024-12-4］

[28] 宋亚秀. 我国"洋垃圾"问题的现状及其治理[D]. 深圳: 深圳大学马克思主义学院, 2022.

[29] 生态环境部, 国家发展和改革委员会, 公安部, 等. 国家危险废物名录(2021 年版) [S]. 2021.

[30] 巴塞尔公约秘书处. 巴塞尔公约和巴塞尔责任与赔偿议定书[R]. 联合国环境署, 2020: 88.

[31] 王兴霞. 全球贸易中的危险废物越境转移 ——基于国际机制视角[D]. 上海: 上海外国语大学, 2011.

[32] 李金惠, 段立哲, 郑莉霞, 等. 固体废物管理国际经验对我国的启示[J]. 环境保护, 2017, 45(16): 69-72.

[33] 陈维春. 危险废物越境转移法律制度研究[D]. 武汉: 武汉大学, 2006.

[34] 伍毅. 《巴塞尔公约》事先知情同意制度研究[D]. 武汉: 中南财经政法大学, 2019.

[35] 中国生态环境部, 危险废物出口核准管理办法[EB/OL]. https://www.mee.gov.cn/gzk/gz/202112/t20211203_962877.shtml. 2008.1.25. ［2024-12-4］

[36] 陈柳钦. 国际贸易可持续发展环境规则[J]. 节能与环保, 2002(8): 27-29.

[37] 郑婷. 危险废物跨境转移及其处置的法律控制研究 ——以《巴塞尔公约》为视角[D]. 上海: 复旦大学, 2012.

[38] 陈晓华. 危险废物跨境转移及其处置的法律控制研究 ——以《巴塞尔公约》为视角[J]. 云南大学学报(法学版), 2010, 23(2): 129-134.

[39] 苟洪标. 《巴塞尔公约》框架下危险废物越境转移研究[D]. 沈阳: 辽宁大学, 2015.

[40] 章鹏飞, 李敏, 吴明, 等. 我国危险废物处置技术浅析[J]. 能源与环境, 2019(4): 22-24.

[41] 联合国环境规划署. 巴塞尔公约[R]. 2019.

[42] 联合国环境规划署. Technical guidelines on the environmentally sound management of wastes consisting of, containing or contaminated with mercury［S］. 2013.

[43] 田祎, 王玉晶, 叶旌, 等. 国外汞废物环境管理综述［C］//第十届重金属污染防治技术及风险评价研讨会, 湖南长沙, 2020: 6.

[44] 孟令浩. 《巴塞尔公约》修正案的法律影响及中国的因应——以全球海洋塑料废物治理为视角[J]. 黑龙江省政法管理干部学院学报, 2019(6): 115-119.

[45] 《巴塞尔公约》、《鹿特丹公约》和《斯德哥尔摩公约》三公约缔约方大会及同期特别会议在日内瓦召开[N]. 中国环境报. 2013-05-03.

[46] 中华人民共和国中央人民政府. 禁止洋垃圾入境推进固体废物进口管理制度改革实施方案[EB/OL]. https://www.gov.cn/zhengce/content/2017-07/27/content_5213738.htm. 2017-07-27.

[47] 周钰博. 《巴塞尔公约》中国履约困境与改进研究[D]. 长春: 吉林大学, 2020.

[48] 王玫黎, 陈悦. 塑料废物跨境转移的国际法律规制——以《巴塞尔公约》塑料废物修正案为视角[J]. 国际法研究, 2022(2): 98-112.

[49] 赵娜娜, 郭燕, 李金惠. 全球限塑格局下, 我国怎样强化落实? [J]. 中国生态文明, 2020(4): 73-75.

[50] 王徐苗. 电子危险废物越境转移法律制度研究[J]. 上海社会科学, 2007.

[51] 王天一. 中瑞城市电子废弃物环境风险评价探讨[D]. 苏州: 苏州科技大学, 2017.

[52] 张萍. 我国废电子产品处理技术及运行成本分析[J]. 再生资源与循环经济, 2014,7(5): 23-27.

[53] 杨田风. 韩国296吨危险电池垃圾伪装入境 被长沙海关查获 [N]. 华声在线. [2017-3-8]

[54] UNEP. Basel Convention on the Control of Transboundary Movements of Hazardous wastes and their Disposal & Basel Protocol on Liability and Compensation[EB/OL]. (revised in 2023). https://www.basel.int/TheConvention/Overview/TextoftheConvention/tabid/1275/Default.aspx. [2024-12-4]

[55] 周斌. 船舶拆解环境污染防治法律问题研究[D]. 大连: 大连海事大学, 2010.

[56] 2011 年中国再生资源行业 10 大最具影响新闻事件[J]. 中国资源综合利用, 2012, 30(1): 4-5.

[57] 国家环境保护总局. 危险废物出口核准管理办法[EB/OL]. https://www.mee.gov.cn/gzk/gz/202112/t20211203_962877.shtml. 2008.1.25. [2024-12-4]

[58] 司文文. 巴塞尔公约[J]. 中国投资, 2019(1): 52-53.

[59] 王学川, 程正平, 丁志文, 等. 我国危险废物管理制度与含铬皮革废料的管理现状及建议[J]. 皮革科学与工程, 2020(20): 42-47.

[60] 张维炜. 人大监督护佑美丽生态——张德江委员长率队检查固体废物污染环境防治法实施情况[J]. 中国人大, 2017(20): 8-12.

[61] 李金惠. 中国固体废物管理现状及塑料污染治理成效[J]. 资源再生, 2020(10): 15-17.

[62] 全国人民代表大会. 中华人民共和国循环经济促进法[EB/OL]. http://www.npc.gov.cn/zgrdw/npc/xinwen/2018-11/05/content_2065669.htm. 2008.8.29. [2024-12-4]

[63] 人民日报. 有力有序有效治理塑料污染[EB/OL]. https://www.gov.cn/xinwen/021-01/19/content_5580935.htm. 2021.1.19. [2024-12-4]

[64] 边钢月, 张福琴. 限塑行业的发展之路[J]. 流程工业, 2020(3): 10-15.

[65] 人民网. 全国危废处置能力比"十二五"末增长一点六倍, 环境风险防范能力持续提升[EB/OL]. http://qh.people.com.cn/n2/2020/1202/c182756-34450920.html. 2020.12.2. [2024-12-4]

［66］国务院办公厅．"无废城市"建设试点工作方案[EB/OL]. https://www.gov.cn/zhengce/
content/2019-01/21/content_5359620.htm. 2018.12.29. ［2024-12-4］

［67］生态环境部. 国务院办公厅部署开展"无废城市"建设试点工作[J]. 中华纸业, 2019 ,40
(3): 9.

［68］刘晓龙, 姜玲玲, 葛琴, 等．"无废社会"构建研究[J]. 中国工程科学, 2019,21(5):
144-150.

［69］中国再生资源回收利用协会危险废物专业委员会. 2023 年度危险废物利用处置"关键
词"[J]. 资源再生, 2024: 20-24.

［70］环保领域相关的 "十四五"规划政策文件汇总[J]. 资源再生, 2022(5): 54-59.

［71］宗编."十四五"时期"无废城市"建设工作方案发布[N]. 中国建材报. 2021-12-20.

［72］蒋学书, 李若琳, 蒋钟毅. 石油终端销售企业建设"无废油库"的探讨及相关建议[J]. 石
油化工安全环保技术, 2024, 40(1): 4-5.

［73］生态环境部办公厅. 关于印发《"无废城市"建设试点实施方案编制指南》和《"无废城
市"建设指标体系(试行)》的函[EB/OL]. https://www.mee.gov.cn/xxgk2018/xxgk/xxgk06/
201905/t20190513_702598.html. 2019.5.8. [2024-12-4]

［74］关于发布"十四五"时期"无废城市"建设名单的通知[N]. 再生资源与循环经济.
2022-05-27.

推 荐 阅 读

徐庆华, 姜苇, 李金惠, 等. 控制危险废物越境转移及其处置巴塞尔公约二十年. 北京: 化学工
业出版社, 2012.

李金惠, 谭全银, 曾现来, 等.危险废物污染防治理论与技术. 北京: 科学出版社, 2017.

思 考 题

1. 《巴塞尔公约》的总体目标是什么？

2. 《巴塞尔公约》的核心原则是什么？

3. 管理非法贩运的措施包括哪些？

4. 《巴塞尔公约》主要管控的废物种类有哪些？

5. 2018 年 6 月，挪威政府提出关于将"固体塑料废物"从附件九中删除的申请，2021 年
塑料废物修正案正式生效。请论述该修正案的主要内容，并简述其对全球塑料废物管控的影响。

6 《关于在国际贸易中对某些危险化学品和农药采用预先知情同意程序的鹿特丹公约》

本章的目的是探讨《关于在国际贸易中对某些危险化学品和农药采用预先知情同意程序的鹿特丹公约》（以下简称《鹿特丹公约》）的起源和履约机制，掌握鹿特丹公约及其基本制度，熟悉鹿特丹公约管控的主要化学品，了解中国履约活动及成效。

6.1 《鹿特丹公约》的产生背景

在过去的三十多年里，随着化学品制造业和交易量的激增，公众对于危险化学品和农药可能对人类健康及环境构成的风险越来越警觉。尤其是那些缺乏适当基础设施以监管化学品进口和使用的国家，容易受到这些化学品的不良影响。为应对这些问题，自 20 世纪 80 年代中期，联合国环境规划署与联合国粮食及农业组织（粮农组织）联合推出了一系列自愿的信息交流项目。1985 年，联合国粮油组织发布《农药的销售与使用国际行为守则》[1]，1989 年联合国环境规划署修订了《关于化学品国际贸易资料交流的伦敦准则》（1987 年推出）[2]，两个组织都加入了事先知情同意程序（PIC 程序）并在全球范围内自愿性地实施[3]。1992 年，联合国在里约环发大会上承诺，2000 年前，将事先知情同意程序上升为国际公约。1995 年 FAO 和 UNEP 经授权开始组织各国政府组成政府间谈判委员会进行谈判[4]。1996~1998 年，政府间经过五届谈判。1998 年 9 月，在荷兰鹿特丹，全权代表会议通过并签署《关于在国际贸易中对某些危险化学品和农药采用预先知情同意程序的鹿特丹公约》（以下简称《鹿特丹公约》，又称《PIC 公约》）[5]。该公约于 2004 年 2 月 24 日生效。中国于 1999 年 8 月签署该公约，2005 年 3 月 22 日交存批准书。

2005 年 6 月 20 日，《鹿特丹公约》正式在中国生效。截至 2024 年 10 月，《鹿特丹公约》共有 166 个缔约国和 72 个签署国。缔约方分布在七个主要区域：欧洲、亚洲、中东、拉美和加勒比地区、非洲、北美以及西南太平洋。中国于 1999 年 8 月 24 日签署了《公约》，并于 2004 年 12 月 29 日通过了全国人大第十届十三次会议的批准。随后，中国政府于 2005 年 3 月 22 日向联合国交存了公约批准书，公约于 2005 年 6 月 20 日对中国正式生效，从而使中国成为《鹿特丹公约》的缔约方。

6.2　《鹿特丹公约》的主要内容

《关于在国际贸易中对某些危险化学品和农药采用预先知情同意程序的鹿特丹公约》[1]（Convention on International Prior Informed Consent Procedure for Certain Trade Hazardous Chemicals and Pesticides in International Trade Rotterdam），简称《鹿特丹公约》（The Rotterdam Convention）或《PIC 公约》。

6.2.1　《鹿特丹公约》的目标和主要内容

公约的全称清楚地说明了其目标，即每一缔约方履行公约的义务并承担相应责任，并对国际贸易中对某些危险化学品和农药采取事先知情同意的程序[6]。公约条款共 30 条，规定了公约的目的、定义、范围、国家主管部门；禁用或严格化学品列入的程序；极为危险的农药的程序，怎么把化学品纳入到公约中，进出口中化学品管制的义务，相应的资料交流，技术援助，不遵守形式争端的解决等等相应的条款。公约文本通过时，总共有五个附件，是公约正常运行所附带的，列入公约的标准、缔约方所要交的资料要求等。2004 年召开公约缔约方第一次大会时，又增加了一个附件——附件六：争端的解决，当时中国还没成为缔约方，没有表决权，就是接受。

公约的核心要求是，各缔约方必须实施一项决策程序，以便对某些极其危险的化学品和农药的进出口进行管理，这被称为事先知情同意（PIC）程序。《鹿特丹公约》不是禁止化学品的国际贸易和使用；而是一种对广泛的有潜在危险的化学品进行资料交流；为公约附件三的物质化学品提供一套国家决策程序。

《鹿特丹公约》对"化学品"、"缔约方禁止的化学品"、"缔约方严重限制的化学品"以及"严重危险农药配方（SHPF）"等术语进行了明确定义。公约的适用范围包括被禁止或受到严重限制的化学品以及严重危险的农药配方。此外，公约以附件三的形式发布了第一份列有极其危险化学品和农药的清单[7]。《鹿特丹公约》的目标是通过促进对国际贸易中某些危险化学品特性的资料交流，制定此类化学品进出口的国家决策程序，并将这些决定通知缔约方，以推动各缔约方在国际贸易中共同承担责任和加强合作，从而保护人类健康和环境免受这些化学品的潜在危害，并推动其以无害环境的方式使用。该公约适用于缔约方禁止或严格限制的对健康或环境有害的农药和工业化学品。然而，某些化学品类别，如麻醉剂、放射性物质、药物、食品及食品添加剂、废物等不在公约的适用范围内。《鹿特丹公约》的附件三列出了需遵循事先知情同意程序的化学品清单[8]。

《鹿特丹公约》设立了一个国际控制制度。根据该制度，当一个缔约国计划出口受《鹿特丹公约》管控的化学品时，必须事先通知进口国。出口只有在获得进口国相关当局的同意或默认后才能进行[8]。

《控制危险废物越境转移及其处置的巴塞尔公约》[9]、《关于在国际贸易中对某些危险化学品和农药采用预先知情同意程序的鹿特丹公约》[6]和《关于持久性有机污染物的斯德哥尔摩公约》[10]，其共同目标是保护人类的身体健康和生存环境，免于受到危险化学品和危险废物从生产到处置等各个生命周期阶段的危害。三个公约对公约所涵盖物质和废物的国际贸易或越境转移进行控制。鹿特丹公约与国际化学品和废物多边协定的关系如表 6-1 所示。

表 6-1　与国际化学品和废物多边协定的关系

名称	核心内容	通过时间	生效时间	缔约方
控制危险废物越境转移及其处置的巴塞尔公约	废物源头减量、就近处理、越境转移控制	1989 年	1992 年 5 月 5 日	188 个
关于持久性有机污染物的斯德哥尔摩公约	持久性有机污染物全生命周期管理	2001 年	2004 年 5 月 17 日	188 个
关于在国际贸易中对某些危险化学品和农药采用预先知情同意程序的鹿特丹公约	危险化学品和农药的环境管理和越境转移控制	1998 年	2004 年 2 月 24 日	161 个
关于汞的水俣公约	汞的全生命周期管理	2013 年	2017 年 8 月 16 日	115 个
国际化学品管理战略方针	自愿性倡议	2006 年	无	无

《鹿特丹公约》要求各缔约国就界定范围内的化学品之进出口事项进行信息交换。公约制定了两套程序：①对于《公约》项下附件三中所列化学品之事先知情同意（PIC）程序；②对于未列入附件三的其他禁用或严格限制使用的化学品之出口通知程序。该公约项下的贸易指公约界定范围内的化学品进口和出口，具体是指公约第 2 条第（6）款的定义：化学品从某一缔约国转移到另一缔约国，但不包括纯粹的过境运输[11]。缔约国有义务采取适当措施，以确保公约界定范围内的化学品之进口和出口符合下列要求：附件三项下列明的危险化学品之转移应遵循事先知情同意程序（以下简称"事先知情同意程序"）。只有在经由进口回复程序表明进口国已经同意之后的特定化学品进口之情况下，方可允许出口。如果缔约国在进口回复程序中同意进口，但附带应遵守的特别条件，则此类条件也必须遵守（第 10 条和第 11 条）。如果某一化学品未列入附件三项下，但属于某一缔约国规定的禁用或严格限制使用之范围，当此类化学品从该缔约国境内出口，则在首次装运前以及此后的每一年度（第 12 条），该缔约国均须向每一个拟进口缔约国发

出通知，出口通知应涵盖的信息要求详见附件五之规定。对于禁用或严格限制使用的化学品之出口以及应遵循事先知情同意程序的化学品，均应进行适当标记，并附有安全数据表（第 13 条第 2 款），列明基本的健康信息和安全信息。由于进口回复程序之贸易中立性之要求，决定不同意特定化学品进口或对特定化学品进口要求满足特定条件的缔约国[12]，也必须同时拒绝任何来源地（其中包括来自非缔约方）的上述化学品之进口，或只允许在上述同一特定条件下方可允许进口（第10 条第 9 款）（表 6-2）。

表 6-2　《巴塞尔公约》、《鹿特丹公约》和《斯德哥尔摩公约》项下规定的进口/出口程序摘要

公约名称	《巴塞尔公约》	《鹿特丹公约》	《斯德哥尔摩公约》
目标对象	公约项下涵盖的所有危险废物和其他废物	公约项下附件三中所列化学品	出口国禁止或限制的附件三涵盖范围之外的化学品
时间安排	作为一般性规则，适用于每次拟进行的越境转移	其后列入附件三列表中的其他物质	在通过相应的具有最终法律效力的监管法案之后，首次出口前
启动方式	出口国拟向过境国及进口国进行的越境转移，应采用通知文件形式	由秘书处向所有缔约国发送决定指导文件	由出口国向进口国发送出口通知
由进口国、过境国作出决定	同意/拒绝/要求提供补充资料	同意/不同意/附条件同意	确认书
公布决定形式	书面决定应由进口国、过境国采用通知文件方式向出口国公布	书面通知应送交秘书处。通知（即"进口回复"）可在事先知情同意通知栏中获取	书面形式
联系人	主管机关	经指定的国家主管部门	经指定的国家主管部门

《斯德哥尔摩公约》对有关公约界定范围内的持久性有机污染物（POPs）之进口及出口进行了规定，但《斯德哥尔摩公约》未就有关持久性有机污染物的国际贸易事项的具体程序做出规定。如果持久性有机污染物被归类为《巴塞尔公约》或《鹿特丹公约》界定范围之内，则根据实际情况，持久性有机污染物归类为此类公约界定范围之内的进口、转口和出口，适用上述公约中规定的控制程序。公约对其项下附件 A 和附件 B 中所列的蓄意生产的化学品之出口和进口进行了规定。其中，为了确保本公约项下附件 A 和附件 B 中所列的任何化学品之进口和出口能够遵守公约规定的严格要求，如何减少或消除源自第 3 条项下所规定的蓄意生产和使用之化学物质之排放措施，是各缔约国的一项义务。对于进口：上述化学品仅能基于第六条第一款第（四）项下规定的环境无害化处置之目的而进口；或者根据附件 A 或附件 B 项下之规定，允许缔约国基于某一用途或目的而进口。

对于出口：只有对所有国家而言，均无法轻易获取更安全的替代品，且具有以下特定豁免理由或基于如下可接受之目的，才可以出口此类化学品：根据第 6 条第 1 款第（4）项之规定，基于环境无害化处置之目的而出口；出口到依据附件 A 或附件 B 之规定允许使用该化学品的某一缔约国；或者向已向出口缔约国提供了年度证书的非本公约缔约国出口。上述证书应确保进口国能最大限度地减少或防止化学品之排放，能以无害化环境方式对化学品进行处置，并能遵从附件 B 项下第二部分第 2 款之规定。

三个公约的共同之处就是对进口和出口公约所涵盖的化学品和废物设置须遵守的条件和程序。设置这些程序旨在确保进口国不会被动应对他们不希望收到的危险化学品和废物，例如因为他们不能以环保方式管理这些危险化学品和废物。《鹿特丹公约》和《斯德哥尔摩公约》涉及对化学品国际贸易的控制，而《巴塞尔公约》主要对废物贸易进行监管。《鹿特丹公约》和《斯德哥尔摩公约》限制生产和使用某些化学品，而当这些化学品变成废物时，就进入到《巴塞尔公约》的监管范围，因此，《鹿特丹公约》和《斯德哥尔摩公约》会对《巴塞尔公约》产生上游影响。

6.2.2 《鹿特丹公约》的两个关键机制

1.事先知情同意程序（PIC 程序）

为了保护人类健康和环境目的而被禁止或者被严格限用的化学品，其国际贸易不能在指定的国家出口主管当局没有同意或违反其决定的情况下进行。进口国如果不同意，贸易就不可以进行。相当于为此类化学品的进出口提供一套国家决策程序，由国家决定这些被列入的化学品是不是同意进口。

化学品纳入公约有两种途径：一是被禁用或严格限用的化学品，通过禁止或严格限用化学品通知表格纳入；另一个是极为危险的农药制剂，如果一个国家在使用时发生了事故，可以通过填写事故报告表格，请求把物质列入到公约里。

在公约中禁用或严格限用化学品的程序中包括两个步骤。第一步，如果为保护人类健康或环境某一国禁用或严格限用某一化学品，即某一个国家针对某一化学品采取了行动，DNA 填一份政府管制行为通知表，提交给秘书处，公约秘书处按照公约附件一审阅资料，看其是否符合或是否完整，并把资料的摘要登在 PIC 简报上，分发给全世界，告诉大家哪些物质、哪些国家发了最后限制行动。第二步，秘书处收到第二份来自另一个区域的另一个国家针对同一个化学品的最后行政通知，并认为资料是完整的，会把这两份资料提交给 CRC 来审查。CRC 根据附件二审阅资料（图 6-1）。

如何将禁用或严格限用化学品列入公约
"禁用或严格限用化学品"纳入公约
两个来自不同区域的国家的通知可以起步

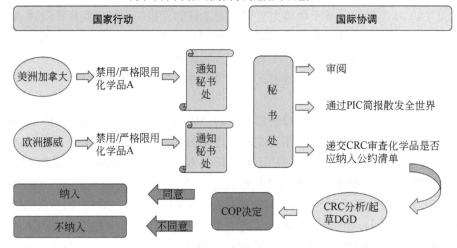

图 6-1　如何将禁用或严格限用化学品列入公约

如美洲的加拿大和欧洲的挪威,都禁用了化学品 A,同时/分别通知了秘书处,秘书处根据附件一审阅,并通过简报散发全世界,同时如果认为材料是完整的,秘书处会递交给 CRC,CRC 根据附件二审查认为符合,会起草决定指导文件,递交缔约方大会,由缔约方大会决定是否纳入公约清单。这个公约比较特殊的一点,即缔约方大会采取协商一致的方式,只要一个缔约方不同意,这个物质就不能被纳入。

极为危险的农药制剂的程序(SHPF)包括两个步骤。第一步,某一国家在其本土使用条件下遇到由某一农药制剂造成问题;DNA 递交提案建议将此纳入《公约》;第二步,秘书处根据附件四第一部分审阅提案是否符合要求;并将摘要发布在 PIC 简报上;同时收集附件四第一部分所需资料;提案连同秘书处收集的资料提交给 CRC;CRC 按照附件四第三部分标准审阅,若符合,起草决定指导文件,递交缔约方大会,如果大会同意,就会纳入(图 6-2)。

如倍硫磷活性成分≥640 g/L 的超低容量制剂使用时出现问题,须得向公约秘书处提交通知处理。秘书处根据附件四第一部分审阅提案是否符合要求;并将摘要发布在 PIC 简报上;同时收集附件四第一部分所需资料;提案连同秘书处收集的资料提交给 CRC;CRC 按照附件四第三部分标准审阅,认为符合,起草决定指导文件,递交缔约方大会。但很遗憾,大会没有通过,因为苏丹反对,认为如果被纳入,会对出口方造成影响,导致减产进而价格上升,会令其买不起这个农药,直到现在还没有通过。

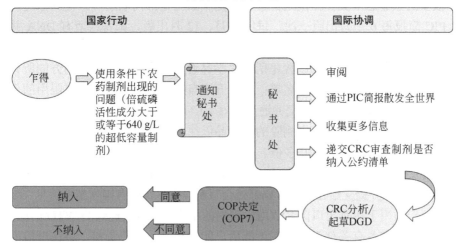

图 6-2 "极为危险的农药制剂"纳入公约

决定指导文件（DGD）是由 CRC 审查提交上来的材料认为符合后起草的，这个文件的主要作用是在化学品纳入清单后发送给所有国家，让国家在 DGD 提供的资料的基础上作出是否同意进口等决定。这里面 WTO 有个原则，如果国家禁止进口这个化学品，则本国也不能生产这个物质，禁止从 A 国进口，也不能再从 B 国进口（图 6-3）。

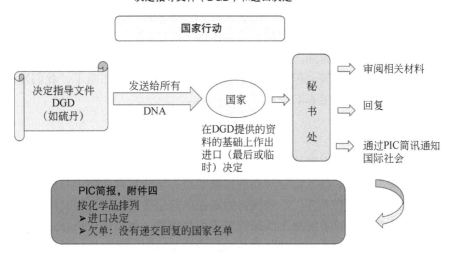

图 6-3 决定指导文件（DGD）和进口决定

PIC 简报是缔约方遵守针对"附件三"化学品的进口决定的基础性关键文件，很多国家靠这个文件作决定；并且指定国家主管部门名册，方便国家之间联系；PIC 简报每 6 个月出版一次，每年 6 月、12 月出版，邮寄给所有 DNA 并置于网络。"PIC 简报"包括以下附录：附录一最后管制行动摘要；附录二关于列入 SHPF 的提案；附录三 PIC 程序所属化学品清单；附录四来自缔约方的所有进口决定，未交进口决定的国家名单；附录五来自缔约方的所有禁止或限用的化学物质列表；附录六缔约方已提交并通过 CRC，COP 上未通过的化学品的"进口决定"；附录七从公约附件三中删除的化学品以往的进口协定。目前所有缔约方提交的最后管制通知已经有 200 多份。

同时进口缔约方具有以下责任：①在公约规定时限内对 PIC 程序中化学品作"进口决定"，并提交给秘书处，秘书处会写在简报里，所有国家都看得见。②保障进口决定适用于所有出口国并适用于国内的生产，即前面提到的 WTO 的原则；③保障进口商和各有关部门，所有可能用户能收到"决定"资料，要让出口方知道这个国家什么能进口，什么不能进口。

出口缔约方具有以下责任：①采取立法或行政措施将进口决定通知其管辖范围内有关各方；②采取立法或行政措施以保障其管辖范围内的出口商遵循各缔约方的进口决定；③指导或协助进口缔约方获取进一步资料以助于作出"进口决定"，加强其化学品安全管理的能力。

出口通知如 HBCD，是《斯德哥尔摩公约》中的物质，中国对其进行管制了，填写了表格交给了秘书处，但这个物质还没有列入附件三，在这种情况下要发"出口通知"，即该国已经管制的物质还没有列入附件三，这个国家出口的时候就需要向出口国发出口通知［当 A 国出口化学品 X 时，应向进口国 B 发送出口通知——出口通知（附件 5 注明所需附资料）——B 国（进口）］。中国管制了 HBCD，中国在出口的时候就要发通知，我国每年平均向 6 个国家发十多份出口通知，包括以色列、俄罗斯、韩国等。但如果这个物质被列到公约附件三里了，我们发出口通知的义务就终止了（图 6-4）。

2. 资料交流

通过贸易的行为，在缔约方之间关于潜在危险化学品的资料交流、信息的传递，即让发展中国家、技术比较薄弱的国家能获得这些危险的化学品的资料。公约促进各缔约方之间对非常广泛范围内的潜在危险化学品进行资料交流。相当于预警系统，使各个国家了解哪个国家管制了那些物质。另外是出口通知中包含的一些信息：提醒进口国关于对此化学品的最新管制情况；告知该化学品在进口国仍在使用；给予索取进一步资料的机会。再就是出口化学品应附的资料，比如

MSDS 数据单；最好是进口国的当地语言版本，比如我们出口到韩国，最好提供韩语版本资料；还要张贴国际所规范的一些标签，实际上是告诉进口国，我们提供的物质是我们国家管制的化学物质。

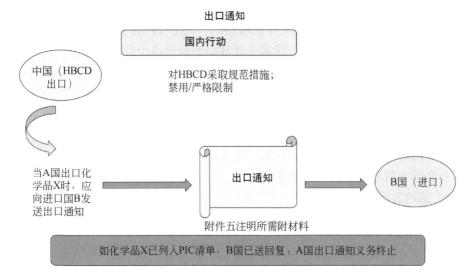

图 6-4   出口通知

《鹿特丹公约》明确规定了缔约方在国际贸易中涉及危险化学品和农药时的信息交流要求。进口国有权获取其他国家禁用或严格限用化学品的相关信息，以决定是否允许、限制或禁止某种化学品的进口，并将该决定通知出口国。出口国则需将进口国的决定传达给本国的出口部门，并作出相应安排，确保国际运输不违反进口国的决定。此外，进口国的决定应适用于所有出口国。

《鹿特丹公约》明确规定了缔约方在国际贸易中涉及危险化学品和农药时的信息交流要求。发展中国家或经济转型国家应告知其在处理严重危险化学品时可能面临的问题。任何缔约方在考虑出口本国已被禁用或严格限制的化学品时，必须在发货前通知进口国。此外，如果出口涉及危险化学品，出口方必须向进口国提供最新的安全数据。每个缔约方应按照公约的规定，为参与"事先知情同意（PIC）程序"的化学品以及在本国被禁用或严格限制的化学品附上明确的标签信息，缔约方将提供技术援助和其他形式的合作，帮助有关国家提高实施公约的能力，并加强相关基础设施建设[7]。

6.2.3   《鹿特丹公约》的关键机构

《鹿特丹公约》的关键机构有政府主管部门（DNA）、缔约方大会（COP）、化学品审查委员会（CRC）、公约秘书处等。

1）政府主管部门

政府主管部门（DNA）是指各缔约方应指定一个或数个国家主管部门，国家主管部门应获得授权，在行使本公约所规定的行政职能时代表缔约方行事，简称 DNA。DNA 是 PIC 程序运作的主要联络点，一般是国内负责管理化学品的生产、使用、出口、进口的政府部门。国家主管部门要履行这个公约要求各缔约方的义务，将管制化学品最后管制行动的通知递交给秘书处，发展中国家需要把自己国家使用时发生一些事故的化学品，作为极为危险的农药的提案，提交给秘书处。对公约附件三的物质，回复秘书处是否同意进口，相当于国家程序；对管制化学品的出口，有出口通知和资料交流的义务。中国的主管部门 DNA 有两个，一个是生态环境部，另一个是农业农村部。生态环境部主要负责工业化品和非在用农药，而在用农药是由农业农村部负责。

2）缔约方大会

缔约方大会（COP）是公约的最高权力机构，所有的决策都要从缔约方大会来决定。比如决定纳入化学品；建立附属机构，如公约秘书处，化学品审查委员会、遵约委员会；确定 PIC 区域、议事规则、财务规则等。PIC 区域也就是把全球划分了几个区域，在这些区域内提交化学品的提案，然后讨论纳入的物质，PIC 并没有采纳联合国的 UN 五大区域，而是划分了七大区域，以提交更多的化学品。缔约方大会是《鹿特丹公约》最高决策机构。缔约方大会每两到三年开会一次缔约方大会的职责包括审议和评估缔约方递交的执行《鹿特丹公约》情况的报告，并在此基础上通过进一步执行的相关决定；缔约方大会负责审议秘书处的工作方案和预算；缔约方大会也有权推荐对《鹿特丹公约》做出修正以及对附件三增加新的化学品。缔约国还可提议将其管辖范围内被禁止或严格限制的化学品列入《鹿特丹公约》的管制清单，即附件三。在公约生效前，会每年召开一次政府间谈判会议，生效后，头三年，每年都召开，以后则隔年召开一次，2013 年因三公约（巴塞尔、斯德哥尔摩、鹿特丹）整合，三个公约一起召开会议，每次开 14 天。

《鹿特丹公约》第八次缔约方会议于 2017 年 4 月 24 日至 5 月 5 日在瑞士日内瓦与《关于持久性有机污染物的斯德哥尔摩公约》《控制危险废物越境转移及其处置的巴塞尔公约》联合召开[8]。来自全球 161 个缔约方、国际组织、非政府组织等约 1300 名代表出席了会议。会议就法律与技术议题、新增受控物质、三公约协同、资金机制与财政事项、遵约机制与成效等议题进行磋商，最终达成五十余项决议。会议同意将克百威、短链氯化石蜡、敌百虫、三丁基锡化合物（工业用途）列入公约附件三，执行事先知情同意程序。温石棉、倍硫磷（活性成分大于或等于 640 g/L 的超低容量制剂）、百草枯二氯化物含量大于或等于 276 g/L（相当于百草枯离子含量大于或等于 200 g/L）的液体制剂（乳油和可溶液剂）和增列丁硫克百威未能达成协商一致，留在下次会议讨论。

《关于在国际贸易中对某些危险化学品和农药采用预先知情同意程序的鹿特丹公约》的化学品审查委员会第十三届会议于 2017 年 10 月 23～27 日在意大利罗马召开[13]。会议回顾了缔约方第八次大会所取得的成果和化学品审查委员会的任务和使命；审查了乙草胺、四氯化碳、十氯酮、硫丹、环嗪酮、灭蚁灵、六溴环十二烷、五氯苯、全氟辛烷磺酸（PFOS）及其盐和全氟辛基磺酰氟、莠去津、甲拌磷、三唑磷、多氯萘[14]等十三种化学品和高效氯氟氰菊酯乳油 50 g/L 等两种极为危险的农药制剂。会议通过了对乙草胺、六溴环十二烷和甲拌磷的审查，决定成立闭会期间的决定指导文件工作组，负责起草决定指导文件并提交下届化学品审查委员会会议讨论。会议还通过了修订的委员会的工作程序和政策指南文件。

《鹿特丹公约》化学品审查委员会第二十次会议（CRC20）于 2024 年 9 月 17～20 日与《斯德哥尔摩公约》持久性有机污染物审查委员会第 20 次会议背靠背举行。闭会期间工作组的会前会议将于 2024 年 9 月 16 日举行[15]。委员会第二十次会议将审议关于毒死蜱和汞的决定指导文件草案。委员会第十九次会议建议将这两种化学品列入公约附件三。委员会还计划根据公约附件二所列标准审查多达 33 份最后管制行动通知，以及根据公约附件四第三部分所列标准列出严重危险农药制剂的四项提案。委员会还将继续审查第十九次会议期间讨论过的关于西维因、氯芬磷、乙硫磷、甲氧对硫磷和硫二灭威的最后管制行动通知，但该次会议对这些通知的审议尚未完成。

3）化学品审查委员会

化学品审查委员会（CRC）由 COP1 设立在区域平衡的基础上。在公约缔约方会议的框架内，设立了一个化学品评估委员会。职能主要是审查缔约方发送的通知和提案，或审查极为危险的农药制剂，如果符合标准（附件二、附件四），向 COP 建议将化学品纳入附件三。这个委员会负责评估各缔约方所提交的资料，以增加新的化学品列入附件三，并建议缔约方会议关于这些化学品列入公约附件三，随后由大会讨论和决定；缔约方会议还负责制定程序和组织查明违反行为[9]。

4）公约秘书处

公约秘书处。鹿特丹公约是唯一由两个组织共同支撑的公约，公约秘书处由环境规划署和粮农组织联合提供，主要是为缔约方提供服务，如筹办 INC、COP、ICRC、CRC 会议；促进某些程序的运作，如审阅并通报通知，提案以及进口回复、DNA 名册；与缔约方联络，编制简报分发给缔约方；协助缔约方执行公约；与其他公约秘书处联络；公约指定的其他工作。为了促进关于有毒化学品信息的交流和传递，《鹿特丹公约》秘书处每六个月发布一期 PIC 通告（PIC circulars）[16]，也会公开各国对公约管控清单物质的进口回复[17]。

　　此外，公约已在全球批准建立了 6 个区域和协调中心。分别是：非洲区域办事处（ROA）、欧洲区域办事处（ROE）、拉丁美洲和加勒比区域办事处（ROLAC）、北美区域办事处（RONA）、亚洲及太平洋区域办事处（ROAP）和西亚区域办事处（ROWA）。区域办事处在向执行巴塞尔、鹿特丹和斯德哥尔摩公约的缔约方提供援助方面发挥主导作用。秘书处与环境署区域办事处之间的合作领域，特别是通过化学品和废物相关多边环境协定的区域联络点等，开发和提供技术援助和能力建设活动，以协助缔约方执行"公约"。

6.3　公约管控下的化学品

　　《鹿特丹公约》在附件Ⅲ中列出了需要采用事先知情同意（PIC）程序的公约管制化学品清单，纳入清单的化学品包括因健康或环境影响被两个或更多缔约国禁止或严格限制使用的工业化学品、农药和极危险的农药制剂以及经缔约方大会讨论决定实行 PIC 程序的工业化学品、农药和极危险的农药制剂。

　　公约管控的化学品包括某一缔约方因人类健康环境因素禁用或严格限用的农药和工业化学品；或在发展中国家或经济转型国家缔约方的使用条件下导致危害或事故的极为危险的农药制剂都可以被纳入。所有的管控化学品需要纳入公约的附件Ⅲ来执行事先知情同意程序。到目前为止，总共有 55 类化学品，36 类农药（包括 3 类极为危险的农药制剂），18 种类工业化学品，1 种类农药/工业化学品[8]。一类包括很多种，苯的清单中就包括 500 种；第 1 类，2,4,5-涕及盐类脂类就包括很多种；第 29 类，三丁基锡化合物也包括三丁基氧化锡、三丁基氯化锡等很多种；石棉有 5 种。各缔约国可以根据已掌握的最新数据和资料向公约秘书处提出关于增补管控化学品清单的提案。

6.4　中国履行《鹿特丹公约》进展

　　中国在全球农药生产和出口领域占有重要地位，对全球食品安全的保障起到了关键作用。作为主要的农药生产和出口国，中国密切关注《鹿特丹公约》的发展动态，并通过行业宣传和教育活动，引导农药行业重视公约的管理和监管方向，推动产品结构的优化和调整。尽管我国农药产业起步较晚，但现已发展为全球最大的农药生产国，其出口量约占总产量的 60%～70%（图 6-5）[10, 11]。我国出口的农药主要包括除草剂、杀虫剂和杀菌剂，同时也有少量的杀鼠剂和植物生长调节剂出口。

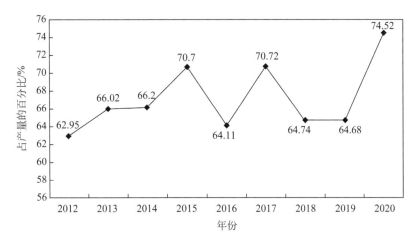

图 6-5　2012～2020 年农药的出口量占产量的百分比（折百后）

在我国出口的农药类型中，有些属于《鹿特丹公约》规范和管控的范围，例如甲草胺、克百威、敌百虫、涕灭威和甲拌磷等，这些农药被列入公约的附件Ⅲ中，每年都有一定的出口量。对于这些附件Ⅲ中的产品，中国在出口时严格遵守各缔约国的进口决定，并按照进口国的相关规定和要求管理农药的出口活动。

截至目前，共有 97 个国家对《鹿特丹公约》附件Ⅲ中的甲草胺等五种农药的进口问题表达了立场（图 6-6）。部分国家已作出最终决定，其中阿根廷、古巴、危地马拉和巴拿马决定"同意进口"，而厄尔多瓜、萨尔瓦多、多哥、坦桑尼亚和乌拉圭则作出了"同意进口"的临时决定。此外，澳大利亚、巴西等 17 个国家在符合某些特定条件时也同意进口甲草胺。相比之下，加拿大、印度尼西亚等 70 个国家决定禁止进口甲草胺。这些不同的决策体现了各国在农药进口政策上的多样性，也展示了《鹿特丹公约》在推动化学品国际贸易透明度和安全性方面的关键作用。

通过查询 PIC 官网上的涕灭威进口决定可知，已有 98 个国家做出了涕灭威的进口决定。其中，危地马拉和巴拿马决定"同意进口"，乌拉圭则作出"同意进口"的临时决定。中国、日本、澳大利亚、墨西哥等 14 个国家在特定条件下同意进口，而柬埔寨、古巴、加拿大和印度等 80 个国家则不同意进口涕灭威。

根据 PIC 官方网站关于克百威的进口决定，已有 54 个国家作出了相关决定。其中，俄罗斯联邦和马来西亚作出了"同意进口"的最终决定，厄立特里亚作出"同意进口"的临时决定，澳大利亚、中国和新加坡等 10 个国家同意在特定条件下进口，而加拿大、柬埔寨、马里等 41 个国家拒绝进口克百威。

查询甲拌磷的进口通知发现，已有 32 个国家作出了进口决定，其中哥斯达黎加同意进口，澳大利亚、加拿大、中国等 6 个国家在特定条件下接受进口，而柬埔寨、欧盟和土耳其等 25 个国家拒绝进口甲拌磷。

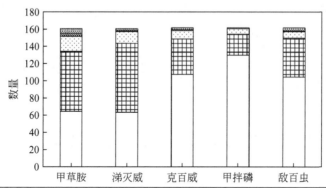

	甲草胺	涕灭威	克百威	甲拌磷	敌百虫
未提交决定	65	64	108	130	105
不同意进口	70	80	41	41	45
同意在特定条件下进口	17	14	10	10	8
临时决定同意进口	4	1	1	1	1
最终决定同意进口	5	2	2	2	3

图 6-6　缔约方提交甲草胺等 5 个附件Ⅲ农药的进口决定的相关情况

目前，已有 57 个国家对敌百虫的进口作出了决定。其中，哥斯达黎加、马来西亚和巴拿马作出了"同意进口"的最终决定，厄立特里亚作出临时"同意进口"的决定，澳大利亚、中国和泰国等 8 个国家在满足条件下同意进口。相对地，加拿大、欧盟和柬埔寨等 45 个缔约国反对进口敌百虫。

2020 年 1 月 9 日，农业农村部农药检定所发布了《关于在办理农药出口通知单工作中进一步加强鹿特丹公约履约程序的注意事项》，明确要求企业在办理履约产品的放行单时需补充提交相应的履约材料。《鹿特丹公约》规定，出口国在出口贸易中必须遵守事先知情同意程序。特别是，必须严格遵守进口国的进口决定来出口附件Ⅲ中的产品；此外，当首次向某一进口国出口已在本国被禁止的农药时，必须向进口国发送出口通知。中国严格执行公约的要求，在出口审批过程中，多次因进口国的"不同意进口决定"而拒绝企业的出口申请。

在 2020 年，中国共审核了履约材料 10552 单，约占放行单总量的 6.8%，其中包括 2000 多单附件Ⅲ产品和 8000 多单国内禁用产品。2021 年，中国已向 70 多个国家发送了 110 多份出口通知[12]。

农药行业正面临《鹿特丹公约》带来的双重效应：一方面，该公约有助于推动中国农药产业的现代化进程；另一方面，也可能对中国农药出口造成一定阻碍，从而对贸易产生不利影响。《鹿特丹公约》要求在贸易中履行事先知情同意程序，这在一定程度上有助于分担农药国际贸易的责任。然而，在实际履约过程中，这一程序有时被放大，超出了其原本的范围。由于缺乏农药生产和风险评估能力，许多发展中国家或经济转型国家往往以公约的管控措施为主要决策依据，采取保守的禁用态度。有些国家甚至明确表示，如果某一产品被列入公约附件Ⅲ，他们将在国内对其进行禁用。这种情况导致了"禁限用"的蝴蝶效应。

在农药出口方面，农药行业需采取以下措施：首先，密切关注全球范围内农药禁用和限制政策的发展，例如泰国、马来西亚、越南和莫桑比克对百草枯的禁用政策，以及欧盟对农药的相关禁用动向。其次，定期查看《鹿特丹公约》官方网站，了解各国关于附件Ⅲ农药进口决策的最新更新，并获取农药最终管制行动通知的最新信息。最后，关注公约的监管趋势，提前做好应对，通过加强科技创新和新型农药的研发，调整产业结构，积极应对挑战。

自 2002 年以来，中国一直积极参与《鹿特丹公约》缔约方大会和 CRC 会议，并先后提名三位专家作为 CRC 成员，参与公约技术评审，负责相关责任的评估工作。每次 CRC 会议，中国代表团都会作为观察员出席，积极参与公约事务，积累了丰富的国际谈判和履约经验。此外，中国还形成了由生态环境部、农业农村部、外交部、工业和信息化部、应急管理部等多部门分工协作的履约机制。

为有效履行公约，中国采取了以下措施：首先，通过成立国家级工作组，充实公约谈判力量，提升在公约谈判中的能力，在国家层面建立履约工作组，对公约进行系统研究，培养履行公约所需的技术能力和技术人才，提升谈判能力。其次，加强行业宣传，确保在国家层面上有效执行公约，让所有相关部门理解并遵循公约的规定。

参 考 文 献

[1] 联合国环境规划署(UNEP), 联合国粮食及农业组织(FAO). 《鹿特丹公约》简况[S]. 罗马, 意大利: 联合国粮食及农业组织, 1998.

[2] 武丽辉, 曲甍甍, 吴厚斌. 《鹿特丹公约》增列物质程序及受控农药类化学品最新进展[J]. 农药科学与管理, 2019, 40(3):9-12, 18.

[3] 吴厚斌, 楼云燕, 任晓东, 等. 《鹿特丹公约》的历史背景, "事先知情同意程序"的历史演变[J]. 农药科学与管理, 2005(8):36-37+40.

[4] 武丽辉, 南芳, 曲甍甍, 等. 《鹿特丹公约》农药管控趋势及中国农药履约成效分析[J]. 农药, 2021, 60(11):781-785.

[5] 余任跃. 童工在农业活动中接触农药的危害[J]. 中国个体防护装备, 2011(5):49-50.

［6］武丽辉，曲薆薆，张奇，等. 鹿特丹公约化学品审查委员会第 17 次会议(CRC17)农药评审进展及我国履约应对建议[J]. 农药科学与管理，2022, 43(1):24-28.

［7］韩晗. "农药进出口证明"问题久拖不决蹊跷何在?《农药市场信息》[J]. 2007-11-1.

［8］《鹿特丹公约》公约秘书处.《鹿特丹公约》附件三[EB/OL]. http://www. pic. int/Procedures/ImportResponses/Database/tabid/1370/language/en-US/Default. aspx.

［9］夏堃. 国际化学品和危险废物法律体系梳理[J]. 环境保护，2015, 43(17):61-63.

［10］《鹿特丹公约》公约秘书处.《关于在国际贸易中对某些危险化学品和农药采用事先知情同意程序的鹿特丹公约》. https://www. pic. int/TheConvention/Overview/Textofthe Convention/tabid/1048/language/en-US/Default. aspx.

［11］联合国文档编号 1419914(E).《巴塞尔公约》、《鹿特丹公约》和《斯德哥尔摩公约》中的国际贸易控制措施[S]. 日内瓦:联合国，联合国环境规划署，2015.

［12］联合国环境规划署.《关于在国际贸易中对某些危险化学品和农药采用事先知情同意程序的鹿特丹公约》[S/OL]. 联合国环境规划署，2015. https://www. un. org/zh/documents/treaty/TREATIES-2245.

［13］《鹿特丹公约》公约秘书处. CRC15 会议文件. https://www. pic. int/TheConvention/ChemicalReviewCommittee/Meetings/CRC15/Overview/tabid/8034/language/en-US/Default. aspx.

［14］余露. 乙草胺将推荐列入《鹿特丹公约》附件三[J]. 今日农药，2017(12):1.

［15］中国农药工业协会标准官网.《新增审查!《鹿特丹公约》CRC 拟审议甲基毒死蜱、丙溴磷、代森锌等 9 个新增农药品种》. https://bz. ccpia. org. cn/xil52c/202404/16e43d37f450ecfb0d1e5e49c817f58f. html.

［16］《鹿特丹公约》公约秘书处.《鹿特丹公约》PIC 通告. http://www. pic. int/Imp lementation/PICCircular/tabid/1168/language/en-US/Default. aspx.

［17］《鹿特丹公约》公约秘书处. 各国对公约管控清单物质的进口回复. http://www. pic. int/Procedures/ImportResponses/Database/tabid/1370/language/en-US/Default. aspx.

推 荐 阅 读

环境保护部国际合作司. 有效管理化学品和农药——《鹿特丹公约》谈判履约历程. 北京：中国环境科学出版社，2011.

思 考 题

1. 《鹿特丹公约》的主要目的是什么？

2. 《鹿特丹公约》的核心要求有什么？

3. 《鹿特丹公约》管控的化学物质主要有哪些？

7 《关于保护臭氧层的维也纳公约》和《关于消耗臭氧层物质的蒙特利尔议定书》

本章旨在了解《关于保护臭氧层的维也纳公约》（以下简称《维也纳公约》）和《关于消耗臭氧层物质的蒙特利尔议定书》（以下简称《蒙特利尔议定书》）的起源和履约机制，掌握《蒙特利尔议定书》及其基本制度，熟悉《蒙特利尔议定书》管控的主要化学品，了解中国的履约活动及成效。

7.1 臭氧层耗竭的产生

臭氧层是地球生态系统的重要保护者，位于大气层的平流层中（图 7-1）。其作用在于吸收太阳辐射中大部分的中波和部分短波紫外线。如果没有臭氧层，紫外线将直射地球表面对生态系统和人类健康造成严重影响，诸如皮肤癌率上升，眼睛损伤（如白内障），农作物生长周期改变，海洋生态系统（特别是浮游生物）被破坏。自 20 世纪中叶以来，人类活动产生的一系列化学物质，尤其是氯氟烃（CFCs）和其他卤代烃，开始对臭氧层构成威胁。这些物质被释放到大气中后，通过气流被运送到平流层，在那里被紫外线分解，释放出能破坏臭氧的氯和溴原子，导致了臭氧洞的形成，尤其是在南极地区观察到的臭氧层显著减薄（图 7-1）。

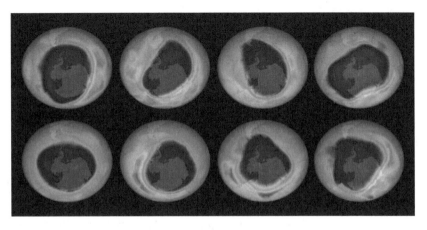

图 7-1 南极臭氧层空洞

面对这一危机，国际社会采取了前所未有的行动。1972 年 Stolarski 和 Cicerone 首先在平流层臭氧模式中考虑了天然源的含氯自由基，Mario Molina 和 Sherwood Rowland 在 1974 年发表的研究进一步提出人工生产的 CFCs 和 Halon 是氯、溴自由基的主要来源，为此 1995 年 10 月，三位环境化学家 Crutzen，Rowland 和 Molina 荣获诺贝尔化学奖。

图 7-2 是氯氟烃如何对供氧层中臭氧进行消耗的分子示意图，可以发现，一个氯原子可以催化破坏 10^5 的臭氧分子。这是由于在反应过程中，氯和氯离子几乎没有被消耗。同样 CFCs 的大气寿命长达几十甚至上百年，Cl 和 Br 存在协同效应，Br 对臭氧的破坏能力更强。

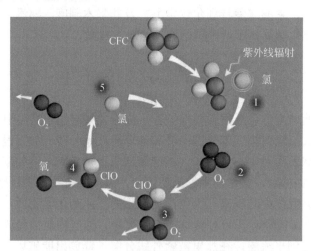

图 7-2　平流层臭氧损耗机制反应示意图

反应式如下所示：

$$CFCl_3 + hv（185\ nm < \lambda < 227\ nm）\longrightarrow CFCl_2\cdot + Cl\cdot$$
$$CFCl_2 + hv \longrightarrow CFCl\cdot + Cl\cdot$$

与 O(^{1}D)反应：

$$CFCl_3 + O（^1D）\longrightarrow 3Cl$$

这一发现引起了公众的广泛关注，特别是在南极臭氧洞被发现之后，促成了政治领导人和环保组织采取行动。

7.2　《维也纳公约》和《蒙特利尔议定书》的历史进程

1977 年，联合国环境规划署（UNEP）举办了第一次全球性会议，旨在讨论臭氧层破坏的问题，这是全球首次针对臭氧层保护召开的会议。此次会议的主要成果是国际社会共同认识到了臭氧层破坏的严重性以及采取行动的紧迫性。会议促进了全球科学界、政府和公众对臭氧层保护问题的关注，并为后续制定具体的国际协议奠定了基础。尽管会议本身未能立即制定出具体的行动计划或协议，但它成功地将臭氧层保护的议题置于国际舞台上，并启动了后续更为详细和具体行动的讨论。

1985 年 3 月 22 日，多国政府代表在奥地利维也纳签署了《关于保护臭氧层的维也纳公约》[1]。这一公约的签署是国际社会首次就臭氧层破坏达成正式的国际法律文件，标志着国际合作保护臭氧层的正式开始。维也纳公约的主要目标是通过鼓励合作研究和监测，以及通过信息交流，增强对臭氧层减薄的了解。公约本身没有具体规定减少或淘汰臭氧层消耗物质的具体措施，而是提供了一个框架，以便各缔约国能够在此基础上制定协议来具体实施这些措施。

1987 年 9 月，由 UNEP 组织的"保护臭氧层公约关于含氯氟烃议定书全权代表大会"在加拿大蒙特利尔市召开。出席会议的有 36 个国家、10 个国际组织的 140 名代表和观察员，中国政府也派代表参加了会议。议定书中规定将氟氯烃的生产冻结在 1986 年的规模，并在 1988 年前于工业国家中减少 50%的制造，以及冻结哈龙的生产。1987 年 9 月 16 日，蒙特利尔议定书在加拿大蒙特利尔签署，是继《维也纳公约》后的又一重大成就。《蒙特利尔议定书》直接针对减少和最终淘汰氯氟烃（CFCs）和其他臭氧层消耗物质（ODSs）。与维也纳公约相比，蒙特利尔议定书在具体减排措施、时间表及执行机制上作出了明确规定，为各缔约国提供了一个明确的行动指南。

《蒙特利尔议定书》的成功在很大程度上得益于其灵活性和对科学证据的响应机制。议定书设立了一个执行委员会，负责监督实施情况，并可以根据新的科学发现和技术发展调整减排目标。此外，议定书还创立了多边基金，为发展中国家提供技术和财政支持，帮助它们实现减排目标。

议定书的另一个创新之处在于其基于成果的机制，即"调整"和"修订"。通过定期的会议，缔约国可以根据新的科学信息和技术进步对议定书进行"调整"（针对所有缔约国自动生效的变更）和"修订"（需由缔约国批准后方能生效的变更）。从 1977 年的首次国际会议到 1985 年维也纳公约的签订，再到 1987 年蒙特利尔议定书的诞生，这一过程体现了国际社会对环境问题的认识逐渐深化和对行动需求的共识建立。《蒙特利尔议定书》不仅是环境保护历史上的一个重要里程碑，也是国际合作和多边主义成功解决全球性问题的典范[2]。至今《蒙特利尔议定书》已经过了 5 次修正及若干次调整（图 7-3）[3]。

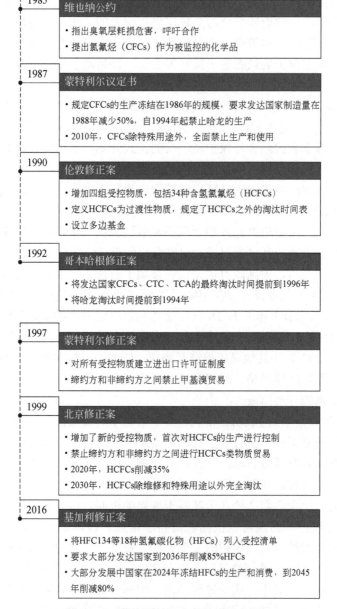

图 7-3　《蒙特利尔议定书》的历史进程

数据来源：UNEP，中国保护臭氧层行动网站，NASA 等，https://new.qq.com/rain/a/20211007A07LA200

1. 伦敦修正案（1990 年）

该修正案主要补充和完善了以下内容：①扩展受控物质清单：增加了对多种新的消耗臭氧层物质（ODSs）的管制，包括哈龙（halon）、四氯化碳（carbon tetrachloride，CCl_4）、甲基氯仿（methyl chloroform，CH_3CCl_3）以及其他几种氯氟烃（CFCs）的同系物[4]。②提前淘汰目标：加速了对某些 CFCs 和哈龙的淘汰时间表，要求较原议定书更早地削减其生产和消费。③引入豁免机制：为特定的必要用途（如航空安全、医疗设备消毒等）设立了豁免条款，允许在一定条件下继续使用某些 ODSs。④引入贸易条款：禁止缔约国从非缔约国进口 ODSs，以防止 ODSs 生产和消费的转移。

2. 哥本哈根修正案（1992 年）

该修正案主要补充和完善了以下内容：①进一步扩展受控物质：新增了更多种类的 CFCs、哈龙、四氯化碳和甲基氯仿的同系物，以及全氟碳化物（PFCs）和六氟化硫（SF_6）作为受控物质。②强化削减目标：进一步收紧了对原有受控物质的削减要求，设定了更为严格的削减时间表。③建立财务机制：正式确立了"多边基金"（Multilateral Fund），为发展中国家提供资金和技术支持，帮助它们实现议定书规定的削减目标。

3. 蒙特利尔修正案（1997 年）

该修正案主要补充和完善了以下内容：①加速淘汰进程：再次提前了对 CFCs 和哈龙的淘汰时间表，要求工业化国家提前至 1996 年开始逐步淘汰 CFCs，比原计划提前了四年。②加强监管：引入了严格的许可证制度，要求缔约国对 ODSs 的进出口实施许可证管理，以监控和控制 ODSs 的国际贸易。③增加透明度：强化了缔约国的数据报告要求，确保各国对其 ODSs 生产和消费数据进行准确、及时的汇报。

4. 北京修正案（1999 年）

该修正案主要补充和完善了以下内容：①重点关注甲基溴：显著增加了对甲基溴（methyl bromide，CH_3Br）的管制力度，这是一种广泛用于农业土壤消毒和仓储熏蒸的强效 ODSs。该修正案设定了更为严格的削减目标和淘汰时间表。②强化非缔约国贸易限制：进一步限制了与非缔约国的 ODSs 贸易，要求缔约国不得出口受控物质到非缔约国，除非后者能证明这些物质将仅用于非消耗臭氧层的用途。③加强合规机制：强化了对缔约国遵约情况的监督和处理机制，包括设立遵约委员会以协助解决不遵约问题。

5. 基加利修正案（2016 年）

该修正案主要补充和完善了以下内容：①纳入 HFCs 管控：将氢氟碳化物（HFCs）纳入议定书管控范围，以应对气候变化。②分组分类削减：根据经济发展水平设定分组分类削减目标。发达国家（A 组）承担最早的削减义务，而发展中国家（B、C 组）则有更长的过渡期。③技术援助与资金支持：通过《蒙特利尔议定书》多边基金，帮助发展中国家过渡到低全球升温潜能值（low-GWP）的替代品，以实现减排承诺。④过渡性豁免：允许过渡性豁免，确保如医疗设备、航空航天等必要用途不受影响。⑤报告与合规机制：缔约国需定期报告 HFCs 的生产和消费数据，确保各国遵守削减承诺。

《蒙特利尔议定书》是联合国数百个公约中唯一获得所有国家参与的国际公约。三十多年来，履约率达 98%以上。许多国家提前实现目标，淘汰了 80%以上的消耗臭氧层物质。截至 2016 年，全球已经淘汰了一百多万吨消耗臭氧层物质，臭氧层耗损得到了有效遏制。麻省理工学院的一项研究显示，根据估算，臭氧层空洞将在 21 世纪中叶彻底消失。到 21 世纪末预计可至少避免上亿例皮肤癌和白内障病患的发生。除了环境健康效益，《蒙特利尔议定书》也为减缓气候变化作出了巨大贡献。2021 年 8 月，英国《自然》杂志发表的一项研究指出，《蒙特利尔议定书》能通过保护植物不受紫外线损伤，进而"锁住"土壤中的碳汇，减少空气中的二氧化碳，避免地表温度上升 $0.5 \sim 1$℃，缓解气候变化。

7.3　《蒙特利尔议定书》的概要介绍

7.3.1　《蒙特利尔议定书》的目标和主要内容

《关于消耗臭氧层物质的蒙特利尔议定书》旨在保护人类健康和环境免受可能破坏臭氧层的人类活动造成的不利影响。该议定书于 1987 年 9 月 16 日在加拿大蒙特利尔通过，1989 年 1 月 1 日生效，截至 2023 年 10 月共有 198 个缔约方。

关于消耗臭氧层物质的蒙特利尔议定书主要规定了以下四方面的内容，包括受控物质的种类、控制限额的基准、控制时间以及评估机制，为全球范围内减少和最终淘汰对臭氧层有害的物质提供了法律框架和行动指南（图 7-4）。

7.3.2　《蒙特利尔议定书》的关键机制

《蒙特利尔议定书》建立了一系列机制。其中"共同但有区别的责任"是一大亮点。序言中强调了"发展中国家的情况和其特别的需要"，明确表达了需要根据不同能力划分责任。这个原则此后在各大国际环境公约，包括《京都议定书》等被反复提起。《蒙特利尔议定书》之后的履约过程中，对这一原则的核心体现是建立了资金机制，并在1990年伦敦召开的大会中发布了《伦敦修正案》，设立多边基金，资助缔约方执行控制措施。

规定了受控物质的种类
　　规定的受控物质有两类共8种。第一类为5种CFCs；第二类为3种哈龙。其中氯氟碳化物（chlorofluorocarbons，CFCs）又称氟氯烃，是一类只含有氯、氟和碳的有机物。代表性物质是三氯氟甲烷。属于氟利昂（Freons）中的一类物质，用作制冷剂、压缩喷雾喷射剂、发泡剂。哈龙（Halon）则是属于一类称为卤代烷的化学品，主要用于灭火药剂。工业生产和使用的氯氟碳化合物、哈龙等物质，当它们被释放到大气并上升到平流层后，受到紫外线的照射，分解出Cl·自由基和Br自由基，这些自由基很快地与臭氧进行连锁反应，使臭氧被破坏。这些破坏大气臭氧层的物质被称为"消耗臭氧层物质"（ozone-depleting substances，ODSs）。科学家用臭氧消耗潜势来衡量消耗臭氧层物质对大气臭氧的破坏能力。

规定了控制限额的基准
　　规定了生产量和消费量的起始控制限额的基准：发达国家生产量与消费量的起始控制限额的基准都基于1986年的实际发生数；发展中国家（1986年人均消费量小于0.3 kg的国家，即第五条第一款国家）都以1995~1997实际发生的三年平均数或每年人均0.3 kg，取其低者为基准。

规定了控制时间
　　发达国家的开始控制时间，对于第一类受控制物质（CFCs），其消费量自1989年7月1日起，生产量自1990年7月1日起，每年不得超过上述限额基准。自1993年7月1日起，每年不得超过限额基准的80%。自1998年7月1日起，每年不得超过限额基准的50%。对于第二类受控物质（哈龙），其消费量和生产量自1992年1月1日起，每年不得超过限额基准。发展中国家的控制时间表比发达国家相应延迟10年。

确定了评估机制
　　《议定书》明确指出自1990年起，其后至少每4年，各缔约方应根据可以取得的科学、环境、技术和经济资料，对规定的控制措施进行一次评估。

图7-4　公约主要内容[5, 6]

这也是第一个由国际条约产生的金融机制。发达国家每三年向多边基金捐款，款项由多边基金执行委员会管理，通过联合国环境规划署、世界银行等四个机构以捐赠和优惠贷款的方式援助发展中国家。这个资金机制至今还在继续运行。

7.3.3　《蒙特利尔议定书》的重大贡献及履约挑战

《蒙特利尔议定书》作为全球环境治理的成功典范，在减少臭氧层破坏物质排放和推动国际环保合作方面做出了重大贡献[7-9]：

1. 减少臭氧层破坏物质排放

《蒙特利尔议定书》通过建立国际法律框架，对多种消耗臭氧层物质（ODSs）实行了严格的生产和消费限制，特别是对氟氯烃（CFCs）和哈龙等物质的逐步淘汰。自议定书实施以来，全球范围内ODSs的排放量显著下降，有效地阻止了臭氧层的进一步损耗，从而避免了紫外线辐射增加对人体健康和生态系统造成的严重影响。

2. 推动国际环保合作

该议定书是首个得到全球广泛认可和执行的环境协议，所有联合国成员国都加入了该协议，展现了前所未有的国际合作精神。通过建立多边基金，议定书为发展中国家提供了必要的技术和财政支持，帮助它们遵守淘汰期限并转换为更为环保的替代技术，体现了公平共享责任的原则。议定书在执行过程中多次修订和强化，以应对新的科学发现和环境挑战，展示了灵活适应和持续改进的治理模式。

3. 额外的环境效益

除了对臭氧层保护的直接影响，《蒙特利尔议定书》的执行还产生了积极的气候变化协同效应，因为许多被限制使用的 ODSs 同时也是强大的温室气体，其淘汰有助于遏制全球气温上升。

尽管这些成绩令人鼓舞，但保护臭氧层的工作仍面临长期而艰巨的挑战。主要体现在以下四个方面：

（1）政策层面：各国政府应继续严格执行议定书，并考虑在立法上强化对新型有害物质的管控。

（2）技术层面：鼓励企业和研究机构加大研发投入，加速推广零臭氧消耗潜力的技术和材料。

（3）教育宣传：提高公众对臭氧层保护的认识，倡导绿色消费理念，形成全社会共同参与的良好氛围。

（4）国际协作：进一步强化与发展中国家的合作，帮助其实现减排目标的同时促进可持续发展。

涉及具体的挑战主要包括以下三个方面：

（1）冷媒中主要的臭氧层破坏者 CFC-12 或许可为 HFC-134a 取代。但 HFC-134a 在制造上较为困难，价格也贵于 CFC-12，而且较 CFC-12 更须常更换。而用作塑胶发泡剂的 CFC-11，暂时所提出的替代品为 HCFC-22，此化合物一般家庭的冷气机已有使用，但并没有 CFC-11 的热绝缘性质，所以其未来的应用将受到更多的限制。

（2）氟氯烃 CFC-11、CFC-12 和 CFC-113 的替代品仍需长期的研发。因为很多替代品其工业性质均逊于氟氯烃，亦较为不耐用，甚至还须设计更多的设备来使用。这些替代品在低压下易于分解，但对臭氧层较不具威胁，但是，人类暴露在这些替代品之下将具有潜在的危险性或引发其他环境问题，例如酸雨，所以我们亟须研发一个完全安全的替代物，而不是另一种可能对人类有害或使气候突变的危险替代品。

（3）政府需要对氟氯烃制造商课征特别税，因为在逐渐禁用的过程，厂商注定获取暴利。中国在 2021 年 9 月 15 日正式加入了《基加利修正案》，该修正案旨在削减氢氟碳化物（HFCs）的排放，以应对全球气候变化。中国是 HFCs 的主要生产和消费国，其在全球 HFCs 生产中占比约 60%[10]。按照修正案的要求，中国计划从 2029 年开始逐步削减 HFCs 的生产和使用，并设定在 2045 年将其排放量减少至基线水平的 20%，大约是 1.5 亿吨 CO_2 当量。这一计划意味着 HFCs 的排放将在 2035 年左右达到峰值，到 2060 年将接近 2 亿吨 CO_2 当量。

控制 HFCs 的排放对于减少温室气体排放有显著效果，有助于中国实现其气候目标，包括 1.5℃的《巴黎协定》目标，并为实现净零 CO_2 排放争取更多时间。HFCs 的减排成本相对较低，可能在数十至数百元人民币之间，这使得优先控制 HFCs 成为中国以较低成本减少温室气体排放的有效途径。

此外，这一行动也对相关技术提出了更高的要求，推动制冷、保温等技术的创新和产品能效的提升，促进行业技术进步和产业结构调整。尤其是制冷和泡沫行业，需要进行技术革新以适应新的环保要求。中国履行《基加利修正案》同样也面临着巨大挑战。

7.4　中国履行《蒙特利尔议定书》进展

7.4.1　中国的履约成效

1991 年 6 月 14 日，国务院批准加入了《蒙特利尔议定书》和《伦敦修正案》。中国政府于 2003 年加入了《哥本哈根修正案》，2010 年又加入了《蒙特利尔修正案》及《北京修正案》。在发达国家按照议定书要求淘汰主要消耗臭氧层物质之后，中国成为全球最大的消耗臭氧层物质生产国和使用国。稍有不同的是，其他的国际公约都由全国人大审议通过（图 7-5）。

1991 年，我国成立了由环境保护部牵头，18 个部委参加的国家保护臭氧层领导小组。作为中国政府跨部门间的协调机构，国家保护臭氧层领导小组负责履行《维也纳公约》和《蒙特利尔议定书》，组织实施《中国逐步淘汰消耗臭氧层物质国家方案》。《中国逐步淘汰消耗臭氧层物质国家方案》1993 年起实施，通过了多边基金的认可，并被 UNEP 作为其他缔约国编制国家方案的范本。该方案对国内消耗臭氧层物质的消费生产情况进行了统计，制定了淘汰战略。1999 年的修订稿又进一步明确了总体淘汰战略和行业淘汰计划，规定了政策措施和监管制度。上述国家方案承诺 2010 年 1 月 1 日起完全停止 CFCs 的生产和消费。

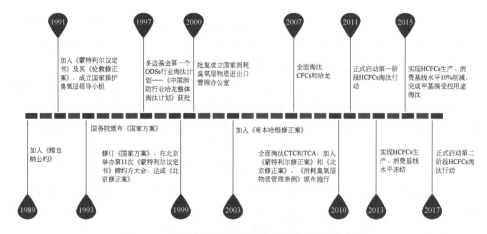

图 7-5　中国消耗臭氧层物质（ODSs）淘汰历程

2000 年，我国成立了由环境保护部、商务部和海关总署联合组成的国家消耗臭氧层物质进出口管理办公室，全面负责消耗臭氧层物质进出口管理事宜。我国自 1991 年加入《蒙特利尔议定书》以来，逐步建立完善保护臭氧层政策法规体系。中国制定了 100 多项保护臭氧层的政策法规和管理制度，积极开展各种形式的宣传、教育和培训，企业和公众保护臭氧层意识有了较大提高。经过努力，中国于 2007 年 7 月 1 日全面停止全氯氟烃和哈龙两类物质的生产和进口，提前两年半实现议定书规定的目标。2010 年 1 月 1 日又实现了四氯化碳和甲基氯仿的全面淘汰，从而圆满完成议定书 2010 年淘汰全氯氟烃、哈龙、四氯化碳和甲基氯仿四种主要消耗臭氧层物质的历史性目标。2010 年 6 月，国务院颁布实施《消耗臭氧层物质管理条例》，为中国保护臭氧层事业的长期发展提供了有力的法律保障。

2010 年 6 月国务院颁布并施行《消耗臭氧层物质管理条例》，进一步规范了对 ODSs 的管理，强化了对违法行为的处罚力度，为可持续履约提供了强有力的法律保障。2018 年 3 月 19 日《国务院关于修改和废止部分行政法规的决定》第一次修订，2023 年 12 月 29 日《国务院关于修改〈消耗臭氧层物质管理条例〉的决定》第二次修订。该条例适用于在中华人民共和国境内从事消耗臭氧层物质的生产、销售、使用和进出口等活动。生产，是指制造消耗臭氧层物质的活动，如化工生产 HCFC-22、HFC-32 等。使用，是指利用消耗臭氧层物质进行的生产经营等活动，不包括使用含消耗臭氧层物质的产品的活动，如使用制冷剂充装生产制冷设备、利用含 HCFC-141b 的组合聚醚生产保温材料等。

国家方案和大量的宣传下，中国企业积极参与并申请多边基金支持。2008 年北京奥运会前夕，中国提前两年实现了淘汰 CFCs、哈龙等第一代臭氧消耗物。截至 2019 年底，多边基金执行委员会已批准向中国提供超过 14 亿美元资助。制冷剂的更替循序渐进,目前已经更新到第四代。在此过程中,中国的身份也在转变,从加入《蒙特利尔议定书》时生产量消费量不足全球 1%,到如今超过一半,成为全球最大的制冷剂等物质的生产国和使用国。到 2000 年,国内市场家用冰箱已基本转换为 R600a 制冷剂。据中国家电协会统计,2020 年中国家用冰箱产量的 97% 采用 R600a 制冷剂。

2019 年开始,中国环境监测总站开始建设环境空气中消耗臭氧层物质观测网络。目前,已有 89 个采样点开展受控物质监测工作。

《蒙特利尔议定书》在中国实施三十周年以来取得了巨大的影响,主要包括以下几个方面:

1. 环境影响

臭氧条约将首个无冰北极夏季的出现推迟 15 年。北极海冰的迅速融化是人为气候变化的最大和最明显的信号。目前的预测表明,由于大气中二氧化碳浓度的增加,第一个无冰的北极夏季很可能在 21 世纪中叶出现。然而,其他强大的温室气体也造成了北极海冰的损失,特别是臭氧消耗物质(ODSs)。20 世纪 80 年代后期,消耗臭氧层物质受到《蒙特利尔议定书》的严格管制,其大气浓度自 90 年代中期以来一直在下降。

在这里,通过分析新的气候模式模拟我们证明了:旨在保护臭氧层的《蒙特利尔议定书》将北极无冰夏季的首次出现推迟了 15 年,这取决于未来的排放。我们还表明,这种重要的气候减缓完全源于受管制的消耗臭氧层物质所减少的温室气体变暖,而避免的平流层臭氧损失不起任何作用。最后,我们估计每减少 1000 吨的消耗臭氧层物质排放可避免约 7 km^2 的北极海冰损失[7]。

2. 经济和政策影响

行业转型:该议定书要求依赖臭氧消耗物质的行业进行重大转型。制冷、空调和气溶胶制造等行业的公司必须投资于研发,以找到不损害臭氧层的替代物质或技术。这一转变导致逐步淘汰消耗臭氧层物质,并采用更环保的替代品。虽然这种转变产生了初期成本,但它也刺激了创新,为环境上可持续的产品和技术创造了新的市场。

全球贸易动态:议定书对全球贸易动态有影响。特别是在消耗臭氧层物质和含消耗臭氧层物质产品的生产和贸易方面。一些国家面临着遵守议定书要求的压力,导致了贸易格局的变化和潜在的贸易争端。此外,议定书关于逐步淘汰某些化学品和技术的规定影响了国际供应链,要求企业适应新的法规和市场需求。

政策框架:许多国家颁布了符合议定书目标的立法,包括逐步淘汰消耗臭氧层物质和促进使用无害环境替代品的条例。此外，议定书在处理臭氧损耗方面的成功为今后的国际环境协定奠定了基础，显示了多边合作在处理全球环境问题方面的有效性。

经济成本和效益：虽然放弃消耗臭氧层物质的过渡给最初依赖这些物质的工业带来了成本，但保护臭氧层的长期效益超过了这些成本。研究表明，《蒙特利尔议定书》的经济效益，包括避免对健康和环境造成损害，远远超过遵守该议定书的成本。此外，《蒙特利尔议定书》为注重环境保护和可持续性的工业创造了新的经济机会，有助于长期经济增长和发展。

中国于 1991 年正式签署《蒙特利尔议定书》后，三十多年中积极履约，1980～2020 年累计避免约 580 万 CFC-11 当量吨 ODSs 排放，避免了约 230 亿 CO_2 当量吨温室气体排放，为臭氧层恢复与气候保护做出了重要贡献。其成功可归因于制定可行有效的履约措施，政府部门、行业协会、科研单位协同合作以及发挥多边基金与技术援助重要作用的三个方面的行动。

（1）制定可行的履约措施，建立有效的履约机制。

制定并实施《逐步淘汰消耗臭氧层物质国家方案》，明确了中国 ODSs 的淘汰目标、管理体系、相关政策以及各方的职责，并倡导了"四同步"原则，即生产与消费同步淘汰、替代品同步研发、法规建设与淘汰行动的同步跟进。

（2）政府部门、行业协会、科研单位协同合作。

构建了自上而下的管理体系，政府部门、行业协会、科研单位协同合作，将 ODSs 的淘汰融入环保和相关行业的日常监督工作中。行业协会和科研机构在替代技术和产品的研发与推广方面发挥了重要作用。

（3）多边基金与技术援助发挥重要作用。

多边基金与技术援助发挥了重要作用，特别是在经济实力相对较弱的初期，多边基金的资助起到了关键的撬动作用，帮助引入了先进的替代技术，并推动了产业的结构调整和产品升级[10]。

7.4.2　中国的履约挑战

目前我国已完成包括 CFCs、哈龙、TCA、CTC、含氢溴氟烃、溴氯甲烷、甲基溴等 7 类物质受控用途的淘汰，正在实施含氢氯氟烃（HCFCs）的淘汰和替代。同时，2021 年我国正式加入《基加利修正案》，氢氟碳化物（HFCs）被纳入管控范围。在此情况下，我国履约工作面临已淘汰物质持续监管、HCFCs 加速淘汰和 HFCs 管控三重压力叠加的挑战（图 7-6）。

（1）HFCs问题归根到底是温室气体的减排问题	（2）HFCs替代技术仍有局限	（3）HFCs监测与核准体系亟须完善
HFCs在大气中的寿命各异，从短短一年到超过两百年不等。各类HFCs尽管具有相同的全球GWP，但它们对气候变化的影响却有所区别。为了将HFCs的减排有效地纳入国家整体的温室气体减排策略，以实现1.5℃的控制目标和碳中和愿景，我们需要进行更为深入和详尽的研究与评估。	如汽车空调中HFO-1234yf对HFC-134a的替换技术已趋于成熟，但这伴随着显著的成本提升。其他替代技术的安全性问题和潜在的环境问题仍待解决，如替代房间空调中HFC-410A的HC-290就具有一定的可燃性，替代过程将增加额外的安全成本。因此，为了实现减排目标，迫切需要持续研发创新的替代技术，并同步建立严格的标准规范。	现有的HFCs监督与认可框架在中国已初具成效，体现在通过实施进出口许可证制度，有效管理了HFCs的进出口活动。然而，国家层面的HFCs监测与核准体系仍有提升空间，包括增强对大气中HFCs浓度的监测系统以及强化企业生产排放报告的审核制度。进一步强化监管体系的建设，将为后续的履行情况评估和策略制定提供关键支持。

图 7-6　中国履约的挑战[11]

参 考 文 献

［1］《维也纳公约》及其《蒙特利尔议定书》[J]. 中国投资, 2011(7):75.

［2］关于消耗臭氧层物质的蒙特利尔议定书缔约方大会第十一次会议在北京召开[J]. 世界环境, 1999(4):3.

［3］胡建信, 姚薇, 熊康, 等. 中国履行《蒙特利尔议定书》面临的挑战[J]. 环境保护, 2006(14):37-39.

［4］生态环境部对外合作与交流中心. 项目三处. 《蒙特利尔议定书》的修正[EB/OL]. (2007-12-19)[2024-8-17]. http://www. fecomee. org. cn/gjgyjly/mtleyds/qkjj/202006/t20200622_785414. html.

［5］李明. "共同但有区别责任"原则下的中国之选[D]. 济南:山东大学, 2010.

［6］生态环境部对外合作与交流中心. 保护臭氧公约与议定书介绍 [EB/OL]. (2007-12-25)[2024-8-17]. http://www. fecomee. org. cn/zyxx/gjgy/200803/t20080310_569518. html.

［7］张梦然. 臭氧条约将首个无冰北极夏季的出现推迟 15 年[EB/OL]. 中国青年网. (2023-05-24)[2024-05-28]. https://baijiahao. baidu. com/s?id=1766741092019065908&wfr=spider&for=pc.

［8］韩佳蕊, 姜含宇, 张兆阳, 等. 中国氢氟碳化物削减政策框架研究——基于现有控制臭氧消耗物质体系及发达国家经验[J]. 环境保护, 2016, 44(5):69-71.

［9］胡建信, 陈子薇, 张世秋. 履行《蒙特利尔议定书》三十年成就与未来挑战记[J]. 世界环境, 2022(2):58-61.

［10］张兆阳, 方雪坤, 别鹏举, 等. 中国控制 HFCs 排放对减缓气候变化的贡献分析[J]. 环境保护, 2017, 45(7):65-67.

[11] 姜含宇，张兆阳，别鹏举，等. 发达国家HFCs管控政策法规及对中国的启示[J].
气候变化研究进展, 2017, 13(2):165-171.

推 荐 阅 读

魏恩棋，邓保乐，李文君. 淘汰消耗臭氧层物质管理与应用. 北京：化学工业出版社，2023.
环境保护部环境保护对外合作中心. 中国履行《关于消耗臭氧层物质的蒙特利尔议定书》——
20年回顾征文文集. 北京：中国环境科学出版社，2012.

思 考 题

1. 《关于消耗臭氧层物质的蒙特利尔议定书》的主要目标是什么？
2. 《关于消耗臭氧层物质的蒙特利尔议定书》的主要受控物质有哪些？
3. 《关于消耗臭氧层物质的蒙特利尔议定书》经过了几次修正和调整？

8 《联合国气候变化框架公约》及相关多边协定

本章旨在了解《联合国气候变化框架公约》（以下简称《气候变化公约》）的起源和履约机制，掌握气候变化公约及其基本制度，熟悉气候变化公约管控的主要化学品，了解中国履约活动及成效。

8.1 气候变化问题的提出

人类对气候变化的关注始于 19 世纪初，科学家们开始注意到冰河时期及古气候中气候变化自然变率的存在。早在 1842 年，法国物理学家约瑟夫·傅里叶（Joseph Fourier）从物理学角度分析，认为大气层的存在使得地球比真空状态下更加温暖，从而论证了温室效应的存在。随后，瑞典物理学家斯万特·阿伦尼乌斯（Svante Arrhenius）通过观测得出人类活动向大气中排放二氧化碳会导致气候变暖的结论，他提出：如果大气中的二氧化碳含量增加 1 倍，地球表面温度会升高 5~6℃，这与后来一些气候模型的计算结果相近。但直到 1909 年，温室效应（greenhouse effect）一词才被英国物理学家约翰·亨利·波因廷（John Henry Poynting）正式使用[1]。到 19 世纪中叶，随着古气候学领域的发展，科学家基于连续性的深海沉积岩芯、冰芯、树轮、黄土等记录对古气候进行了重建，这些记录相互参校、对比，揭示了过去气候变化自然变率的幅度。

19 世纪六七十年代，科学记录显示大气中温室气体累积速率加快，越来越多的科学家预测气候变暖，气候变化问题提上国际议程。1958 年，美国科学家查尔斯·大卫·基林（Charles David Keeling）在夏威夷莫纳罗亚火山天文台（Mauna Loa Observatory）建立了二氧化碳浓度观测站。他根据观测数据绘制了著名的基林曲线（Keeling Curve），基林曲线显示二氧化碳浓度在迅速增加，认为这种现象是由人为二氧化碳排放造成的。考虑到基林曲线发现的重要性，美国航天局开展了对全球 CO_2 浓度水平的监测，通过全球温室气体参考网络建立了大约 100 个大气二氧化碳浓度监测站，其部分观测结果证实了基林曲线所显示的长期趋势。之后，日本气象学家真锅淑郎（Syukuro Manabe）等人使用计算机开发了比阿伦尼乌斯算法更复杂的估算方式，得出二氧化碳从当时水平翻倍会导致全球温度升高约

2℃的结论。英国气象学家约翰·索耶（John Sawyer）于 1972 年发表了研究《人造二氧化碳和 "温室效应"》（Man-made Carbon Dioxide and the "Greenhouse" Effect），总结了当时的科学知识，对二氧化碳温室气体的分布及指数增长进行人为归因，并准确地预测了 1972～2000 年之间的全球变暖速度（到 21 世纪末，预计将增加 25% 的 CO_2，相当于世界温度增加 0.6℃）。世界气象组织（WMO）在 1979 年世界气候大会上指出：有理由认为，大气中二氧化碳的增加会导致低层大气变暖，尤其是在高纬度地区，这种变暖会更加明显。至此，气候变化首次作为国际议题被提上全球议程。

19 世纪 80 年代至今，科学界逐渐达成人为温室气体排放将造成全球气候变暖的共识[2]，IPCC 登上历史舞台并发挥重要作用，气候变化问题开始具有政治属性和经济属性。1985 年，联合国环境署（United Nations Environment Programme, UNEP），WMO 以及国际科学协会理事会（ICSU）共同举办了 "评估二氧化碳和其他温室气体在气候变化和相关影响中的作用" 的联合会议，并得出 "温室气体将在下个世纪引起严重的变暖，且这种变暖是不可避免的" 的结论。同年，法苏团队在南极洲的沃斯托克（Vostok）站钻取的冰芯记录，显示了冰河时期二氧化碳和温度同步的大幅波动，该指标独立证实了二氧化碳和温度的关系，进一步加强了温室气体将引起全球变暖的科学共识。20 世纪 80 年代末 90 年代初，为了响应越来越多的科学认识，这期间举行了一系列以气候变化为重点的政府间会议。1988 年，为了让决策者和公众更好地理解这些科研成果，联合国环境规划署（United Nations Environment Programme, UNEP）和世界气象组织（World Meteorological Organization, WMO）成立了政府间气候变化专门委员会（Intergovernmental Panel on Climate Change, IPCC）[3]。1990 年 IPCC 正式发布了首个全面的气候变化评估报告。这份报告历经严谨的科学评估，汇集了全球数百位顶尖气候学家和专家的专业见解，经过深入的探讨和研究，最终确认了气候变化的科学依据。该报告为政策制定者提供了强有力的科学依据，并显著提升了公众对气候变化问题的认识。这份报告的影响力深远，对后续的气候变化公约谈判方向及进程产生了直接影响。自 1990 年开始，之后每隔 5～6 年，IPCC 都会发布一份气候变化评估报告，每一次的报告都总结了当时对气候变化的科学认识，为推广气候变化科学做出了重要的贡献。同时，IPCC 也为各国决策层提供客观的气候变化研究相关信息，它的实质是一个科学与政治的混合体。

同年，第二次世界气候大会盛大召开。此次大会由世界气象组织、联合国环境署以及其他多个国际组织联合主办，吸引了来自 137 个国家的代表和欧洲共同体的高层官员参与，共同进行了部长级谈判。大会的核心议题聚焦于全球共同努力，旨在构建一个应对气候变化的框架性条约。经过深入的讨论和交流，谈判代表们最终达成了一系列具有里程碑意义的原则，这些原则为后续的气候变化公约提供了坚实的理论支撑。这些原则包括：气候变化是一个全球性的挑战，需要全人类共同关注和应对；在应对气候变化的过程中，应坚持公平原则，确保各国能够平等参与和获益；同时，考虑到不同国家的发展水平差异，应实行"共同但有区别的责任"原则；此外，还需坚持可持续发展的理念，并采取预防原则，从源头上减少气候变化带来的风险和潜在影响[3, 4]。1990 年 12 月 21 日，第 45 届联合国大会通过了题为《为今世后代保护全球气候》的 45/212 号决议，决定设立一个单一的政府间谈判委员会（INC），制定一项有效的气候变化框架公约，由此正式拉开了国际气候谈判和全球气候治理的序幕[5]。自 1991 年 2 月谈判启动以来，先后经过 5 轮谈判，气候变化框架公约政府间谈判委员会（INC/FCCC）在 1991 年 2 月至 1992 年 5 月期间进行了 5 次会议。参加谈判的 150 个国家的代表最终确定，1992 年 6 月在巴西里约热内卢举行的联合国环境与发展大会签署了《联合国气候变化框架公约》（United Nations Framework Convention on Climate Change，UNFCCC）（以下简称《气候变化公约》）[6]。

随着 1992 年《气候变化公约》的通过和签署，气候变化问题开始由单纯的科学问题，转变成政治、经济和社会问题。在政治领域，气候变化问题开始成为国际政治谈判领域的筹码之一，各国家基于应对气候变化问题不同的态度形成伞形集团、小岛国国家联盟等国家组织，为追求自身利益最大化展开角逐。同时，由于《气候变化公约》规定了发达国家对发展中国家应对气候变化的出资义务，气候变化资金问题成为气候变化科学的研究重点。加之 2009 年签订的《哥本哈根协议》规定：发达国家到 2020 年每年提供 1000 亿美元的气候资金，支持发展中国家应对气候变化。2015 年底通过的《巴黎协定》，将 1000 亿美元定为发达国家向发展中国家提供气候资金金额的下限，且提出在 2025 年前将确定新的数额，并持续增加。落实发达国家气候变化资金承诺成为人类共同应对气候变化需要解决的关键问题，越来越多的经济学家开始从经济学角度对气候变化问题进行研究，催生出气候变化经济学等前沿交叉学科。

气候变化科学研究不断发展，气候变化的定义也随之改变，气候变化问题覆盖的研究范围有逐渐扩大的趋势。目前，气候变化的主流定义有：1992 签订的《气候变化公约》将气候变化定义为"除在可比较的时间段内观察到的自然气候变化外，由于直接或间接人类活动导致全球大气成分变化，从而引起的气候改变"。政府间气候变化专门委员会（Intergovernmental Panel on Climate Change，IPCC）对气候变化的定义没有对自然变率引起的气候变化与人类活动造成的气候变化进行区分，认为气候变化既包括自然内部的过程，也包括太阳周期、火山爆发等外部强迫，还包括人类活动持续改变大气组成成分和土地利用形式造成的气候的改变，将气候变化定义为在可识别的持续较长一段时间的气候状态的变化，包括气候平均值和/或变率的变化；秦大河院士在其《气候变化科学概论》一书中，将气候变化定义为地球表层的大气圈、水圈、冰冻圈、生物圈和岩石圈五个气候系统圈层的变化，认为这五个圈层中的任何一个圈层的变化都应当视为气候变化，如全球变暖不仅仅表现在器测数据显示的地表平均温度的上升，海洋热含量增加，冰川退缩、多年冻土活动层加厚、积雪和海冰范围缩小、生物多样性锐减等，都属于气候变化的范畴。气候变化由最初仅限于人类活动引起的气候改变，到既包括人类引起的变化又包括自然内部变率，到现在覆盖五大圈层的变化，体现出科学家们对气候变化问题认识的不断深入。

自气候变化问题提上国际议程以来，到 21 世纪末将全球平均气温升幅控制在 2℃内在很长一段时间内是全球温控红线。实际上，最早提出 2℃升温限制的并不是气候学家，而是耶鲁大学经济学家威廉·诺德豪斯（William Nordhaus，2018 年诺贝尔经济学奖得主），他在 1975 年的论文"我们可以控制二氧化碳吗（Can We Control Carbon Dioxide?）"中提出，温度再升高 2～3℃是可以接受的。但 William 同时也指出，仅凭科学是无法设定温控阈值的，合理的升温阈值设定应当兼顾社会价值和可用的技术。尽管威廉在文章中承认这种估计无论从经验主义还是理论主义来看都非常粗略，但他对于 2℃温控阈值的猜想在后来成为了国际气候政策制定的基石。1990 年，斯特哥尔摩环境研究所（Stockholm Environment Institute，SEI）发表报告称，考虑到 1℃温控目标的不现实性，2℃温控目标是最佳的升温限制阈值。IPCC 第二次评估报告中指出，如果地球温度较工业革命之前增加超过 2℃，由气候变化产生的温升风险将显著增加。1996 年，欧盟委员会在卢森堡会议上首次提出 2℃的增温上限，2℃温控阈值逐渐进入政策和政治领域。第三版 IPCC 评估报告中，开始涉及将全球增温限制在 2℃以内的论述。IPCC 第四次评估报告中，将气候变化的未来影响与温升的关系高度相关。到 2009 年 7 月，在 G8 峰会上各国参会首脑首次认同了该温控目标。同年年底通过的《哥本哈根协议》明确表明：如果要避免危险的气候变化，应该保持气温上升低于 2℃。2010 年，《坎昆协议》再次确认"2℃温升目标"。此后，2℃的温控阈值目标基本成为全球共识。之后的气候变化趋势模拟、影响评估及减排路径研究等，都以"2℃温升目标"作为情景研究的对象，IPCC 第五次气候评估报告实际成为以"2℃温升目标"为核心内容的评估报告，首次量化评估了 2℃温升目标下的累积排放空间，指出了实现 2℃目标的紧迫性和路径。

然而，随着气候变化形势日益严峻，以及国际国家集团之间的政治博弈，近年来，要求实现 1.5℃温控阈值目标的呼声越来越大（图 8-1）。1.5℃温控目标最早由小岛国及最不发达国家于 2009 年联合国气候变化大会上提出，他们认为 2℃

在温度升高2℃的情况下，世界上37%的人口将在五年内至少遭受一次严重的热浪。在温度升高1.5℃的情况下，世界上近14%的人口将在五年内至少遭受一次严重的热浪。

温升2℃的情景下，北极夏天完全无冰的情况每十年就会发生一次。而在温升1.5℃时，这一风险降低到每百年一次。

与1986~2005年相比，升温达2℃时，2100年海平面将上升0.46米(1.5英尺)。升温达1.5℃时，2100年海平面上升0.4米(1.3英尺)。

在升温2℃时，全球18%的昆虫，16%的植物和8%的脊椎动物数量预计将失去一半以上。而在升温1.5℃时，昆虫物种损失将减少三分之二，植物和脊椎动物将分别减少一半。

在升温2℃情况下，地球陆地面积的13%将出现生物群落的转变（如从苔原变为森林）。升温1.5℃时，这种风险降低到地球陆地面积的4%。

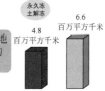

升温2℃时，在2100年北极永久冻土带的35%~47%将解冻，这块土地的面积是澳大利亚面积的四分之三。如果升温控制在1.5℃，解冻的永久冻土约占永久冻土总面积的21%~37%。

升温2℃时，预计珊瑚礁将减少超过99%。如果升温限制在1.5℃，预计珊瑚礁将减少70%~90%。

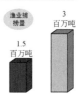

升温2℃时，全球海洋渔业捕捞量将损失300万吨。在升温1.5℃的情况下，捕捞量预计下降150万吨。

图 8-1 1.5℃和 2℃升温情景的具体差别

资料来源：中国 21 世纪议程管理中心

温控目标下海岛国家将被淹没，因而提出升温的上限应设置为 1.5℃。在这些国家集团的不断呼吁和施压之下，2016 年签订的《巴黎协定》将温控目标设定为：到 21 世纪末，将全球平均气温升幅控制在工业革命前水平 2℃之内，并努力将气温升幅限制在工业化前水平 1.5℃之内。首次将 1.5℃温控目标写入具有一定法律约束力的国际共同应对气候变化协定之中。2018 年底，IPCC 发表了《1.5℃升温特别报告》，以便支持《巴黎协定》1.5℃温控目标的落实。报告指出，目前全球气温较工业化前水平已经升高约 1℃，要实现 1.5℃温控阈值目标需要进行重大而迅速的变革。报告从大多数陆地和海洋区域的平均温度（高置信度），大多数人类居住区域的极端高温（高置信度），若干区域的强降水（中等置信度）以及部分区域的干旱和降水不足（中等置信度）等方面对比了未来 2℃温升情景与 1.5℃温升情景之间的影响差异（图 8-1），认为与 2℃升温情景相比，1.5℃升温情景所面临的各方面气候相关风险都更小。然而，有研究指出，即使所有国家实现目前的自主贡献目标，全球温度仍然将上升 2.7℃，也有研究显示，人类很可能已经错过了实现 1.5℃温控阈值目标的时间窗口。

8.2　《气候变化公约》及相关议定书的历史进程

自《气候变化公约》诞生至今 20 余年，应对气候变化国际合作进程既有成功的经验，也有失败的教训。人们也更深刻地意识到应对气候变化是一项全球性的、长期的任务，不能一蹴而就，需要一个循序渐进的过程。以国际气候谈判为主线，应对气候变化国际合作进程可以按照《气候变化公约》、《京都议定书》、"巴厘路线图"和"德班平台"划分为四个阶段。世界科学、政治、经济和技术的发展也在不同程度上反映了各个阶段的成果，这些成果也为未来应对气候变化国际合作进程奠定了坚实的基础。

1. 1990~1994 年：《联合国气候变化框架公约》诞生和生效

自 20 世纪 80 年代以来，人们逐渐认识到气候变化的重要性，并日益重视这一问题。在这一时期，国际社会对于环境与发展的问题高度关注。1987 年，世界环境与发展委员会发布了《我们共同的未来》报告。1988 年 IPCC 发布了《气候变化第一次评估报告》。1992 年 5 月 9 日，在巴西里约热内卢召开的联合国环境和发展大会上，183 个国家代表团、102 位国家元首或政府首脑到会，达成了包括《气候变化公约》在内的"环境三公约"[7]。这时期的科学研究基础以及政治力量的推动是开启应对气候变化国际进程最重要的力量。包括中国在内的 154 个国家于 1992 年 6 月 4 日签署了该公约，并于 1994 年 3 月 21 日正式生效[7]。截至

2024 年 7 月，共有 198 个缔约方。该公约是世界上首个旨在全面控制二氧化碳等温室气体排放，以应对气候变化带来不利影响的国际公约，也是国际社会合作应对气候变化问题的基本框架[8]。

2. 1995～2005 年：《京都议定书》诞生和生效

1995 年 3 月的《气候变化公约》第一次缔约方大会上，各方通过了"柏林授权"，决定启动进程强化附件一国家的承诺。为此成立的柏林授权特设工作组（AGBM）在 1995 年 8 月至 1997 年 10 月期间组织召开了 8 次会议，最终各方在 1997 年第三次缔约方会议上通过了《京都议定书》。《京都议定书》达成后，"布宜诺斯艾利斯行动计划"开始，旨在进一步完善《京都议定书》实施的技术细节，特别是核算规则、灵活机制和履约机制等。这项工作直至 2001 年才完成，最终各方通过了"马拉喀什协定"，以一揽子的方式解决了《京都议定书》实施规则的问题。然而，《京都议定书》生效需要超过 55 个公约缔约方核准，直至 2004 年底俄罗斯完成核准工作，《京都议定书》才最终得以于 2005 年 2 月 16 日生效。同年底，《京都议定书》第一次缔约方大会在蒙特利尔召开，通过了"马拉喀什协定"的多项决议。根据《议定书》第 3.9 条的规定，各方需在第一承诺期（2008～2012年）结束前 7 年开始审议后续承诺期的减排目标，《京都议定书》第一次缔约方大会即开启了这一进程，但进展相当缓慢，直至 2012 年多哈会议才最终完成。截至 2024 年 7 月，《京都议定书》已有 192 个缔约方。《京都议定书》作为公约进程下第的一个具有法律约束力的成果，为后续的应对气候变化国际合作留下了宝贵遗产，包括量化目标、灵活机制和法律形式。

但是，《京都议定书》也留下了关键的未决问题，即如何进一步加强《气候变化公约》下各国承诺的力度。经过激烈的交锋，各方最终虽承认现有承诺不足以实现公约最终目标，但发达国家没有提高实现目标的意愿，发展中国家也拒绝承担任何发达国家转嫁的责任，关于目标审批的进程无法达成任何结论，直至今日各方仍未能找到弥补承诺力度不足和目标要求差距的方式。此外，美国拒绝核准《京都议定书》也促进了国际社会对《气候变化公约》进程的反思，从长远看，也是有助于国际气候合作的健康发展。

与此前《气候变化公约》诞生和生效阶段不同，《京都议定书》谈判过程中国际社会对应对气候变化问题的困难进行了重新评估，与此前过于乐观的态度不同，各方应对气候变化的态度更加务实。随着新兴经济体崛起，温室气体排放规模不断扩大，发达国家要求发展中国家加强减排行动的诉求也越来越强烈。1997 年 6 月，美国伯德-哈格尔决议以 95 票全票通过，明确提出美国不应签署只包含发达国家减排承诺的法律文书。克林顿政府在核准问题上采取了拖延态度，2001 年小布什政府毫无意外地宣布美国将拒绝核准《京都议定书》。其他发达国家也有同样的关切，欧盟也一直蓄势启动新的进程，力图将美国和发展中国家的减排承诺纳入国际气候进程。由于缺少了大国的领导力，应对气候变化国际合作进程陷入低谷。

3. 2005 ~ 2010 年：巴厘路线图进程

《京都议定书》谈判受阻，国际社会在应对气候变化问题上的热情遭受打击，为了进一步推动国际气候合作，各方于 2005 年第十一次《气候变化公约》缔约方大会通过新的授权，启动"应对气候变化的长期合作行动对话"，对话的四个主题包括：推动实现可持续发展目标、适应气候变化、全面实现技术潜力以及充分发挥市场机制的作用。与此同时，《气候变化公约》谈判之外也开展了很多关于气候变化的非正式对话，正是在这样的场合，很多国家提出在 2007 年底的巴厘缔约方大会上建立一个路线图，启动关于 2012 年后机制安排的谈判进程。在漫长磋商之后，各方确立了巴厘路线图谈判的五大要素（Building Blocks，共同愿景、减缓、适应、资金和技术）。被各方寄予厚望的哥本哈根会议由于程序问题意外失败，实际上最终案文已经获得了 188 个国家的赞成，仅仅 5 个国家反对。《哥本哈根协定》实际上已经基本反映了各方的共识，因此在坎昆会议上，各方顺利地找回共识，达成了包含 2℃温控目标、共区原则、资金支持目标、技术机制安排等重要内容在内的新协议，"坎昆协议"挽救了《气候变化公约》进程，也结束了巴厘路线图进程的谈判。

巴厘路线图的谈判主要需解决三个问题，即发达国家和发展中国家的区分、发达国家目标可比性以及保证发展中国家减缓行动可测量、可报告和可核实，最终达成了一系列积极的成果。

（1）巴厘路线图确立 "双轨制"。关于"双轨"，一种理解是《议定书》第二承诺期谈判和长期合作行动特设工作组谈判的安排，另一种理解是巴黎行动计划下发达国家减缓承诺和发展中国家"国家适当减缓行动"（NAMAs）的安排。客观地说，应对气候变化需要发展中国家采取力所能及的行动，这一理念在巴厘路线图进程中得到进一步明确，发展中国家的积极参与也使美国重新回到国际气候进程中来，而双轨制安排和防火墙建立也确保了发展中国家参与国际气候合作的安全感。

（2）巴厘路线图的成功之处还体现在五大要素的确立。减缓一直是国际气候进程的核心，但随着对气候变化问题认识的不断加深，适应、资金和技术的重要作用不断凸显。特别是对于发展中国家来说，适应气候变化以及获得开展应对气候变化资金技术支持的需求迫在眉睫。而共同愿景作为《公约》目标的延伸，同减缓、适应、资金和技术紧密联系，极大地丰富了《公约》的原则和思想。

（3）巴厘路线图开始，"承诺＋审评"的自下而上的模式便初步确立。各国在共同愿景的谈判中分歧较大，但最终还是达成了相对灵活全面的2℃温控目标，为自下而上的承诺模式留下了空间。澳大利亚在谈判中提出基于国家计划（National Schedule）的提案，奠定了"承诺＋审评"的基调，但美国推动的透明度规则的建立，也起到了进一步完善这一模式的作用。

经历《议定书》的低潮之后，巴厘路线图肩负着重振应对气候变化国际合作的任务。在巴厘进程谈判的几年之间，气候变化问题也受到了国际各界的广泛认可，国际社会对应对气候变化问题重要性的认识得到前所未有的提高。哥本哈根会议举办时，气候变化在国际政治领域达到了一个新的高度，各主要大国都以积极的姿态参与应对气候变化的主流进程。但过高的政治预期也可能是导致哥本哈根大会失败的关键因素，出于对大国主导进程的不满，最终由于5个国家的反对，哥本哈根协定未能经过各方协商一致得以通过，在这个"南北"分歧为主导的国际多边机制之下，第一次出现了小国集团与超级大国之间的较量。当然，这也是世界政治经济格局的真实反映，新兴经济体的发展必然会导致新的矛盾的产生，各方博弈的结果是最终并未达成一个具有较强法律约束力的成果，松散的机制显然不能满足应对气候变化的要求，因此在巴厘路线图进程尚未完全结束时，新一轮的谈判进程就开始酝酿了。

4. 2011～2015年：德班平台进程和《巴黎协定》的达成

2011年，在德班举行的气候变化会议上设立了"德班平台特设工作组"，负责在《联合国气候变化框架公约》下制定适用于所有缔约方的议定书或其他具有法律约束力的成果，并要求相关谈判在2015年结束，谈判成果自2020年起实施。德班平台在一定程度上是巴厘路线图进程的延续，"坎昆协议"的法律约束力不尽如人意，各方在就其法律形式的探讨无果而终，各方承诺也仅达到2℃目标要求的60%。2011年，在南非主席国的推动下，德班平台进程启动，谈判的授权包括达成一个2020年生效的具有法律约束力的新协议，以及提高2020年前的行动力度。德班平台启动时，关于《京都议定书》第二承诺期的谈判尚未结束，发展中国家对发达国家在此问题上的拖延极为关切，在2012年多哈会议期间，发展中国家特别是基础四国表达了坚定的立场，《京都议定书》多哈修正案最终得以通过，谈判正式由两轨转为一轨，德班平台谈判全面展开。在2013年的华沙会议决定邀请各方开始准备"国家自主贡献"，并于2015年巴黎缔约方大会之前提交，在加强2020年前行动方面，呼吁发达国家提高减缓目标、发展中国家完善NAMAs，并开启了识别具有减缓潜力政策措施的技术检验进程。2014年，利马会议各方就"国家自主贡献"的范围、所需信息和力度审评进行了激烈的讨论，但各方分歧过大，未达成任何相关的有力成果，缺乏对"国家自主贡献"的基本界定，发展中国家希望将适应、资金、技术和能力建设支持纳入"国家自主贡献"的诉求没能得到反映，而各方已开始陆续提交"国家自主贡献"，一定程度上出现了"木已成舟"的局面，给后续谈判提出了更大的挑战。

随着德班平台谈判进程不断地深入，应对气候变化在国际政治舞台上再次升温，各方都试图通过在此问题上发声以提高国际影响力。自哥本哈根会议之后，在国际重要的多边双边场合，气候变化逐渐成为了重要议题，各国国内低碳发展也呈现良好的势头，对于推动德班平台进程有重要的积极作用。但在过去的几年中，经济危机给发达国家带来困难的同时，新兴经济体仍保持了良好的发展势头。世界政治经济格局的变化使国际气候谈判中关于"两分法"的争论愈演愈烈，在新协议中落实"共区"原则成为了谈判的焦点问题。同时，持续增长的温室气体排放量和有限的碳排放空间之间的矛盾加剧，以欧盟为代表的部分发达国家强烈支持建立一个提高减缓力度的审评机制，但各方在是否建立机制、机制的目标和实施规则等问题上分歧依旧显著。虽然剩下的时间不多，但德班平台谈判面临的任务和挑战依然艰巨。

2015年11月30日至12月12日，《联合国气候变化框架公约》第21次缔约方大会暨《京都议定书》第11次缔约方大会在法国巴黎举行，包括中国国家主席习近平在内的150多位国家领导人出席了开幕式。此次气候大会的重点是要达成关于2020年后应对气候变化的安排。在各缔约方共同努力下达成一致意见，最终通过了具有里程碑意义的《巴黎协定》，为2020年后应对气候变化的国际机制作出安排，标志着全球应对气候变化进入了新阶段。《巴黎协定》于2016年11月4日正式生效。截至2024年7月，《巴黎协定》共有195个签署方和195个缔约方。

《巴黎协定》确立了2020年后全球应对气候变化国际合作的制度框架，规定了全球温升幅度的限制和温室气体减排的长期目标，确定了全球平均气温较工业化前水平升高幅度控制在2℃之内的目标，并提出把升温控制在1.5℃之内的新目标。《巴黎协定》是一份全面、均衡、有力度、体现各方关切的协定，是继《联合国气候变化框架公约》和《京都议定书》后，国际气候治理历程中第三个具有里程碑意义的文件（图8-2）。

2016年9月3日，中国人大常委会通过批准了《巴黎协定》。随后在G20杭州峰会期间，中国与美国一同向联合国秘书长交存了各自批约文件。按《巴黎协定》的生效计算方法，中美两国占全球排放量的38%，在两国的积极推动下，《巴黎协定》提前生效的可能性进一步提高。《巴黎协定》是促进全球应对气候变化行动与合作的里程碑式的重要成果，也是2020年后全球气候治理体系的核心要素，中国率先批约推动协定生效和落实具有重要意义和影响。

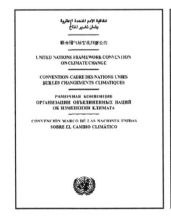

图 8-2　全球气候治理的"三大里程碑"

5. 2016~2018 年:《巴黎协定》实施细则谈判及后续安排

联合国卡托维兹气候大会于 2018 年 12 月 15 日顺利闭幕,会议达成了包括《巴黎协定》实施细则在内的一揽子成果,为当前复杂形势下的国际气候多边进程重新注入了信心和动力,也向全球再次释放出多边主义、绿色发展的坚强决心,用行动宣示了人类共同推动全球可持续发展的潮流不可逆转,共同建立公平合理、合作共赢的全球气候治理体系的进程不可逆转。

（1）大会就《巴黎协定》中主要条款形成了实施细则。实施细则（Paris Agreement Work Programme）具体涉及协定第四条、第六条、第七条、第八条、第九条、第十条、第十一条、第十二条、第十三条、第十四条和第十五条。本次大会制订了国家自主贡献 / 减缓、适应等信息导则并建立登记簿细化了透明度框架、全球盘点、履约等机制的模式、程序、信息来源或指南,建立了资金支持两年报（气候资金部长级对话）、技术机制周期性评估和技术框架、应对措施实施影响论坛等机制,明确了适应基金等资金渠道转为专门服务于《巴黎协定》的实施,并在透明度框架的灵活性、资金支持通报的自愿性等方面为发展中国家作出了区分,以及提供能力建设的支持。

（2）大会就部分未决事宜做出了程序性安排。各缔约方将在第二年继续就《巴黎协定》实施细则遗留的未决事项,包括市场和非市场机制、2025 年后集体资金目标、2031 年后的国家自主贡献和时间框架等展开磋商、着手制订透明度报告大纲和通用报告表格格式、提名卡托维兹应对措施实施影响专家委员会委员、选举遵约委员会委员和候补委员、制订遵约委员会议事规则、审议适应相关方法学、修订适应基金董事会议事规则、开发公共登记簿等,并进一步完善实施细则。

（3）大会还就其他相关事项形成了决议或成果。大会期间还发表了关于公平转型、电动汽车、森林碳汇的三份联合声明，举行了塔拉诺阿促进性对话、2020年前落实情况盘点会议、资金高级别会议等活动，关注到了《IPCC全球升温1.5℃特别报告》的及时完成，强调了气候变化挑战的严峻性和紧迫性，呼吁各方推动2019年联合国气候峰会取得成功，进一步提高力度，推动全球绿色低碳转型。

8.3 《气候变化公约》及相关多边协定的主要内容

8.3.1 联合国气候变化框架公约

《联合国气候变化框架公约》是全球首个旨在全面控制二氧化碳等温室气体排放，以应对气候变暖对人类经济和社会带来的不利影响的国际公约。该公约为国际社会应对气候变化问题提供了一个基本框架，奠定了国际合作的法律基础，具有权威性、普遍性和全面性，是国际社会共同应对气候变化的重要合作平台[9]。

《联合国气候变化框架公约》[7]由序言及26条正文组成，该公约取得的最重要的三项成果分别是目标、原则和各方义务[9-11]。

（1）公约第二条确立了应对气候变化的目标，即"……将大气中温室气体的浓度稳定在防止气候系统受到危险的、人为干扰的水平上。这一水平应当在足以使生态系统能够自然地适应气候变化、确保粮食生产免受威胁并使经济发展能够可持续地进行的时间范围内实现……"这段话精炼地概括出了既要减少温室气体排放又要规避气候变化风险这一应对气候变化的终极目标，为后续的减缓和适应行动指明了方向。

（2）公约还明确了应对气候变化国际合作应遵循的原则，包括公平原则、共同但有区别的责任原则、各自能力原则、预防原则、成本有效性原则、考虑特殊国情和需求原则、可持续发展原则和鼓励合作原则，全面考虑到了应对气候变化的各个方面，为各方参与国际合作提供了保障。

（3）公约还根据各国的责任和能力做出了国家分类，即附件一国家、附件二国家和非附件一国家，并明确了各类缔约方应对气候变化的义务：附件一国家应率先开展控制和减少温室气体排放的行动，到2000年将排放降低至1990年的水平；附件二国家应为非附件一国家提供新的和额外的资金支持，并采取有效措施促进气候友好技术向非附件一国家的转让。

除此以外，《联合国气候变化框架公约》没有确立可操作性的资金和技术履约要求，虽然明确了附件二国家需要向发展中国家，尤其是最容易受到气候变化影响的国家提供资金和技术援助，但条约文本只是鼓励式和宣告式措辞，并无明确义务内容，这也是实践中的行动效果不佳的主要原因[7]。

8.3.2 《京都议定书》及其修正案

《京都议定书》[12, 13]于2005年2月16日生效。截至2024年7月，共有192个缔约方。《京都议定书》内容主要包括以下几方面：

（1）附件一国家整体在2008~2012年间应将其年均温室气体排放总量在1990年基础上至少减少5%。欧盟27个成员国、澳大利亚、挪威、瑞士、乌克兰等37个发达国家缔约方和一个国家集团（欧盟）参加了第二承诺期，整体在2013~2020年承诺期内将温室气体的全部排放量从1990年水平至少减少18%。

（2）减排多种温室气体。《京都议定书》规定的有二氧化碳（CO_2）、甲烷（CH_4）、氧化亚氮（N_2O）、氢氟碳化物（HFCs）、全氟碳化物（PFCs）和六氟化硫（SF_6）。《多哈修正案》将三氟化氮（NF_3）纳入管控范围，使受管控的温室气体达到7种。

（3）发达国家可采取"排放贸易""共同履行""清洁发展机制"三种"灵活履约机制"作为完成减排义务的补充手段。

《京都议定书》是人类历史上第一个具有法律约束力的温室气体减排文件，具有里程碑意义。《京都议定书》作为公约进程下第的一个具有法律约束力的成果，为后续的应对气候变化国际合作留下了宝贵遗产，包括量化目标、灵活机制和法律形式[14]。

（1）《京都议定书》首次在应对气候变化国际合作进程中确定具有法律约束力的量化减排目标，不仅明确了发达国家在第一承诺期减排5%的总体目标，还将每个国家确定的减排目标列入附件B。

（2）考虑到成本有效性，《京都议定书》还建立了三种灵活机制，即排放权交易、联合履约机制和清洁发展机制，旨在通过经济手段为承担减排义务的缔约方提供更灵活的履约方式。从实施效果来看，这三种灵活机制不但实现了最初的设计目的，清洁发展机制项目的实施还大大提高了发展中国家应对气候变化的意识和信心。2006年，全球碳交易市场规模已达到300亿美元。

（3）《京都议定书》包含一个具有法律约束力的国际协议所应具有的所有要素，包括目标和时间表、灵活机制、机构设置、核查规则、生效条件、履约机制等，在形式上，是完备的法律文书，堪称范本，在技术层面，确定了大量实施细则。

欧盟及其成员国于2002年5月31日正式批准了《京都议定书》。中国于1998年5月29日签署并于2002年8月30日核准《京都议定书》。《京都议定书》于2005年2月16日生效。截至2023年10月，共有192个缔约方。由于《京都议定书》的生效经历了艰难复杂的过程，从通过到签署生效历经7年时间。《京都议定书》的生效条件是占全球温室气体排放量55%以上的至少55个国家和地区批准之后，才能成为具有法律约束力的国际公约[15]。这一规定使《京都议定书》的签署和生效遇到很大阻力。

《京都议定书》的签署是为了人类面授气候变暖的威胁，目标是发达国家从2005 年开始承担减少碳排放量的义务，而发展中国家则从 2012 年开始承担减排义务。为了促进各国完成温室气体减排目标，议定书允许采取以下四种减排方式[16]：

（1）难以完成削减任务的国家，可以花钱从超额完成任务的国家买进超出的额度。

（2）从本国实际排放量中扣除森林所吸收的二氧化碳数量。

（3）采用绿色开发机制，促使发达国家和发展中国家共同减排温室气体。

（4）可以采用"集团方式"，即欧盟内部的许多国家可视为一个整体，采取有的国家削减、有的国家增加的方法，在总体上完成减排任务。

无论从目标还是制度设计来看，《京都议定书》都是具有里程碑意义的国际环境法律文件。然而，国际社会对于其应对全球气候变化的实际效果仍存在明显局限性的质疑。首先，《京都议定书》的有效期较短（2008～2012 年），与气候变化问题的长期性不成比例。此外，作为温室气体主要的历史排放者之一，美国拒绝加入《京都议定书》，这不仅削弱了全球温室气体减排的整体效果，也显著影响了发达国家向发展中国家提供资金援助和技术转让的积极性。另一方面，《京都议定书》在政策和目标的制定上缺乏科学依据，以全球减排目标为例，5.2%的减排目标并未得到科学数据的充分支持，而是缔约方谈判妥协的结果[17]。

基于上述背景，2012 年，多哈会议通过了《〈京都议定书〉多哈修正案》，其中包含部分发达国家在第二承诺期的量化减排目标。第二承诺期为期八年，自2013 年 1 月 1 日开始，至 2020 年 12 月 31 日结束。截至 2020 年 10 月 28 日，共有 147 个缔约方接受了多哈修正案[18]，满足生效条件，修正案于 2020 年 12 月31 日生效。

8.3.3 《巴黎协定》

截至 2023 年 10 月，《巴黎协定》签署方达 195 个，缔约方达 195 个。中国于2016 年 4 月 22 日签署《巴黎协定》，并于 2016 年 9 月 3 日批准《巴黎协定》。2016年 11 月 4 日，《巴黎协定》正式生效。截至 2024 年 7 月，《巴黎协定》签署方达195 个，缔约方达 195 个。

2018 年 12 月，公约第 24 次缔约方大会、议定书第 14 次缔约方大会暨《巴黎协定》第 1 次缔约方会议第 3 阶段会议在波兰卡托维兹举行。经艰苦谈判，会议按计划通过《巴黎协定》实施细则一揽子决议，就如何履行《巴黎协定》"国家自主贡献"及其减缓、适应、资金、技术、透明度、遵约机制、全球盘点等实施细节作出具体安排,就履行协定相关义务分别制定细化导则、程序和时间表等,就市场机制等问题形成程序性决议(图8-3)。

图8-3 巴黎协定的标志

《巴黎协定》的主要目标是将21世纪全球平均气温上升幅度控制在2℃以内,并将全球气温上升控制在前工业化时期水平之上1.5℃以内。协定还指出,在公平的基础上,在21世纪下半叶实现温室气体源的人为排放与汇的清除之间的平衡。协定明确了长期温控目标,缔约方旨在尽快达到温室气体排放的全球峰值,同时认识到达峰对发展中国家缔约方来说需要更长的时间。协定还指出,发达国家缔约方应当继续带头,努力实现全经济范围绝对减排目标。发展中国家缔约方应当继续加强它们的减缓努力,鼓励它们根据不同的国情逐渐转向全经济范围减排或限排目标。

(1)长期目标。重申2℃的全球温升控制目标,同时提出要努力实现1.5℃的目标,并且提出在21世纪下半叶实现温室气体人为排放与清除之间的平衡。

(2)国家自主贡献。各国应制定、通报并保持其"国家自主贡献",通报频率是每五年一次。新的贡献应比上一次贡献有所加强,并反映该国可实现的最大力度。

(3)减缓。要求发达国家继续提出全经济范围绝对量减排目标,鼓励发展中国家根据自身国情逐步向全经济范围绝对量减排或限排目标迈进。

(4)资金。明确发达国家要继续向发展中国家提供资金支持,鼓励其他国家在自愿基础上出资。

(5)透明度。建立"强化"的透明度框架,重申遵循非侵入性、非惩罚性的原则,并为发展中国家提供灵活性。透明度的具体模式、程序和指南将由后续谈判制订。

(6)全球盘点。每五年进行定期盘点,推动各方不断提高行动力度,并于2023年进行首次全球盘点。

　　《巴黎协定》确定了全球温升幅度的限值和温室气体减排的长期目标，是一份全面、均衡、有力度、体现各方关切的协定，也是全球气候治理进程的里程碑。《巴黎协定》确定了国家自主贡献（NDC）和全球盘点机制，各国将以自主决定的方式确定其气候目标和行动，并根据每 5 年一次的全球盘点不断更新其 NDC，滚动推高全球应对气候变化的力度。按照《巴黎协定》的要求，大部分缔约方都提出了 2030 和 2050 年气候目标并已取得相应进展。

　　根据《公约》秘书处撰写的 NDC 和长期战略综合报告[19]，截至 2022 年 9 月 23 日，194 个《巴黎协定》缔约方中有 193 个提交了 166 份最新 NDC 信息。95% 的缔约方已按照缔约方会议规定提供了必要的信息，以促进 NDC 的透明和易懂；共 62 个缔约方提交了 53 份最新长期低排放发展战略，这些长期战略代表了全球 68% 的温室气体排放（按 2019 年计）、83% 的经济总量和 47% 的人口。此外还有 22 个缔约方未提交长期战略，但是在 NDC 中指明了长期减排目标，如果包括这些国家，则能代表全球 79% 的排放量、90% 的经济总量和 69% 的人口。针对各方 NDC 中提出的 2030 年目标，多数缔约方采取相对特定历史基准年的绝对量减排目标，其他目标形式包括排放/减排总量控制目标（沙特阿拉伯、阿根廷、南非）、相对 BAU 减排目标（土耳其、印度尼西亚）和单位 GDP 碳排放下降目标（中国、印度）。主要国家/地区提出的 2030 年和 2050 年气候目标如表 8-1 所示。

表 8-1　主要国家提出的 2030 年和 2050 年气候目标

国家/地区	NDC 2030 年目标	NDC 2050 年目标
美国[20]	2030 年全经济范围净温室气体排放量比 2005 年下降 50%～52%（NDC2*）	不迟于 2050 年实现全经济范围净零排放（NDC2）
日本[21]	2030 财年比 2013 财年温室气体排放水平下降 46%（NDC1 更新版）	2050 年实现净零排放（NDC1 更新版）
加拿大[22]	2030 年比 2005 年排放水平下降 40%～45%（NDC1 更新版）	2050 年实现净零排放（NDC1 更新版）
澳大利亚[23]	2030 年比 2005 年排放水平下降 43%（NDC1 更新版）	2050 年实现净零排放
欧盟[24]	2030 年比 1990 年至少减排 55%（NDC1 更新版）	2050 年实现气候中和 NDC1 更新版
法国	同欧盟	同欧盟
德国	同欧盟	同欧盟（德国后单独提出 2045 年实现气候中和的目标）
意大利	同欧盟	同欧盟
英国[25]	相比 1990 年排放水平，2030 年将至少减排 68%（NDC1 更新版）	2050 年实现净零排放（NDC1 更新版）
俄罗斯[26]	相比 1990 年，2030 年排放水平减排 30%（原文为减少至 1990 年排放水平的 70%）（NDC1 更新版）	无

续表

国家/地区	NDC2030 年目标	NDC2050 年目标
巴西[27]	相比 2005 年排放水平,2030 年将减排 50%(NDC1 更新版)	2050 年实现碳中和(NDC1 更新版)
南非[28]	2026~2030 年度排放温室气体排放范围为 3.5 亿~4.2 亿吨 CO_{2e}(NDC1 更新版)	2050 年实现净零碳排放(NDC1 更新版)
印度[29]	相比 2005 年,2030 年单位 GDP 碳排放强度下降 45%(NDC1 更新版)	到 2070 年实现净零排放(NDC1 更新版)
中国[30]	二氧化碳排放力争于 2030 年前达到峰值,2030 年单位 GDP 二氧化碳排放比 2005 年下降 65%以上(NDC1 更新版)	努力争取 2060 年前实现碳中和(NDC1 更新版)
韩国[31]	相比 2018 年,2030 年排放水平减排 40%(NDC1 更新版)	2050 年实现碳中和(NDC1 更新版)
沙特阿拉伯[32]	到 2030 年每年减少、避免以及移除共计 2.78 亿吨 CO_{2e} 温室气体(NDC1 更新版)	无
印度尼西亚[33]	相较于 BAU,2020~2030 年无条件减排 29%,有条件减排 41%(NDC1 更新版)	2060 年或更早实现净零排放(NDC1 更新版)
墨西哥[34]	相比 2013 年,2030 年实现减排 35%(NDC1)	无
土耳其[35]	相较于 BAU,2030 年减排 41%(NDC1 更新版)	2053 年实现净零排放目标(NDC1 更新版)
阿根廷[36]	全经济范围的净排放量到 2030 年不超过 3.49 亿吨 CO_{2e}(NDC2)	无

　　* 按照《巴黎协定》要求,2015 年各方首次提交 NDC 后,2020 年将通报或更新 NDC。表中 NDC2 指 2015 年左右提交的 NDC1 是 2025 年目标、NDC2 是 2030 年目标;NDC1 更新版是指 2015 年提交的 NDC1 是 2030 年目标、2020 年左右再次更新的 NDC 仍是 2030 年目标

　　根据欧盟全球大气研究排放数据库(EDGAR)的测算,2020~2021 年,43 个附件一国家中有 32 个缔约方的温室气体排放发生反弹,最高为保加利亚:排放上升 12.99%,所有附件一国家的排放相比 2020 年升幅为 4.87%,高于全球平均水平。2021~2022 年,附件一国家中,14 个缔约方的排放继续上升,包括美国、澳大利亚加拿大、葡萄牙、冰岛等 12 个缔约方的排放同比增幅高于全球水平。

8.3.4　缔约方大会的历史进展

　　《联合国气候变化框架公约》缔约方大会(UNFCCC Conference of the Parties)是《联合国气候变化框架公约》的最高机构,由拥有选举权并已批准或加入公约的国家组成。《联合国气候变化框架公约》缔约方大会负责监督和评审该公约的实施情况。缔约方大会将签订该框架公约的各缔约方联合在一起,共同致力于公约的实施。

缔约方大会是联合国气候变化框架公约（UNFCCC）的最高决策机构，也是各缔约方的主要决策论坛。根据 UNFCCC 框架，COP 大会由各成员国共同出席，评估公约的执行情况，讨论和协商新的承诺和实行细节，包括如何报告和验证温室气体排放等问题。COP 大会自 1995 年起每年举行一次（2020 年由于新冠疫情，第 26 届 COP 会议顺延到 2021 年举行），2023 年则是第 28 届缔约方大会。著名的《京都议定书》《巴黎协定》便是过往 COP 大会的成果（图 8-4）。

COP的三大里程碑会议		
COP3	**COP15**	**COP21**
1997年于日本京都举办。签订人类历史上第一个具有法律约束力的减排文件《京都议定书》，明确阶段性的全球减排目标以及各国承担的任务和国际合作模式。	2009年于丹麦哥本哈根举办。提出2℃目标，明确发达国家支持发展中国家的资金规模（发达国家承诺到2020年每年向发展中国家提供1000亿美元的资金援助），以及各国2020年的温室气体减排目标。	2015年于法国巴黎举办。签订《巴黎协定》，继《京都议定书》后第二个具有法律约束力的协定，被喻为"拯救人类的最后一次机会"。目标本世纪末全球气温升幅控制不超过2℃，最理想是控制在1.5℃以内。

图 8-4 COP 的三大里程碑会议

COP1（1995 年，德国柏林）是 UNFCCC 首次会议，标志着全球正式开始在联合国框架下共同应对气候变化。会议的主要议题是评估公约的执行情况，特别是检查各国对减少温室气体排放承诺的充分性。会议的关键成果是通过"柏林授权"。这项决定明确指出，发达国家需要采取更强有力的行动来降低温室气体排放，而发展中国家在这一阶段不需要承担具体的排放减少目标。此外，柏林授权还启动了一轮新的谈判，这些谈判最终在 1997 年的 COP3（京都会议）中，产生了京都议定书，为发达国家设定了具体的、具有法律约束力的排放目标。

COP3（1997 年，日本京都）的最大成果是达成了著名的京都议定书，这是全球应对气候变化的第一个有法律约束力的协议。京都议定书设定了发达国家在 2008～2012 年期间的具体减排目标，总体要求这些国家将温室气体排放量相比 1990 年水平减少 5.2%。这是第一次为全球温室气体排放设定法律约束力的减排目标。京都议定书还引入了三种"灵活机制"：国际排放交易、联合实施和清洁发展机制（CDM）。这些机制的目的是帮助发达国家以成本效益更高的方式实现排放减少目标。京都议定书的签署是全球应对气候变化努力的重大里程碑，但同时也引发了一些争议。一些批评者指出，京都议定书的目标过于保守，而且发展中国家并未设定减排目标。此外，美国虽然签署了京都议定书，但却未获得国内批准，因此没有执行该协议。

COP15/MOP5（2009 年，丹麦哥本哈根）在全球应对气候变化的历程中扮演了关键角色，因为它旨在完成《巴厘岛行动路线》下的谈判，确定 2012 年后的全球气候政策。尽管 COP15 的目标是达成一项全面的全球气候协议，但最终只通过了一项被称为《哥本哈根协议》的政治声明，而并没有达成预期的法律协议。《哥本哈根协议》中，发达国家同意到 2020 年将温室气体排放量相比 1990 年减少 80%，并致力于将全球温度升高限制在 2℃ 以内。此外，COP15 还强调了适应、技术转移和资金援助的重要性。《哥本哈根协议》中，发达国家承诺到 2020 年每年向发展中国家提供 1000 亿美元的资金援助，用于应对气候变化。

COP17/CMP7（2011 年，南非德班）的重要成果是达成了一项被称为《德班平台》的决定。《德班平台》为启动一轮新的谈判，以制定一项全球应对气候变化的法律协议打开了道路。新的协议将涵盖所有国家，包括发达国家和发展中国家，旨在 2020 年后替代京都议定书。此外，COP17 还成功地将《坎昆协定》中的主要元素转化为实际行动。会议建立了"绿色气候基金"，并确定了其运作方式。同时，会议还确定了技术机制和适应框架的细节。在森林问题上，COP17 继续推进了 REDD+机制的谈判，确认了一些关键的规则和程序。

COP18/CMP8（2012 年，卡塔尔多哈）的重要成果之一是关于京都议定书的第二承诺期。会议决定，京都议定书的第二承诺期将从 2013 年开始，一直到 2020 年。然而，只有少数发达国家承诺参与，包括欧盟、澳大利亚和一些其他的欧洲国家，而美国、日本、俄罗斯和加拿大均未参与。此外，COP18 也为《德班平台》下的新一轮谈判设定了时间表，确定了谈判的一些方向。会议决定，新的法律协议将在 2015 年的 COP21 上完成，然后在 2020 年开始实施。在资金问题上，COP18 强调了发达国家在为发展中国家提供资金援助方面的责任，但并没有确定一个具体的资金承诺。

COP19/CMP9（2013 年，波兰华沙）的一个主要成果是关于资金援助的决定。COP19 要求发达国家每两年提供一份道路图，说明如何实现到 2020 年每年向发展中国家提供 1000 亿美元的资金援助的承诺。此外，会议还通过了"绿色气候基金"的运作规则，并呼吁各国尽快开始向基金捐款。COP19 还在适应问题上取得了进展。会议确定了一项新的机制，即"华沙国际机制"，用于处理气候变化产生的损失和损害。然而，COP19 在推进全球应对气候变化的新协议谈判方面的进展较小。虽然会议确定了各国需要提交预期的国家自主贡献（INDCs）的概念，但并未就具体的提交时间和内容达成一致。

COP20/CMP10（2014 年，秘鲁利马）的主要成果是通过了一份被称为"利马工作纲要"的决定。该纲要确定了各国向 UNFCCC 提交其预期的国家自主贡献

（INDCs）的基本要求和程序，为 2015 年在巴黎达成新协议制定了基本的框架。此外，COP20 也在资金援助和适应等问题上取得了进展。会议欢迎了多个发达国家向"绿色气候基金"作出的贡献，使基金的总额达到了 100 亿美元的目标。同时，会议还通过了适应基金的新的资源动员策略。然而，COP20 也暴露出全球应对气候变化的挑战。虽然各方在许多问题上取得了一定的共识，但在一些关键问题，如如何分配减排责任，以及发达国家应如何提供资金援助等问题上，各方的立场仍存在较大的分歧。

COP21/CMP11（2015 年，法国巴黎）是全球应对气候变化历程中的一个里程碑，因为会议达成了一个全球性的、具有法律约束力的协议，被称为《巴黎协定》。《巴黎协定》的核心目标是将全球平均温度升高控制在工业化前水平以上 2℃ 以内，努力将升温限制在 1.5℃ 以内。协议要求所有国家提出并实施国家自主贡献（NDC），以降低温室气体排放。《巴黎协定》还确定了一个新的金融目标，即到 2020 年，发达国家要每年向发展中国家提供至少 1000 亿美元的资金援助，以帮助它们应对气候变化。协议还建立了一个全球库存制度，每五年对全球气候行动进行一次全面审查。此外，COP21 还通过了一项关于损失和损害的决定，将其纳入《巴黎协定》的框架之内，以帮助最易受气候变化影响的国家应对损失和损害。

COP22/CMP12（2016 年，摩洛哥马拉喀什）被视为实施《巴黎协定》的第一步，并被称为"行动 COP"。在 COP22 期间，各方就如何实施《巴黎协定》进行了深入的讨论。会议达成了一些具体决定，包括关于《巴黎协定》的透明度框架、全球库存制度以及适应行动的具体细则。会议决定，这些细则需要在 2018 年的 COP24 前完成。此外，COP22 还在金融援助方面取得了一些进展。会议确立了一个新的目标，即到 2025 年，发达国家每年向发展中国家提供的资金援助应该超过 1000 亿美元。会议还通过了一份关于"绿色气候基金"和适应基金的资金动员策略。COP22 还关注了一些特定的主题，如农业和气候变化、青年和气候行动以及气候变化对水资源的影响。

COP23/CMP13（2017 年，德国波恩，由斐济主持）在 COP23 期间，各方进一步推进了关于《巴黎协定》实施细则的谈判。COP23 通过了一项关于农业的决定，以解决气候变化对农业的影响。会议还启动了一个新的"塔拉诺阿对话"，以促进各方分享经验和最佳实践，以提高他们的气候行动。在金融问题上，COP23 呼吁发达国家提高他们的资金援助，并请求他们在 2018 年提供一份新的资金动员路线图。会议还通过了关于《巴黎协定》第 9.5 条的决定，这条决定要求发达国家每两年报告他们的资金援助。

COP24/CMP14（2018 年，波兰卡托维兹）在 COP24 期间，各方成功完成了《巴黎协定》的实施细则。这些规则详细说明了如何实施协定的各项规定，包括国家自主贡献（NDC）的提交和审查、气候适应、透明度框架、全球库存制度以及资金援助等问题。此外，COP24 还通过了一项关于资金援助的决定，要求发达国家每两年报告他们的资金援助，并明确了"绿色气候基金"和适应基金的资金动员策略。会议还通过了一项关于"塔拉诺阿对话"的决定。这个对话是一个全球的气候行动审查过程，旨在提高各方的气候行动水平。

COP25/CMP15（2019 年，西班牙，马德里由智利主持）COP25 原定于在智利圣地亚哥举行，但由于国内社会动荡，最后改在马德里进行，由智利主持。COP25 的主要目标是解决《巴黎协定》实施细则中尚未达成一致的关键问题，包括碳市场规则（《巴黎协定》第 6 条）。然而，COP25 未能在碳市场规则上取得一致意见。这些规则旨在建立一个国际碳交易系统，以促进国家在减排方面的合作。然而，各方对于如何确保环境完整性和避免双重计算等问题存在分歧，导致谈判陷入僵局。会议还呼吁各国在 2020 年提高他们的气候行动目标（即国家自主贡献，NDC）。此外，会议还通过了一些决定，包括关于气候适应、资金援助和技术转移的决定。

COP26（2021 年，英国格拉斯哥）原定于 2020 年举行，受新冠疫情影响，顺延到了 2021 年。COP26 是《巴黎协定》进入实施阶段的第一次气候大会，备受各方期待。大会签署了《格拉斯哥气候公约》，重申了《巴黎协定》的温度控制目标。各国亦在 COP26 前后更新了国家自主贡献（NDC）目标，并就 1.5℃的温控目标进一步达成共识。同时，大会完成了《巴黎协定》第六条细则谈判，还将国际转让的减缓成果（ITMOs）作为了可交易产品。各国还达成了关于加快结束对煤炭和石油天然气使用的支助和补贴。但未能就"净零"规则达成共识。与会国家同意每年再递交更强化的国家减缓计划。大会期间还收获了《中美格拉斯哥联合宣言》，宣告两国重新回到了国际气候合作框架下，同时亦将甲烷也列为了重要的减排对象。

COP27（2022 年，埃及沙姆沙伊赫）通过了《沙姆沙伊赫实施计划》。该计划设立了专门的损失和损害基金，维持将全球升温幅度限制在比工业化前水平高 1.5℃以内的明确目标，重点关注企业和机构的责任，开辟途径调动更多的财政资源支持发展中国家，并将注意力从承诺向行动转移。会议的焦点是讨论适应气候变化和争取更多资金帮助发展中国家实现减碳和适应。与会各国探讨了如何使当前的承诺和行动符合 1.5℃ 温升目标，并讨论了长期气候融资问题。会议期间，发达国家同意增加对发展中国家的适应融资，但未能给出具体数额。COP27 还成立了"失范机制"，旨在促进各国加强气候行动。但在引入碳市场规则和补偿机制上，各国立场分歧仍很大。尽管取得了一些进展，但由于国际形势复杂多变，缺乏具体承诺和行动计划，COP27 未能为巴黎协定目标和 2030 年行动奠定坚实基础。会后各国需要加强协作，促进碳排放峰值年限的提前和减排幅度的扩大，以实现协定长期目标。

COP28（2023 年，阿联酋迪拜）于 2023 年 12 月 13 日闭幕。最终，各国代表就制定"转型脱离化石燃料"的路线图达成一致，这在联合国气候变化大会的历史上尚属首次[12]。大会就《巴黎协定》首次全球盘点、减缓、适应、资金、损失与损害、公正转型等多项议题达成"阿联酋共识"，具有重要里程碑意义[5]。会议的主题是"共同落实"，旨在实现雄心勃勃的气候目标，将全球升温控制在工业化前水平的 1.5℃以内，增加对发展中国家的气候融资，并紧急扩大对气候适应的投资。大会的成功反映出各方对于应对气候变化问题紧迫性的高度共识，通过了一系列重要决定，如损失与损害基金的决定、全球适应目标框架、公正转型工作方案等，进一步巩固了全球绿色低碳转型的大势。此外，大会还重申了共同但有区别的责任原则，这为全球气候治理体系的发展指明了方向，展现了多边主义和团结精神在应对气候变化中的重要性。

COP29（2024 年，阿塞拜疆巴库）于 2024 年 11 月 22 日闭幕。COP29 在全球碳市场机制、气候融资目标、国家自主贡献升级以及气候损失与损害基金落实等方面取得了显著成果，展现了国际社会在气候行动上的努力。缔约方打破了多年围绕全球碳市场机制的争论僵局，就第六条第四款下的碳信用额度标准及其动态更新机制达成共识，这是完成《巴黎协定》第六条谈判的关键一步。COP29 提出了新的全球气候融资目标，即到 2035 年发达国家将"带头"每年为发展中国家筹集 3000 亿美元。这是"气候融资新集体量化目标"（NCQG）的核心，各国在巴黎气候变化大会上同意到 2025 年设立该目标，以取代之前每年 1000 亿美元的目标。COP29 正式启动了"以水促气候行动"计划，已有近 50 个国家签署了《水促进气候行动宣言》。这一计划首次将水资源管理与气候政策紧密结合，强调将与水相关的缓解与适应措施纳入国家自主贡献（NDC）和国家适应计划（NAP）。此外，在 COP29 上，瑞典主席国提前主持了一场仪式，签署了重要文件，以使该基金最终能够从 2025 年开始发放资金。瑞典利用这次仪式宣布再提供 1900 万美元的支持，后来的承诺使基金总额从 6.74 亿美元增至 7.59 亿美元。

关于国家自主贡献（NDC）也取得了一些成果。阿联酋成为第一个提交新版"国家自主贡献"的国家，其目标是在 2019～2035 年期间减少 47%的排放量，并在 2050 年实现净零排放。巴西也发布了新的国家自主贡献（NDC）。NDC 设定了两个主要目标：一个是"不太雄心勃勃"的目标，即到 2035 年将排放量削减至 10.5 亿吨二氧化碳当量 （$GtCO_{2e}$），另一个是更雄心勃勃的目标，即到 2035 年将排放量削减至 0.85 $GtCO_{2e}$。

除了缔约方大会之外，全球气候机制也需要国际机构、国家履约机构及非国家行为体的共同协作（图 8-5）。

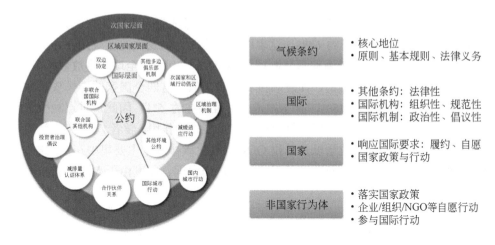

图 8-5　全球气候治理的机制复合体

资料来源：IPCC. 2014. 第五次评估报告. 第三工作组第 13 章

8.4　中国履行《气候变化公约》及相关议定书进展

中国于 1992 年 11 月 7 日经全国人大批准《联合国气候变化框架公约》，并于 1993 年 1 月 5 日将批准书交存联合国秘书长处。《联合国气候变化框架公约》自 1994 年 3 月 21 日起对中国生效。《联合国气候变化框架公约》自 1994 年 3 月 21 日起适用于澳门，1999 年 12 月澳门回归后继续适用。《联合国气候变化框架公约》自 2003 年 5 月 5 日起适用于香港特区。

中国也陆续参与并通过了《京都议定书》《巴黎协定》等国际公约和协议。中国于 1998 年 5 月 29 日签署并于 2002 年 8 月 30 日核准《京都议定书》，《京都议定书》于 2005 年 2 月 16 日起对中国生效。《京都议定书》于 2005 年 2 月 16 日起适用于香港特区，2008 年 1 月 14 日起适用于澳门特区。2014 年 6 月 2 日，中国常驻联合国副代表王民大使向联合国秘书长交存了中国政府接受《〈京都议定书〉多哈修正案》的接受书。中国于 2016 年 4 月 22 日签署《巴黎协定》，并于 2016 年 9 月 3 日批准《巴黎协定》，成为 23 个完成了批准协定的缔约方。《巴黎协定》的诞生，也凝聚着中国积极参与全球治理、与国际社会携手推进应对气候变化问题的努力。联合国前秘书长潘基文多次表示，中国为《巴黎协定》的达成、气候变化巴黎大会的成功作出了历史性的贡献、基础的贡献、重要的贡献、关键的贡献。

根据国际能源署（IEA）公布的全球二氧化碳年排放量数据，1990～2018 年间，全球二氧化碳排放总量持续增长，2018 年的排放量为 33.51 亿吨，而 1990 年为 20.52 亿吨，增加了约 64%。这表明当前应对气候变化的碳减排任务仍然非常艰巨。钟章奇等[37]基于消费责任制核算的 1995～2011 年全球碳排放数据表明，主要排放集中在中国、美国、印度和俄罗斯等国家。这四个国家的碳排放量占全球总排放量的比例超过 45%，且年均增长率维持在约 5%。因此，重点减少这四个国家的碳排放将对实现全球减排目标具有重要推动作用。学者 Zang 等[38]的研究表明人均二氧化碳排放量以及单位 GDP 二氧化碳排放量主要集中在俄罗斯、美国、加拿大、澳大利亚以及欧洲等发达国家，而中国、印度由于人口基数较大而人均排放量较小。

气候变化对中国的经济发展和人民生活带来了重大影响和挑战。对此，中国政府高度重视，通过制定和实施一系列法律法规和政策来应对这一问题。例如，中国制定并实施了《节约能源法》《可再生能源法》《循环经济促进法》《清洁生产促进法》《大气污染防治法》《气候可行性论证管理办法》《促进产业结构调整暂行规定》等，旨在通过产业结构的优化升级，减缓温室气体排放，提升应对气候变化的能力，并取得了显著成效。2014 年 11 月 12 日，中国与美国共同发布了《中美气候变化联合声明》，中国表示计划在 2030 年左右实现碳排放达峰，并将努力实现尽早达峰的目标。2015 年 10 月，在中国共产党第十八届中央委员会第五次全体会议上，中国再次明确，将"绿色发展"作为未来发展的关键战略之一。

2015 年 6 月 30 日，中国政府向《联合国气候变化框架公约》秘书处提交了应对气候变化国家自主贡献文件——《强化应对气候变化行动——中国国家自主贡献》，提出了二氧化碳排放 2030 年左右达到峰值并争取尽早达峰、单位国内生产总值（GDP）二氧化碳排放比 2005 年下降 60%～65%、非化石能源占一次能源消费比重达到 20%左右、森林蓄积量比 2005 年增加 45 亿立方米左右等 2020 年后强化应对气候变化行动目标以及实现目标的路径和政策措施。这不仅是中国作为公约缔约方完成的规定动作，同时也是中国政府向国内外宣示中国走以增长转型、能源转型和消费转型为特征的绿色、低碳、循环发展道路的决心和态度。

中国之前已提出到 2020 年将碳强度减少 40%～45%的目标，在此基础上提出的新目标基本符合中国二氧化碳排放于 2030 年达峰的情景。这一目标表明，中国将努力使经济发展与碳排放脱钩。中国的森林目标是在《国家应对气候变化规划》中提出的，这个目标尤为积极：增加森林蓄积量 45 亿立方米意味着森林覆盖面积将增加 5000 万～1 亿公顷（1.24 亿～2.47 亿英亩），相当于英国面积的 2～4 倍。这一规模的森林可创造碳汇约 1 Gt，相当于热带森林砍伐停止一整年或减少 7.7 亿道路车辆。1990～2010 年的二十多年间，中国的林地覆盖面积增加了 4900 万公顷（1.21 亿英亩）。在 15 年内重新造林 5000 万～1 亿公顷是一项巨大工程，必须加大在农村的工作力度。此外，为确保重新造林的可持续效果，中国必须重点完善造林规划，提高农村生活水平和生态系统服务，而不是简单发展种植和单种栽培。

中国的国家自主贡献详细阐述了实现减排和适应性目标的政策和措施（表 8-2）。这些政策与措施大多已纳入国家规划性文件，通过国家自主贡献的方式再次重申，表明中国充分重视并为实现承诺制定了全面计划。重点政策包括：扩大排放交易等交叉政策，完善排放核算体系；限制煤炭消耗，努力实现提高风能、太阳能发电产能和天然气占比的目标；控制钢铁、化学品等重点部门排放，大力发展服务业等低排放强度产业；遏制建筑和交通排放。随着中国加大控制工业排放，遏制建筑和交通排放的重要性不断增强；遏制农业产生的甲烷和一氧化二氮、工业产生的氢氟烃类等非二氧化碳的温室气体排放；增强整体气候韧性，重点关注水资源、城市规划、公共健康、减灾和灾害管理等领域。

表 8-2 中国国家自主贡献信息摘要

UNFCC 国家分类	非附件一
GHG 减排目标	与 2005 年相比，2030 年单位国内生产总值二氧化碳排放下降 60%～65%。2030 年二氧化碳排放达峰
可再生能源目标	到 2030 年，非化石能源占一次能源消费比重达到 20%左右
覆盖部门	未明确指出，但 NDC 中提出的减排措施涉及能源、建筑、交通、工业、农业、森林和土地利用部门
覆盖气体	CO_2
是否参加国际市场机制	未提及
是否需要资金支持	未提及

这些政策中可衡量的目标较为有限（尤其是 2020 年后），但该承诺表明中国将认真采取行动，建立遏制温室气体排放的全面框架，并在已有巨大进展的基础上再接再厉。这将提升国际社会对中国实现甚至超额完成目标的信心。

中国一直主动承担与国情相符合的国际责任，积极推动绿色转型，不断自主提高应对气候变化行动力度。日前，中国《联合国气候变化框架公约》国家联络人向公约秘书处正式提交《中国落实国家自主贡献成效和新目标新举措》和《中国本世纪中叶长期温室气体低排放发展战略》。郑重宣布"二氧化碳排放力争于 2030 年前达到峰值，努力争取 2060 年前实现碳中和"目标，提出一系列提高国家自主贡献力度的具体举措……中国作为世界上最大的发展中国家，将完成全球最高碳排放强度降幅，用全球历史上最短的时间实现从碳达峰到碳中和。把"做好碳达峰、碳中和工作"列为 2021 年重点任务之一，将"碳排放达峰后稳中有降"列入"十四五"规划和 2035 年远景目标纲要,将碳达峰、碳中和纳入生态文明建设整体布局,加快构建碳达峰、碳中和"1+N"政策体系,持续推进全国碳市场制度体系建设……中国朝着"双碳"目标稳步迈进。

第七十六届联合国大会主席阿卜杜拉·沙希德表示,中国再次提升了国际社会应对气候变化的信心。《联合国气候变化框架公约》秘书处执行秘书埃斯皮诺萨称赞说,中国在应对气候变化这一人类最紧迫的议题方面,有巨大勇气和坚定承诺。中国森林面积和蓄积量连续 30 年保持"双增长",成为全球森林资源增长最多的国家;全球 2000～2017 年新增绿化面积中,约 25%来自中国,贡献比例居世界首位;中国有效保护了 90%的植被类型和陆地生态系统类型、65%的高等植物群落和 85%的重点保护野生动物种群……青山常在、绿水长流、空气常新的美丽画卷,正在中华大地上徐徐展开。站在新的历史起点上,中国坚定不移走生态优先、绿色低碳的高质量发展道路,引领全球经济绿色复苏,为全球气候治理作出重要贡献。

参 考 文 献

[1] 赖明东, 雍熙, 史文静. 全球变暖的解释模式:温室效应理论与气候的自然波动假说[J].自然辩证法研究, 2022, 38(5):69-74, 95. DOI: 10. 19484/j.cnki.1000-8934.2022.05.010.

[2] 王绍武, 罗勇, 赵宗慈, 等. 全球变暖的停滞还能持续多久?[J].气候变化研究进展, 2014, 10(6):465-468.

[3] 崔波. 中国低碳经济的国际合作与竞争[D]. 北京:中共中央党校, 2013.

[4] 赵月. 国际关系视域下的气候外交[D]. 沈阳:辽宁大学, 2011.

[5] 张海滨. 全球气候治理的历程与可持续发展的路径[J]. 当代世界, 2022(6): 15-20.

[6] 英格·安德森. 联合国环境大会如何引领世界走向可持续发展的未来[J]. 世界环境, 2024(1):39.

[7] United Nations. Framework Convention on Climate Change[EB/OL]. https://unfccc.int/process-and-meetings/what-is-the-united-nations-framework-convention-on-climate-change. [1987-03-04].

[8] 汪万发, 张彦著.联合国环境大会的发展及走向刍议[J]. 区域与全球发展, 2022, 6(1): 5-20+152-153.

[9] 赵俊.我国应对气候变化立法的基本原则研究[J]. 政治与法律, 2015(7):80-86. DOI: 10.15984/j.cnki.1005-9512.2015.07.009.

[10] 关孔文, 李倩慧.欧美对全球气候治理体系的重塑——从"气候俱乐部"到"碳边境调节"[J].国际展望, 2023, 15(5):99-117+164-165. DOI:10.13851/j.cnki.gjzw.202305006.

[11] 张建平, 张旭. "一带一路"共建国家应对气候变化国际合作经验借鉴及启示[J]. 中国科学院院刊, 2023, 38(9):1407-1415. DOI:10.16418/j.issn.1000-3045.20230526006.

[12] 李慧明, 向文洁. 大变局下的全球气候治理与中国的战略选择[J]. 国际展望, 1006-1568-(2024)02-0085-18.

[13] 韩昭庆.《京都议定书》的背景及其相关问题分析[J]. 复旦学报: 社会科学版, 2002(2):100-104.

[14] 阿扎特 (Zhunusov Azat). 欧盟气候政策变化研究 [D]. 北京: 北京外国语大学, 2022.DOI:10.26962/d.cnki.gbjwu.2022.000484.

[15] 陈林, 万攀兵.《京都议定书》及其清洁发展机制的减排效应——基于中国参与全球环境治理微观项目数据的分析[J].经济研究, 2019, 54(3):55-71.

[16] 曹莉, 刘琰.联合国框架下的国际碳交易协同与合作——从《京都议定书》到《巴黎协定》[J].中国金融, 2022, (23):79-81.

[17] 郭红岩. 美国联邦应对气候变化立法所涉重点问题研究[J]. 中国政法大学学报, 2013(5):126-139.

[18] 高翔.《巴黎协定》与国际减缓气候变化合作模式的变迁[J].气候变化研究进展, 2016, 12(2):83-91.

[19] UNFCC. Nationally determined contributions under the Paris Agreement Synthesis report by the Secretariat[EB/OL]. https://unfccc.int/sites/default/files/resource/cma2021_08_adv.pdf.

[20] The United States of America Nationally Determined Contribution[EB/OL]. 2021-04-22. hitps://unfccc.int/sites/default/files/NDC/2022-06/United%20States%20NDC%20Apri%2021%202021%20Final.pdf.

[21] Japan's Nationally Determined Contribution(NDC)[EB/OL]. 2021-10-22. https://unfccc.int/sites/deault/files/NDC/2022-06/JAPAN_FIRST%20NDC%20%28UPDATED%20SUBMISSION%29.pdf.

[22] Canada's 2021 Nationally Determined Contribution Under The Paris Agreement[EB/OL]. 2021-07-12. https://unfccc.int/sites/default/files/NDC/2022-06/Canada%27s%20Enhanced%20NDC%20Submission1_FINAL%20EN.pdf.

[23] Australia's Nationally Determined Contribution[EB/OL]. 2022-06-16. https://unfccc.int/sites/default/files/NDC/2022-06/Australias%20NDC%20June%202022%20Upd.ate%20%283%29.pdf.

[24] The update of the nationally determined contribution of the European Union and its Member States[EB/OL]. 2020-12-18. https://unfccc.int/sites/default/files/NDC/2022-06/EU_NDC_Submission_December%202020.pdf.

[25] United Kingdom of Great Britain and Northern lreland's Nationally Determined Contribution [EB/OL]. 2022-09-22. https://unfccc.int/sites/default/files/NDC/2022-09/UK%20NDC%20ICTU%202022.pdf.

[26] ОПРЕДЕЛЯЕМЫЙ НА НАШИОНАЛЬІНОМ уРОВНЕ ВКЛАД РОССИЙСКОЙФЕЛЕРАІИИ [EB/OL]. 2020-11-25. https://unfccc.int/sites/default/files/NDC/2022-06/NDC_RF_ru.pdf.

[27] Federative Republic of Brazil Paris Agreement Nationally Determined Contribution (NDC)[EB/OL]. 2022-04-07. https://unfccc.int/sites/default/files/NDC/2022-06/Updated%20-% 20First% 20NDC%20-%20%20FINAL%20-%20PDF.pdf.

[28] South Africa First Nationally Determined Contribution Under the Paris Agreement[EB/OL]. 2021-09-27. https://unfccc.intsites/default/filesNDc2022-06/South%20Afica%20updated%20 first%20NDC%20September%202021.pdf.

[29] India's Updated First Nationally Determined Contribution Under Paris Agreement[EB/OL]. 2022-08-26. https://unfccc.int/sites/default/files/NDC/2022-08/India%20Updated%20First%20 Nationally%20Determined%20Contrib.pdf.

[30] 中国落实国家自主贡献成效和新目标新举措[EB/OL]. 2021-10-28. https://unfccc int/sites/ default/files/NDC/2022-06/%E4%B8%AD%E5%9B%BD%E8%90%BD%E5%AE%9E%E5% 9B%BD%E5%AE%B6%E8%87%AA%E4%B8%BB%E8%B4%A1%E7%8C%AE%E6%88 %90%E6%95%88%E5%92%8C%E6%96%BO%E7%9B%AE%E6%0%87%E6%96%BO%E 4%B8%BE%E6% 8E%AA.pdf.

[31] The Republic of Korea's Enhanced Update of its First Nationally Detemmined Contribution [EB/OL]. 2021-12-23. https://unfccc.int/sites/defaultfiles/NDC/2022-06/211223_The%20 Republic %200f%20Korea%27s%20Enhanced%20Update%200f%20its%20First%20Nationally%20 Determined%20Contribution_211227_editorial%20change.pdf.

[32] Kingdom Of Saudi Arabia Updated Nationally Determined Contribution[EB/OL]. 2021-10-23. https://unfccc.int/sites/default/files/resource/202203111154---KSA%20NDC%202021.pdf.

[33] Enhanced Nationally Determined Contribution[EB/OL]. 2022-09-23. https://unfccc.int/sites/ default/ files/NDC/2022-09/ENDC%20Indonesia.pdf.

[34] Contribución Determinada a Nivel Nacional Actualización 2022[EB/OL]. 2022-11-17. https:// unfccc. int/sites/default/files/NDC/2022-11/Mexico_NDC_UNFCCC_update2022_FINAL.pdf.

[35] Republic of Türkiye Updated First Nationally Determined Contribution[EB/OL]. 2023-04-13. https://unfccc.int/sites/defaultfiles/NDC/2023-04T%C3%9CRK%C4%BOYE_UPDATED%20 1st%20NDC_EN.pdf.

[36] Actualización de la meta de emisiones netas de Argentina al 2030[EB/OL]. 2021-11-02. https://unfccc.int/sites/default/files/NDC/2022-05/Actualizaci0%CC%81n%20meta%20de%20 emisiones%202030.pdf.

[37] 钟章奇, 姜磊, 何凌云, 等. 基于消费责任制的碳排放核算及全球环境压力[J]. 地理学报. 2018, 73(3): 442-459.

[38] Zang Z, Zou X Q, Song Q C, et al. Analysis of the global carbon dioxide emissions from 2003 to 2015: convergence trends and regional contributions [J]. Carbon Manag, 2018, 9(1): 45-55.

推 荐 阅 读

齐尚才. 全球治理中的弱制度设计——从《联合国气候变化框架公约》到《巴黎协定》. 北京:
中国社会科学出版社,2023.

祁悦,王田,樊星,等. 应对气候变化国别研究——基于《联合国气候变化框架公约》透明度
报告信息. 北京:中国计划出版社,2020.

思 考 题

1. 《联合国气候变化框架公约》的主要目标是什么?

2. 《京都议定书》及其修正案的主要目标是什么?

3. 《巴黎协定》的主要目标是什么?

9 《生物多样性公约》及相关多边协定

本章旨在了解气候变化公约的起源和履约机制，掌握气候变化公约及其基本制度，熟悉气候变化公约管控的主要化学品，了解中国履约活动及成效。

9.1 物种灭绝的危机

据世界《红皮书》统计，20世纪有110个种和亚种的哺乳动物、139种和亚种的鸟类在地球上消失了。世界上已有593种鸟、400多种兽、209种两栖爬行动物以及1000多种高等植物濒于灭绝。2019年7月18日，国际自然保护联盟（IUCN）将7000多种动物、鱼类和植物列入其濒危物种红色名录，并警告说，人类对自然的破坏以极高的速度使物种灭绝[1]。无论人类是有意还是无意，可以肯定的是，因为人类的捕杀和环境破坏致使很多生物从地球上永远地消失了。这些年来，由于人类的扩张、打猎和自然栖息地的破坏、气候的变化、污染以及其他因素造成动物的大量灭绝。

图9-1显示的是全球濒危物种最多的几个国家，在这些国家里，自然环境在

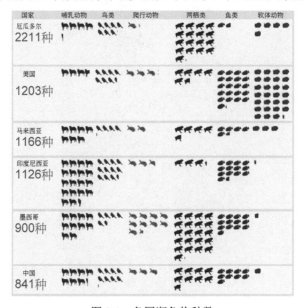

图 9-1　各国濒危物种数

工业发展下急剧变化，明显影响到物种的生存。每个图标代表 10 个物种，统计类别包括哺乳动物、鸟类、爬行动物、两栖类、鱼类和软体动物。这里列举的只是即将要灭绝的物种数目最多的国家，注意到欧洲国家没有列选，这并不代表那里不存在濒危物种，只是程度和数量不同而已，欧洲国家里濒危物种数最多的是西班牙。

9.2 公约的历史进程

1972 年，联合国在斯德哥尔摩召开了人类环境会议，决定设立联合国环境规划署。随后，各国政府签署了一系列区域性和国际协议，以应对诸如湿地保护、管理国际濒危物种贸易等问题。这些协议以及与有毒化学品污染相关的监管措施共同起到了减缓环境破坏趋势的作用，尽管这一趋势尚未完全逆转[2]，例如，针对某些动物和植物的国际禁令和限制，已有效减少了滥猎、滥挖和盗猎现象。

1987 年，世界环境与发展委员会（又称布伦特兰委员会）得出结论，经济发展必须减少对环境的损害。委员会发布了一份具有历史意义的报告，题为《我们共同的未来》。该报告指出，人类能够在不损害后代利益的前提下实现满足自身需求的可持续发展，并呼吁开启"一个健康且绿色的经济发展新纪元"《生物多样性公约》（Convention on Biological Diversity）是一项旨在保护地球生物资源的国际公约。该公约于 1992 年 6 月 1 日在内罗毕举行的第七次政府间谈判委员会会议上获得通过，并于同年 6 月 5 日在巴西里约热内卢举行的联合国环境与发展大会上正式签署[3]。《生物多样性公约》于 1993 年 12 月 29 日正式生效，标志着全球对因不当管理导致的物种生存危机的认识加深，并决心共同采取行动。这是首次制定的一部具有约束力且起综合作用的国际公约。在里约热内卢大会上，超过 150 个国家签署了该公约，目前已有 175 个国家批准[4]。截止到 2010 年 10 月，公约的缔约方已增至 193 个，中国于 1992 年 6 月 11 日签署该公约[5]。

2016 年 3 月，国务院批准了中国申办 COP15 大会的申请。同年 12 月，在墨西哥坎昆召开的 COP13 大会上，中国的申办申请获得批准。2018 年底，生态环境部对北京、海口、昆明和成都四个候选城市进行了考察和调研。云南省委、省政府对此高度重视，积极争取将大会设在昆明举行[6]。经过综合评估生物多样性、气候和空气质量等因素，2019 年 2 月 13 日，中国生物多样性保护国家委员会会议确定 COP15 将在云南昆明举行，地点为昆明滇池国际会展中心[7]。

2022 年 3 月 14 日至 29 日，《生物多样性公约》（CBD）日内瓦会议以及《2020 后全球生物多样性框架》不限成员名额工作组（WG2020-3）续会在瑞士日内瓦举行。同时，还召开了科学、技术和工艺咨询附属机构第二十四次会议（SBSTTA 24）

和执行问题附属机构第三次会议（SBI 3）[8]。

联合国《生物多样性公约》缔约方大会第十五次会议（COP15）主席团决定，COP15 第二阶段会议将于 2022 年 12 月 5 日至 17 日在《生物多样性公约》秘书处所在地——加拿大蒙特利尔举行[9]。

9.3　公约及相关多边协定的主要内容

9.3.1　生物多样性公约

《生物多样性公约》规定，发达国家应以赠予或转让的方式向发展中国家提供新的补充资金，以补偿它们在生物资源保护方面日益增加的开支，并以更优惠的价格向发展中国家转让技术，以促进全球生物资源的保护。此外，签约国需对其境内的植物和野生动物进行统计编目，并制定保护濒危动植物的方案。公约还要求通过建立金融机构，协助发展中国家实施动植物清点和保护项目；对于使用他国自然资源的国家，应与相关国家分享研究成果、利润和技术[2]。

《生物多样性公约》的主要目标包括：①保护生物多样性；②可持续利用生物多样性的组成成分；③以公平合理的方式共享遗传资源的商业利益及其他形式的利用。该公约的目标涵盖广泛，涉及人类未来的重大问题，成为国际法中的一项重要里程碑[10]。公约首次明确了保护生物多样性是全人类的共同利益，并是发展进程中不可或缺的一部分。公约涵盖了所有生态系统、物种和遗传资源，将传统的保护工作与可持续利用生物资源的经济目标相结合。公约建立了公平合理地共享遗传资源利益的原则，特别是在商业用途方面。此外，公约还涉及快速发展的生物技术领域，包括生物技术的发展、转让、惠益共享和生物安全等方面。尤为重要的是，公约具有法律约束力，缔约方有义务执行其条款[11]。

公约警醒世人，自然资源是有限的，并为 21 世纪提出了生物多样性可持续利用的新理念。过去的保护工作通常集中于特定物种和栖息地，而公约强调，生态系统、物种和基因必须被合理利用，但这种利用方式和速度不应导致生物多样性的长期下降。公约基于预防原则：当生物多样性显著减少时，不能以缺乏充分的科学证据为借口而推迟采取减少威胁的措施。同时，公约确认了保护生物多样性需要实质性的投资，但也强调，这应为人类带来环境、经济和社会的显著回报[4]。

作为一项国际公约，《生物多样性公约》认同各国在面临共同挑战时的合作，设定了明确且全面的目标、政策和普遍义务，并组织开展技术和财政合作。然而，实现这些目标的主要责任仍在各缔约方。私营公司、土地所有者、渔民等群体的活动对生物多样性有着重大影响，因此，政府需通过制定法规、保护国有土地和水域等措施发挥领导作用。根据公约，政府需承担起保护和可持续利用生物多样性的义务，并制定国家生物多样性战略和行动计划，特别是在林业、农业、渔业、能源、交通和城市规划等领域中尤为重要[12-15]。《生物多样性公约》还规定了其他义务，包括：

（1）识别和监测需要重点保护的生物多样性组成部分；

（2）建立保护区保护生物多样性，同时促进该地区以有利于环境的方式发展；

（3）与当地居民合作，修复和恢复生态系统，促进受威胁物种的恢复；

（4）在当地居民和社区的参与下，尊重保护和维护生物多样性可持续利用的传统知识；

（5）防止引进威胁生态系统栖息地和物种的外来物种，并予以控制和消灭；

（6）控制现代生物技术改变的生物体引起的风险；

（7）促进公众的参与，尤其是评价威胁生物多样性的开发项目造成的环境影响；

（8）教育公众，提高公众有关生物多样性的重要性和保护必要性的认识；

（9）报告缔约方如何实现生物多样性的目标。

该公约的议定书包括《卡塔赫纳生物安全议定书》《关于获取遗传资源和公正和公平分享其利用所产生惠益的名古屋议定书》《卡塔赫纳生物安全议定书关于赔偿责任与补救的名古屋-吉隆坡议定书》等[16, 17]。

9.3.2 《昆明宣言》和《昆明-蒙特利尔全球生物多样性框架》

2021年7月5日晚，习近平在北京同法国总统马克龙、德国总理默克尔举行视频峰会。习近平指出，中方愿同欧方加强沟通和协调，确保昆明《生物多样性公约》第十五次缔约方大会向扭转全球生物多样性丧失趋势迈出历史性一步。2021年10月11日至15日，联合国《生物多样性公约》缔约方大会第十五次会议（COP15）第一阶段会议将在云南昆明召开。10月11日，会议召开全体会议[10]，审议并通过了COP15、CP/MOP10和NP/MOP4的议程，以及第一阶段会议要解决的议程事项、组织事项等。10月12日，中华人民共和国主席习近平在COP15领导人峰会上发表了题为《共同构建地球生命共同体》的主旨讲话[18]。10月13日，COP15第一阶段会议通过《昆明宣言》[19]。

2022年7月21日，《生物多样性公约》缔约方大会第十五次会议（COP15）主席、生态环境部部长黄润秋主持召开缔约方大会主席团会议。8月29日，黄润秋以视频形式主持召开《生物多样性公约》缔约方大会主席团会议[20]，讨论了COP15第二阶段会议、高级别会议及配套活动的筹备工作。10月13日，黄润秋再次以视频形式主持会议，围绕COP15第二阶段会议及"2020年后全球生物多样性框架"不限成员名额工作组（WG202）第五次会议的筹备展开讨论[21]。同年 12 月 7 日，COP15 第二阶段会议将在《公约》秘书处位于加拿大蒙特利尔召开[8]。当地时间 2022 年 12 月 11 日，在蒙特利尔举行的 COP15 第二阶段会议上，来自中国、巴基斯坦、英国等国家的 4 名青年代表共同发布《全球生物多样性保护青年倡议》[22]。

《昆明宣言》是第十五次缔约方大会主要成果。承诺确保制定、通过和实施有效的"2020 年后全球生物多样性框架"，以扭转当前生物多样性丧失趋势，并确保最迟在 2030 年前使生物多样性走上恢复之路，进而全面实现"人与自然和谐共生"的 2050 年愿景[23]。

《联合国生物多样性公约》的第十五次缔约方大会于 2022 年 12 月 19 日在加拿大蒙特利尔闭幕，第 15 次缔约方会议由中国主持，加拿大主办，来自 188 个国家政府的代表参加了这次重要峰会。会议通过了《昆明-蒙特利尔全球生物多样性框架》（简称《昆蒙框架》，GBF），这是一项具有里程碑意义的协议，用以指导目前到 2030 年的全球自然行动。GBF 旨在解决生物多样性丧失、恢复生态系统、保护原住民权利（图 9-2）[14]。

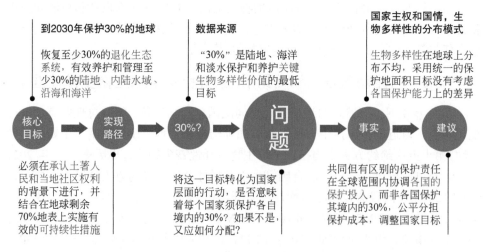

图 9-2 《昆蒙框架》的关键目标

《昆蒙框架》立足于"与自然和谐共生"的"2050 愿景"（图 9-3），并以"到 2030 年使生物多样性走上恢复之路"为使命，制定了四个长期目标。其中最受关注的行动目标是，到 2030 年，至少 30% 的陆地、内陆水域、海岸带和海洋区域得到有效保护（即"3030"目标）（图 9-3）。

为实现 2050 愿景与 2030 年使命，框架设定了四个长期目标：生物多样性状态（A）、可持续利用生物多样性（B）、公平公正分享惠益（C）及提供执行保障

（D），以及 23 个以行动为导向的全球目标，这些目标分为减少对生物多样性的威胁（目标 1～8）、通过可持续利用和惠益分享以满足人类需求（目标 9～13）、执行工作和主流化的工具和解决方案（目标 14～23）三个方面（图 9-4）。

生物多样性现状和趋势
到 2050 年制止人为导致的受威胁物种灭绝，并将所有物种的灭绝速度降低十倍

可持续利用生物多样性
可持续利用和管理生物多样性，以确保重视、维护和加强自然对人类的贡献

公平公正分享惠益
公平分享利用遗传资源和遗传资源数字序列信息的惠益

提供执行保障
所有缔约方，特别是最不发达国家和小岛屿发展中国家都可以获得实施框架的充分手段

图 9-3　2050 年的四个目标

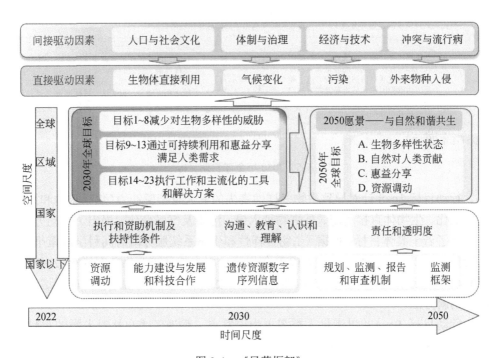

图 9-4　《昆蒙框架》

在《昆蒙框架》谈判过程中，设置 2050 年全球长期目标成为关键议题。大多数欧洲国家普遍支持这一结构安排，认为其有助于在全球范围内监测生物多

样性的现状和趋势，从而更好地量化评估《昆蒙框架》的执行进展。然而，许多发展中国家认为此设计打破了目标之间的平衡，过于强调生物多样性的现状和趋势（长期目标 A），并要求遵循《战略计划》的结构，使各个目标处于同一层级。尽管在谈判过程中，先后加入了可持续利用生物多样性（目标 B）、公平公正分享惠益（目标 C）以及提供执行保障（目标 D）三个发展中国家关注的长期目标，但除了目标 D 中资源调动的部分外，其余内容难以量化监测和评估，因此许多缔约方对保留四个长期目标表示反对。在开放式工作组（OEWG）共同主席的积极调解和主要谈判方的协商下，各方最终接受了设定 2050 年全球长期目标的安排（图 9-5）。

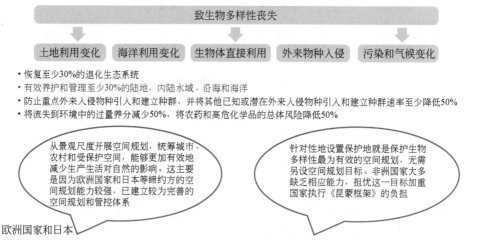

图 9-5　2050 年全球长期目标

行动目标 1～8 针对导致生物多样性丧失的五大直接驱动力（包括土地和海洋利用变化、生物体直接利用、外来物种入侵、污染及气候变化）提出了行动方向，并量化了若干具体目标。根据《生物多样性和生态系统服务政府间科学政策平台》（IPBES，2019 年）的报告，自 1970 年以来，对自然环境产生负面影响最大的直接驱动力是土地利用类型的改变。因此，《昆蒙框架》将空间规划作为应对这一驱动力的新方法。

行动目标 9～13 以满足人类需求为出发点，强调了"自然对人类的贡献"（NCP），并提出了加强可持续利用和促进惠益分享的路径和行动方向。这些目标包括采用基于自然的解决方案（NbS）或生态系统方法（EbA），以及分享利用遗传资源及数字序列信息所产生的惠益。

- "NCP"是指自然对人类生活质量的所有积极贡献和消极影响。积极贡献包括食物、水资源、艺术灵感等，而消极影响则包括疾病传播、自然灾害以及对人类生命财产的损害等。基于千年生态系统评估（Millennium Ecosystem Assessment，MA），IPBES 融合了多种知识体系，逐步完善和创新，形成了以 NCP 为核心的概念框架，更加注重人与自然之间的关系。基于自然的解决方案（NbS）是应对生物多样性丧失和气候变化等全球环境挑战的重要途径之一，但在国际环境条约谈判中仍存在争议。通过 NbS 和/或生态系统方法（EbA）可以恢复、维持和增强自然对人类的贡献（NCP），这些措施包括调节水质、空气、土壤健康、气候，以及促进传粉，降低灾害和疾病的风险。

• 遗传资源数字序列信息（digital sequence information，DSI）是近年来 DNA 测序技术的产物。作为一种特殊的非实物性质的信息资源，数字序列信息（DSI）可能对遗传资源获取与惠益分享制度构成挑战，已成为《生物多样性公约》缔约方大会谈判的焦点之一。在 COP15 中，DSI 首次被写入《昆蒙框架》，实现了发展中国家对 DSI 惠益分享的阶段性诉求，内容上取得了实质性进展。这对进一步发展遗传资源获取与惠益分享的国际制度具有重要意义。

行动目标 14～23 涵盖了确保《昆蒙框架》有效执行的工具和解决方案，包括将生物多样性纳入主流，改变公众消费行为，加强生物安全措施，改革激励措施，调动资金资源，加强能力建设和发展，促进数据、信息和知识获取，保障所有群体参与及确保性别平等多个方面。

尽管在《昆明-蒙特利尔全球生物多样性框架》通过的同时，还通过了监督其执行情况的监测框架。然而，作为一份国际商定的文书，框架并没有法律约束力，其落实与执行在于《生物多样性公约》188 个缔约国的自愿行动。此外，世界头号经济强国美国并没有加入公约，不过，美国作为观察员参加了这次大会。

9.3.3 缔约方大会

《生物多样性公约》的最高决策机构是缔约方大会（COP），由批准公约的各国政府和地区经济一体化组织组成。缔约方大会负责审查公约的实施进展，为成员国确定新的优先保护重点，制定工作计划。COP 还具备修订公约、成立顾问专家组、审查成员国提交的进展报告以及与其他组织和公约合作的权力。COP 可以从公约设立的其他机构获得专业支持，例如科学技术顾问机构（SBSTTA），由成员国的相关领域专家组成，负责向 COP 提供科学和技术建议。此外，资料交换机制基于互联网，旨在促进科技合作和信息共享。

《生物多样性公约》秘书处位于加拿大蒙特利尔，与联合国环境规划署紧密合作。秘书处的主要职责包括组织会议、起草相关文献、协助成员国执行工作计划、与其他国际组织合作，以及收集和提供信息。缔约方大会（COP）是全球履行《生物多样性公约》的最高决策机构，所有重大决策都必须通过缔约方大会。此外，COP 有必要时可成立专门委员会，在 1996～1999 年间，COP 成立了生物安全工作组，并成立了土著知识和地方社区工作组。

9.3.4 资金机制

发展中国家在开展与《生物多样性公约》相关的活动时，可以从公约的财务机制中获得资助，例如全球环境基金（GEF）。GEF 项目由联合国环境规划署（UNEP）、联合国开发计划署（UNDP）和世界银行支持，旨在通过促进国际合作和提供资金支持，应对生物多样性丧失、气候变化、臭氧层耗竭以及国际水资源衰退等四个对全球环境具有重大影响的领域。截至 1999 年底，GEF 已为 120 个国家的生物多样性项目提供了近 10 亿美元的资助。2023 年，全球环境基金设立了全球生物多样性框架基金，以支持《全球生物多样性框架》的实施，并要求制定一系列保障措施。目标是到 2030 年，每年减少至少 5000 亿美元的有害激励措施和补贴，并增加来自各个渠道的财政资源 2000 亿美元。发达国家向发展中国家提供的生物多样性相关国际资金（目前约为 50 亿～60 亿美元）预计到 2025 年增加至每年至少 200 亿美元，并在 2030 年进一步增至 300 亿美元（图 9-6）。

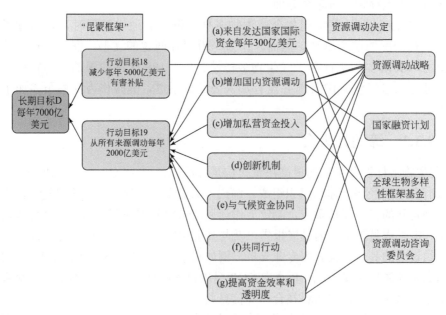

图 9-6　资金机制

9.4 中国履行《生物多样性公约》进展

中国于 1992 年 6 月 11 日签署该公约，1992 年 11 月 7 日批准，1993 年 1 月 5 日交存加入书。作为最早签署和批准《生物多样性公约》的国家之一，中国高度重视生物多样性保护工作，并将生物多样性保护融入生态文明建设全过程，与绿色发展、减污、降碳、脱贫等协同推进，在政策法规、就地保护、迁地保护、生态保护修复、监督执法、国际履约合作等方面取得积极进展，走出了一条中国特色生物多样性保护之路，为应对全球生物多样性挑战作出新贡献。

9.4.1 建立国家协调机制，加强政策法规体系建设

中国生物多样性保护实行国家统一监管和部门分工负责相结合的机制，特别是自从 1993 年中国批准公约以来，成立了由国家环保总局牵头，国务院 20 个部门参加的中国履行《生物多样性公约》工作协调组，在国家环保总局成立履约办公室，并建立了国家履约联络点、国家履约信息交换所联络点和国家生物安全联络点。履约工作协调组每年都召开会议，制订年度履约工作计划，开展了一系列形式多样的活动，初步形成了生物多样性保护和履约国家工作机制。

先后出台《关于加快推进生态文明建设的意见》《生态文明体制改革总体方案》《关于进一步加强生物多样性保护的意见》等 40 多项涉及生态文明建设的方案文件，将生物多样性保护作为生态文明建设的重要内容。国家"十四五"规划纲要对生物多样性保护重大工程进行了系统部署。颁布和修订环境保护法、野生动物保护法、海洋环境保护法、生物安全法、长江保护法等 30 余部相关法律法规，修订调整国家重点保护野生动植物名录，不断夯实生物多样性保护法治基础。

推进自然保护地保护范围及功能分区的科学划定，加快整合归并优化各类保护地，积极推动建立以国家公园为主体、自然保护区为基础、各类自然公园为补充的自然保护地体系，设立三江源、大熊猫、东北虎豹、海南热带雨林、武夷山等第一批国家公园，有效保护了 90% 的陆地生态系统类型、65% 的高等植物群落和 74% 的国家重点保护陆生野生动植物种类。截至 2021 年，自然保护地陆域面积约占陆域国土面积的 18%。建立国家级水产种质资源保护区 535 处，划定国家重点保护水生野生动物重要栖息地 33 处，严格执行休禁渔期制度，有效保护了水生生物资源及其生境。制定我国首部"多规合一"规划，出台《全国国土空间规划纲要（2021—2035 年）》。创新生态空间保护模式，将具有生物多样性维护等生态功能极重要区域和生态极脆弱区域划入生态保护红线，进行严格保护。打破行政区域界线，充分考虑重要生物地理单元和生态系统类型的完整性，划定生物多样

性保护优先区域，其中 32 个陆域优先区域面积约占国土面积的 28.8%。

9.4.2 生物多样性保护行动

1. 迁地保护进一步加强

为加强生物多样性就地保护，到 2002 年底，中国已建立各种类型、不同级别的自然保护区 1757 个（不包括香港特别行政区、澳门特别行政区和台湾省），总面积 132.9 万平方千米，陆地的保护区面积约占陆地国土面积 13.2%。目前国家级自然保护区有 197 个。已初步形成类型比较齐全、布局比较合理、功能比较健全的网络。有 21 处自然保护区加入了"世界人与生物圈保护区网络"，21 处自然保护区列入了"国际重要湿地名录"。3 处自然保护区被列为世界自然遗产地。目前，这些自然保护区保护了我国 70% 的陆地生态系统，80% 的野生动物和 60% 的高等植物，使绝大多数国家重点保护的珍稀濒危野生动植物都得到了保护。中国政府还加强了自然保护区的基本建设和管理，使自然保护区的环境、经济、社会效益日益显著，在水土保持、防沙治沙、气候调节、水源涵养、空气净化、生态旅游、环境意识教育等方面都发挥了重要作用。

经多年努力，中国已初步建立生物多样性相关法律体系，保护机制逐步完善，基础调查、科研和监测能力得到提升，生物就地和迁地保护工作取得了显著成效[17]。自 2004 年起，中国开始建设中国森林生物多样性监测网络，设立了涵盖动物、植物和微生物三个方面的 10 个专项网和 1 个综合监测管理中心[24]。其中，兽类监测网在全国布设了超过 5000 台红外相机，鸟类网用卫星追踪器标记 140 多种 4000 多只迁徙鸟类，搜集到 40 多亿条数据。

2. 生态环境质量持续改善

近年来，中国持续加大水、气、土污染防治力度，主要污染物排放总量减少目标超额完成，生态环境质量持续改善。2021 年，全国细颗粒物（$PM_{2.5}$）平均浓度为 30 μg/m³，比 2015 年下降 34.8%；地表水国控断面水质优良（Ⅰ～Ⅲ类）和丧失使用功能（劣Ⅴ类）比例分别为 84.9% 和 1.2%，比 2015 年提高 18.9 个百分点和降低 8.5 个百分点；近岸海域优良水质（一、二类）面积比例为 81.3%，较 2015 年上升 12.9 个百分点；受污染耕地安全利用率稳定在 90% 以上，农用地土壤环境状况总体稳定。生态环境质量改善优化了物种生境，促进了生态系统功能恢复，有效缓解了生物多样性丧失压力。

3. 生态保护修复步伐加快

坚持山水林田湖草沙一体化保护和系统治理,部署实施 51 个山水林田湖草沙一体化保护和修复工程,累计完成治理面积 500 多万公顷。建立"1+N"生态保护和修复规划及标准体系,实施全国重要生态系统保护和修复重大工程,全面推动 100 个重点项目建设。森林面积和森林蓄积量连续 30 多年保持"双增长",成为世界森林资源增长最多的国家。荒漠化、沙化土地面积连续 4 个监测期实现了"双缩减",草原生态状况持续向好。"十三五"以来,累计修复治理历史遗留废弃矿山面积超 30 万公顷。坚持陆海统筹、河海联动,扎实推进"蓝色海湾"整治行动、海岸带保护修复工程、红树林保护修复专项行动等重大项目,开展红树林、海草床、珊瑚礁等典型生态系统保护修复,累计整治修复海岸线 2000 千米、滨海湿地 60 万亩,红树林面积已达 43.8 万亩,比本世纪初增加了约 10.8 万亩。2018 年以来,累计腾退长江岸线 162 千米,滩岸复绿 1213 公顷。通过实施长江十年禁渔,长江江豚等珍稀水生生物物种得到了初步恢复,洞庭湖 2021 年监测到的水生生物物种比 2018 年增加了 30 种。在重要江河湖泊和近海海域开展增殖放流,每年放流各类水生生物苗种 300 多亿尾。高标准建设海洋牧场,共创建国家级海洋牧场示范区 169 个。

4. 监管和执法力度不断加大

完善环境保护约束性指标管理,加强生态环境机构监测监察执法垂直管理制度、生态环境公益诉讼制度,推进生态环境综合执法改革。持续开展"绿盾"自然保护地强化监督工作,加大自然保护地生态环境破坏问题监督和查处力度。"中国渔政亮剑"系列专项执法行动将保护水生野生动物及其栖息地、海洋伏季休渔、内陆大江大河湖泊禁渔作为重点执法任务。组织开展"昆仑""清风""网盾""国门利剑"以及打击破坏古树名木违法犯罪活动、打击涉野生动物犯罪等专项行动,严厉打击破坏野生动植物资源、古树名木等违法犯罪活动。开展"绿卫"2019 森林草原专项执法行动、2023 年全国打击毁林毁草专项行动,严厉打击侵占破坏草原资源违法行为。开展"碧海"专项执法行动,严厉打击破坏海洋生态环境违法违规行为。开展"国门绿盾"行动,加强外来物种入侵口岸防控。

5. 国际履约合作持续深化

中国政府十分重视生物多样性国际合作和国际履约活动,多次派出了由环保、外交、科技、农业、林业、中国科学院等多部门官员和专家组成的中国政府代表团,出席了全部 6 次缔约方大会和《生物安全议定书》10 轮工作组会及特别缔约方会议。还参加了公约的科技工艺咨询会和一系列全球及区域的国际合作会议，并加强了与公约秘书处、联合国环境规划署，联合国开发署、世界银行、全球环境基金等国际机构的协调和合作，较好地完成一批双边、多边的国际合作项目，为推动全球生物多样性保护合作和公约、缔约方大会决议的全面深入实施以及国际《生物安全议定书》达成协议作出了积极的贡献。这些项目成功的有效实施，为中国制定国家生物多样性保护政策、法律、法规，强化国家协作机制、提高国家能力建设水平、加强宣传教育及提高公众保护意识等方面，都发挥了积极和重要的作用。

作为 COP15 主席国，领导各方以大会主题"生态文明：共建地球生命共同体"为指引，发布《昆明宣言》等高级别政治成果文件，达成《昆明-蒙特利尔全球生物多样性框架》等一揽子具有里程碑意义的会议决定，为全球生物多样性治理贡献了中国智慧和中国力量。率先出资 15 亿元人民币，成立昆明生物多样性基金，支持发展中国家生物多样性保护事业。发起建立"一带一路"绿色发展国际联盟，40 多个国家成为合作伙伴，在生物多样性保护、气候变化治理与绿色转型等方面开展合作。成立"一带一路"绿色发展国际研究院，实施"绿色丝路使者计划"，帮助共建国家提高环境治理能力。在"南南合作"框架下积极为发展中国家保护生物多样性提供支持，全球 80 多个国家受益。积极履行《濒危野生动植物种国际贸易公约》，不断深化双多边履约和执法合作，面向亚非拉发展中国家连续举办野生动植物保护管理和履约能力培训班。

6. 全民保护意识显著提升

中国政府每年都组织一系列形式多样、丰富多彩的生物多样性保护和履约宣传教育活动，如利用"地球日""世界环境日""国际生物多样性日""世界动物日"等举行宣传周、新闻发布会、国际研讨会、画展。播放专题电视片、电视专访、焦点访谈。成立长江江豚、海龟、中华白海豚等重点物种保护联盟，为各方力量搭建沟通协作平台。加入《生物多样性公约》秘书处发起的"企业与生物多样性全球伙伴关系"（GPBB）倡议，鼓励企业参与生物多样性领域工作。政府加强引导、企业积极行动、公众广泛参与的行动体系基本形成，全社会生物多样性保护积极性不断提升。

开展中小学生征文比赛、知识竞赛，好新闻评奖，表彰生物多样性保护先进集体和个人。充分利用电视、报纸、无线电广播等媒介，就中国生物多样性保护和履约热点问题，进行宣传教育和表彰好人好事，并对违法活动揭露曝光。这些宣传教育活动公众反映强烈，在国际上也产生了良好的影响。加强了生物多样性科学知识的交流和普及，大大了提高公众意识和参与生物多样性保护的积极性。

9.4.3 生物多样性保护面临的挑战

尽管中国已经采取一系列生物多样性保护和恢复措施，特别是加强自然保护区的建设和管理，以及随着退耕还林还草，禁伐天然林，生态功能区和生态示范区建设等政策措施的落实，部分地区的自然生态环境有所改善，但是由于气候变化等自然原因和历史上滥伐森林、毁草开荒、滥捕滥猎、环境污染等人为破坏所造成的影响，目前生物多样性丧失的趋势还没有得到有效的控制。

1. 生境退化加剧，物种面临威胁

中国自然生态环境形势总体是严峻的，主要表现在森林覆盖率低（中国森林覆盖率 16.5%，世界平均 26.6%），天然林遭受砍伐，森林植被退化；草场超载过牧，质量下降，退化、沙化加剧；长江、黄河等大江大河源头生物多样性丰富地区的自然生态环境呈恶化趋势；沿江重要湖泊、湿地日趋萎缩；北方地区江河断流、湖泊干涸、地下水下降现象严重；全国主要江河湖泊水体受到污染。由于野生物种生境的退化和破坏，加上一些地区滥捕、滥猎和滥采，野生动植物数量不断减少。据统计，全国共有濒危或接近濒危的高等植物 4000～5000 种，占总数的 15%～20%，野生植物如苏铁、珙桐、金花茶、桫椤等已濒临灭绝。20 世纪中国已经灭绝的野生动物有普氏野马、高鼻羚羊。接近和濒临灭绝的有蒙古野驴、野骆驼和普氏原羚等。在《濒危野生动植物国际贸易公约》列出的 640 种世界濒危物种中，中国有 156 个物种，约占总数 1/4。因此，保护野生动植物的栖息地和生境，提高自然保护区的建设和管理水平，成为中国生物多样性保护的迫切问题。

2. 外来入侵物种危害严重

据专家初步调查，IUCN 公布的世界上 100 种最坏的外来入侵物种约有一半入侵了中国。据统计，每年全国因松材线虫、湿地松粉蚧、美国白蛾，松突园蚧等森林害虫入侵危害森林面积达 150 万公顷。豚草、薇甘菊、紫茎泽兰、飞机草、大米草、水葫芦等已在中国部分地区大肆蔓延，造成了生物多样性和农业生产的破坏。特别是沿海滩涂和近海生物栖息地因大米草等入侵物种的影响，海水交换能力和水质下降并引发赤潮，使大片红树林消失。西南部分地区因飞机草和紫茎泽兰群落入侵，造成本地草场和林木的破坏和衰弱，对自然保护区保护对象构成了威胁。据不完全统计，每年外来入侵物种危害造成经济损失约 500 多亿元人民币。因此，防治外来入侵物种的威胁和危害，是中国生物多样性保护面临的另一重要问题。

3. 生物安全管理亟待加强

现代生物技术的发展为人类解决粮食和医药的短缺以及环境等问题带来了福音,但也可能对生物多样性、生态环境和人体健康产生潜在不利影响。近 10 年来,中国现代生物技术有了较快的发展,转基因抗虫、抗病毒和品质改良农作物已有 47 种,如转基因棉花、大豆、马铃薯、烟草、玉米、花生、菠菜、甜椒、小麦等进行了田间实验,其中抗虫棉、抗病毒番茄等 6 种品种已开始商品化生产。中国转基因动物、微生物的研究也取得了重大进展。我国转基因农作物田间实验和商品化的环境释放面积仅次于美国、加拿大、阿根廷,居世界第 4 位。随转基因生物环境释放面积和商品化品种的扩大,对我国生物多样性、生态环境和人体健康构成的潜在威胁和风险将随之增加。尽管中国已制定一些生物安全法规,但还很不完善,还没有形成国家统一监管的机制,对生物安全的基础研究和转基因生物环境释放的监测也很薄弱,生物安全的资金投入与生物安全管理的需要差距很大。此外,由国家环保总局牵头参加谈判的生物安全议定书已于 2000 年 1 月达成协议,中国政府在 2000 年 8 月签署了议定书,到 2002 年世界上已有 36 个国家批准了议定书。中国政府正在协商尽快核准议定书事宜。预计议定书将可能在 2003 年上半年生效。因此,如何进一步加强生物安全能力建设和国家协调机制,做好转基因生物的越境转移管理和风险评估等工作,值得我们高度关注。

4. 遗传资源保护和管理应予足够重视

中国是世界八大作物起源中心之一,遗传资源十分丰富,是中国实现可持续发展和提高人民生活水平的重要基础。虽然,中国已组织过大规模考察和农作物品种征集,并建立一些作物种质库和作物种质圃,使一些农作物遗传资源得到保护。但由于缺乏有效的专门法律和政策性的保护措施,致使遗传资源在生产建设和资源开发过程中遭到严重破坏。如山东黄河入海口和黑龙江三江源的野生大豆,云南、广东、海南的野生稻,由于石油开发、农田开垦和人畜侵害,其面积不断缩小,有的地方已近绝迹。

5. 西部地区生物多样性需抢救性保护

中国西部大开发战略是实现社会主义现代化的重要举措,西部地区现是中国生物多样性最丰富的区域,也是全球关注的生物多样性热点地区之一。该区域包括横断山南段(藏东南、滇西北、川西南)、岷山—横断山北段(川西北)、新、青、藏、交界高原山地,滇南西双版纳地区,湘、黔、川、鄂边境山地、桂西石灰岩地区,秦岭山地,伊犁—西段天山山地等重要地区。据统计,西部自然保护

区面积约占全国自然保护区面积 85%，所保护的生态系统和物种系统约占全国的
70%。因此如何在西部大开发和西气东输、南水北调、青藏铁路等国家及地方重
大项目建设过程中保护生物多样性是中国面临重要又迫切问题。

9.4.4　中国生物多样性保护优先领域

随着经济全球化和贸易国际化的进程，保护和可持续利用生物多样性日显重
要。一个国家生物多样性丰富程度和保护水平已成为综合国力和国家可持续发展
能力的重要体现。生物多样性保护是环境保护主要内容之一，也是中国政府长期
坚持基本国策的重要组成部分。在今后 5～10 年或更长时间内，中国生物多样性
保护优先领域主要包括以下几个方面。

1. 抓紧修订《中国生物多样性行动计划》

在全球环境基金和联合国开发署的支持下，中国于 1993 年完成制定并实施
《中国生物多样性行动计划》。为国家制定生物多样性政策、法律、法规和部门行
动计划、优先项目及开展国际合作起到重要的指导作用。随着公约全面深入地实
施，生物安全、外来入侵物种、遗传资源利用和惠益共享、可持续旅游、传统知
识和文化保护、生态方式应用和生物多样性多个专项领域保护以及公约与《防治
荒漠化公约》《气候变化框架公约》《濒危野生动植物种国际贸易公约》等的协调
问题，急需在原行动计划中加以补充和修订。此外，中国西部大开发战略对西部
地区生物多样性保护带来新的机遇和挑战。如何把生物多样性保护纳入西部资源
开发和经济建设及国家各部门计划之中，以实现生物多样性保护和经济社会发展
双赢目标，是修订行动计划要解决的另一紧迫问题。支持发展中国家在必要时修
订生物多样性保护行动计划已列入第六次公约缔约方大会决议，并作为 GEF 资助
重要领域，中国期待与 GEF 及其执行机构合作，以尽快完成行动计划的修订。

2. 完善立法，依法管理

中国已制定一系列与生物多样性有关的法律、法规，为保护生物多样性发挥
较大作用，但还不能满足市场经济发展和加入 WTO 的要求，需要加以补充、完
善和修订。如一些部门的法律、法规与部门工作职责不完全一致；各部门之间的
法律、法规存在着交叉、重叠或遗漏的缺陷，并需要解决如何与国际法接轨的问
题；一些法律、法规执行部门兼有生物多样性开发和建设职能，使得法律、法规
不能全面有效执行；国家还缺乏生物安全综合性法律法规、防治外来入侵物种法
律法规、遗传资源利用和惠益共享法律法规、传统知识与文化保护法律法规和生
物多样性开发与建设环境影响评估立法等。因此，中国应更多地学习和借鉴国外

的生物多样性立法的经验,制定一套完善的、适合于中国国情又与国际衔接的法律、法规体系,以满足市场经济体系中生物多样性保护和可持续利用依法行政、依法管理的需要,这是中国生物多样性保护重要优先领域。

3. 优先保护生物多样性关键地区

中国幅员广阔,生物多样性丰富又独特,并相对比较集中。根据国际标准及地区物种丰富度和特有种的数量以及中国专家长期综合研究的结果,中国有 17 个具有全球保护意义的生物多样性关键地区,其中陆地 11 个,湿地 3 个,海洋 3 个。包括:①横断山南段;②岷山—横断山北段;③新疆、青海、西藏交界高原山地;④滇南西双版纳地区;⑤湘、黔、川、鄂边境山地;⑥海南岛中南部山地;⑦桂西南石灰岩地区;⑧浙、闽、赣交界山地;⑨秦岭山地;⑩伊犁—西段天山山地;⑪长白山地;⑫沿海滩涂湿地,包括辽河口海域、黄河三角洲滨海地区、盐城沿海、上海崇明岛东滩;⑬东北松嫩—三江平原;⑭长江下游湖区;⑮闽江口外—南澳岛海区;⑯渤海海峡及海区;⑰舟山—南麂岛海区。

主要保护措施包括:①已建立自然保护区应强化监督管理,必要时应提高管理级别,如晋升国家级自然保护区,并争取由国家直接管理;尚未建立自然保护区的,应采取抢救性措施尽快建立,如《中国生物多样性保护行动计划》中提出关键地区建立 27 个自然保护区和 6 个农作物、家畜及野生亲缘种保护区,现已经建立了 10 个,有的正在筹建中。②禁止在这些地区建设污染项目,对资源开发和经济建设项目,必须事先执行生物多样性和环境影响评估制度,并落实相应保护措施。③加强这些地区生物多样性的科学研究、监测及评估。④有选择地建设一批不同类型的国家级生物多样性保护示范基地,并以这些基地为典型,以点带面,推动全国生物多样性保护,并将有关经验宣传推广,以供发展中国家借鉴。⑤争取 GEF 等国际机构和双边政府援助以及中央、地方更多的投资,以加强能力建设,实现有效管理和保护。

4. 增加资金投入,提高国家能力建设水平

在中国政府重视和国际资助下,每年国家、部门和地方都有一定生物多样性保护资金投入,也实施一些国际合作项目。中国生物多样性监测、科研、信息和管理等具有一定的能力,但是由于地域广阔、基础薄弱、管理分散,加上人口增长和经济快速发展以及气候变化等自然原因的多重压力,中国生物多样性国家能力建设难以实现有效的保护和监管。加强中国生物多样性国家能力建设已成为当务之急。

完善以市场经济为基础,并与国际法规相衔接的国家生物多样性政策体系、

法律体系；理顺部门工作关系，加强统一监督职能和协调机制，提高国家整体监管能力；集中科研力量和资金，开展生物多样保护和履行热点问题，如生物安全、外来入侵物种、遗传资源利用和惠益共享、各专项领域生物多样性保护、生物分类学等的专项调查和研究；强化国家生物多样性信息系统，包括国家生物多样性信息交换所、数据库、地方和部门信息网络，以实现信息共享，为参与国际交流和合作以及国家生物多样性保护决策提供科学支持；建立科学、合理的生物多样性监测网络，特别是在关键地区的监测网络，不断提高监测能力和水平。

为遏制自然生态环境恶化和控制生物多样性丧失的趋势，经国务院批准的中国"十五"国家环境保护计划，列出了2001～2005年中国生物多样性和自然生态环境优先项目投资为500亿元人民币（约相当于61亿美元），加强国家基础能力建设的投资为100亿元人民币（约相当于12亿美元）。这些投资有待于中央、地方政府的进一步落实，以及争取国际的资助。

5. 加大宣传、教育和培训力度，发动公众广泛参与

近些年来，随着生物多样性和环境宣传教育的加强，公众环境意识和参与积极性有较大提高，特别是各级政府官员对生物多样性和环境保护普遍重视。但是，生物多样性基本知识的普及教育和宣传力度还很不够，致使广大公众对生物多样性、生物安全、外来入侵物种、遗传资源等概念陌生、知识缺乏；一些偏远地区自然保护区管理人员基础知识、管理水平不高；从事生物多样性保护社会团体即非政府组织较少、力量薄弱。因此生物多样性保护缺乏坚实的群众基础。这也是造成人为破坏生物多样性的重要原因之一。

《中国生物多样性行动计划》对宣传、教育和培训提出了重要的框架方案。国家环保总局将与履约工作协调组的宣传、教育等部门进一步拟订实施方案，强调面向基层，面向广大公众、加大宣传、教育和培训力度，鼓励和发动公众从我做起，广泛参加到生物多样性保护行动中来。我们迫切期待公约秘书处、UNEP、IUCN、联合国科教文等国际机构的合作。

总之，中国是生物多样性丰富又独特的大国，有效保护中国生态系统、物种系统和遗传资源系统，不仅对中国坚持和实施可持续发展战略具有极其重要的意义，而且对于维护世界环境安全、人类文明和进步都具有深远的意义。中国又是一个世界上最大的发展中国家，能力和资金有限，中国将通过自身的积极努力，同时又需要国际社会的有力支持和资助，以共同保护具有全球意义的中国生物多样性。

参 考 文 献

[1] 全球濒危物种新增 7000 余种[J]. 林业与生态, 2019(8): 47.

[2] 毛小瑞, 望里, 天远. 让人与自然和谐发展[N]. 农民日报. 2004-10-20(008).

[3] 马克平. 保护生物多样性就是保护人类自己![J]. 科学中国人, 2011(9): 30-37.

[4] 杨璐. 保护生物多样性之公众教育初探[D]. 北京:中国政法大学, 2004.

[5] 武力超. 绿色贸易壁垒的理论研究和法律体系综述[J]. 西安电子科技大学学报(社会科学版), 2010, 20(1):8-16.

[6] 罗惠. 《生物多样性公约》的内国法化研究[D]. 大连:大连海事大学, 2023.

[7] 蔡妮, 代睿. 云南参与和融入"一带一路"国际合作的新举措研究[J]. 中国集体经济, 2021(32):11-12.

[8] 本刊编辑部. 保护生物多样性的中国贡献[J]. 中国环境监察, 2021(10): 1.

[9] 邓茗文. 推动中国企业更好参与生物多样性保护[J]. 可持续发展经济导刊, 2022(11): 45-46.

[10] 段昌群, 马莉莎. "生物多样性"离我们有多远?——访谈生态学家段昌群教授[J]. 民主与科学, 2022(4): 47-52.

[11] 孟蕊. 生物多样性保护法律问题研究[D]. 杨凌:西北农林科技大学, 2008.

[12] 段朋江. 我国动物保护立法反思与完善[D]. 兰州:兰州大学, 2014.

[13] 赵娴, 顾海蓉. 全球视角下国际贸易与环境协调关系研究[C]//全国环境资源法学研讨会, 2014.

[14] 徐靖, 王金洲. 《昆明-蒙特利尔全球生物多样性框架》主要内容及其影响[J]. 生物多样性, 2023, 31(4): 7-15.

[15] 中华人民共和国生态环境部. 生物多样性公约[EB/OL]. https://www.mee.gov.cn/ywgz/zrstbh/swdyxbh/202404/t20240410_1070353.shtml.

[16] 中华人民共和国外交部. 《生物多样性公约》及其《卡塔赫纳生物安全议定书》、《关于获取遗传资源和公正和公平分享其利用所产生惠益的名古屋议定书》、《卡塔赫纳生物安全议定书关于赔偿责任与补救的名古屋-吉隆坡议定书》[EB/OL]. https://www.mfa.gov.cn/web/ziliao_674904/tytj_674911/tyfg_674913/201410/t20141016_9867767.shtml, 2020.

[17] 李禾. 我国生物多样性保护取得显著成效[N]. 科技日报, 2011.

[18] 新华社. 习近平在《生物多样性公约》第十五次缔约方大会领导人峰会上的主旨讲话[EB/OL]. https://www.gov.cn/xinwen/2021-10/12/content_5642048.htm, 2021.

[19] 中华人民共和国生态环境部. COP15 高级别会议通过"昆明宣言"[EB/OL]. https://www.mee.gov.cn/ywdt/hjywnews/202110/t20211013_956425.shtml, 2021.

[20] 中华人民共和国生态环境部. 《生物多样性公约》缔约方大会第十五次会议主席、生态环境部部长黄润秋主持召开大会主席团会议[EB/OL]. https://www.mee.gov.cn/xxgk/hjyw/

202210/t20221014_996237. shtml, 2022.

[21] 王芋佳. 遗传资源数字序列信息:如何互惠互益, 公平共享?《生物多样性公约》日内瓦会议纪实[J]. 世界环境, 2022(2): 66-67.

[22] 佚名. 多国青年代表共同发布《全球生物多样性保护青年倡议》[J]. 世界环境, 2022(6): 40-41.

[23] 彭敏. "中国为会议所做工作令人赞赏" [N]. 人民日报, 2022.

[24] 许琦敏. 2020 年我国发表新物种超 2400 种, 占全球 10%[N]. 文汇报, 2021.

推 荐 阅 读

中华人民共和国生态环境部. 中国履行《生物多样性公约》第六次国家报告［China's Sixth National Report on the Implementation of the Convention on Biological Diversity］.北京：中国环境出版集团，2019.

习近平. 共同构建地球生命共同体：在《生物多样性公约》第十五次缔约方大会领导人峰会上的主旨讲话. 北京：外文出版社，2022.

思 考 题

1. 《生物多样性公约》的主要目标是什么?

2. 《生物多样性公约》主要包括哪些议定书?

3. 《昆明-蒙特利尔全球生物多样性框架》的主要目标是什么?

10 《联合国防治荒漠化公约》

本章旨在了解《联合国防治荒漠化公约》（以下简称《荒漠化公约》）的起源和履约机制，掌握联合国防治荒漠化公约及其基本制度，熟悉联合国防治荒漠化公约管控的主要内容，了解中国履约活动及成效。

10.1 荒漠化的危害

荒漠是指植被贫乏、气候干燥、风力作用强劲、风化作用强烈、蒸发量超过降水量的沙漠、戈壁和沙地。荒漠包括沙漠、戈壁和沙地三大类。沙漠指沙质荒漠。地球陆地面积为 1.49 亿平方千米，目前，约三分之一（近五千平方千米）是沙漠。戈壁指砾石质荒漠，即地势起伏平缓、地面覆盖大片砾石的荒漠。戈壁源自蒙古语，因地面细砂已被风刮走，只剩下砾石铺盖，故有砾质戈壁和石质戈壁的区别。沙地指在自然及人为因素的综合影响和干扰下形成的类似沙漠的地貌类型。根据《中华人民共和国防沙治沙法》规范的定义，土地沙化是指因气候变化和人类活动所导致的天然沙漠扩张和沙质土壤上植被破坏、沙土裸露的过程。虽然荒漠区干旱少雨、植被稀疏，生产力较低，但在全球物质和能量循环过程中扮演着不可或缺和不可替代的角色。

荒漠化被称为"地球癌症"，是全球面临的重大环境问题和发展瓶颈，严重威胁着陆地生安全和经济社会的可持续发展。据统计，全球每年因荒漠化造成的经济损失高达 450 亿美元。荒漠化带来的影响涉及从生态环境到人文社会的方方面面。根据 1992 年世界环境与发展大会上通过的定义，荒漠化是指"包括气候变异和人类活动在内的多种因素造成的干旱、半干旱和干燥的半湿润地区的土地退化"，而土地退化是指旱区的生物或经济生产力下降或丧失。荒漠化是全球性的生态环境问题。联合国环境规划署（UNEP）统计显示，全球有 100 多个国家和地区，10 亿多人口，三分之一的陆地面积受到土地沙漠化的威胁。荒漠和荒漠化土地在非洲占 55%，北美和中美占 19%，南美占 10%，亚洲占 34%，澳大利亚占 75%，欧洲占 2%。而在干旱地区和半干旱地区这一比例高达的 95%，在半湿润地区则为 28%[1]。特别是亚洲和非洲的一些受影响的面积和人口数目都很大的发展中国家表现得尤为突出。

荒漠化是自然因素和人为因素共同作用的结果。气候变化形成的干旱、洪水、风蚀、水蚀等自然因素是造成荒漠化的重要原因。人为因素则主要是指人类不合理的土地利用[2]：①过度放牧，破坏植被，干扰植物群落，尤其在干旱年份和洪涝季节；②砍伐破坏林木，造成植被群落退化，盖度减小，土壤侵蚀；③盲目开垦并撂荒，致使生态系统稳定性在干旱季节频繁受到破坏；④不合理的灌溉制度包括乱建水库、盲目修建灌渠，均不同程度引起土壤盐渍化、土地退化以及内陆河下游干涸。

荒漠化缩小了生存和发展空间。每年，全球约有 5 万~7 万平方千米土地荒漠化，以热带稀树草原和温带半干旱草原地区发展最为迅速。过去 50 年中，非洲撒哈拉沙漠南部荒漠化土地扩大了 65 万平方千米，萨赫勒地区已成为世界上最严重的荒漠化地区[3]。荒漠化加剧了整个生态环境的恶化。根据联合国组织的"2005 年生态系统评估"，全球 4%的碳排放是由于干旱地区的荒漠化造成的，恢复退化的土地可以提高土壤封存碳的能力，有利于减缓全球气候变化。每年仅输入黄河的 16 亿吨泥沙中，就有 12 亿吨来自荒漠化地区。沙尘暴越来越频繁，仅造成重大经济损失的特大沙尘暴，20 世纪 60 年代发生了 8 次，90 年代发生了 23 次[4]。

荒漠化也导致了土地生产力的严重衰退。根据《联合国防治荒漠化公约》秘书处执行秘书尼亚卡贾的说法，全球每年有 1200 万公顷耕地因土地沙化而无法耕种，这相当于贝宁全境的面积，也相当于 3 个瑞士的面积[5]。如果这一趋势继续发展，非洲三分之二的耕地都将成为荒漠。由于农田遭侵蚀，每年有大约 240 亿吨肥沃土壤流失。预计到 2050 年，世界农业生产力需增长 60%，发展中国家需增长 100%才能满足全球人口对食品需求[6]。若土地退化持续以当前速度进行，这些目标都将难以实现，贫困人口比例很可能进一步上升，粮食安全问题将愈发严重，甚至可能多国出现饥荒[6]。同时，土地退化带来的经济损失占全球农业 GDP 的 5%，约合每年 490 亿美元[7]。

以"应对全球土地退化问题，帮助严重干旱和/或荒漠化的国家，尤其是在非洲防治荒漠化、缓解干旱，以期协助受影响的国家和地区实现可持续发展"为宗旨，1992 年，作为里约环发大会框架下的三大重要环境公约之一，《联合国关于在发生严重干旱和/或沙漠化的国家特别是在非洲防治沙漠化的公约》（United Nations Convention to Combat Desertification，UNCDD）被提出，开启了防治荒漠化的新时代。

10.2 《荒漠化公约》的历史进程

10.2.1 履约机制构建阶段（1997~2006 年）

从 1997 年罗马 COP1 到 2005 年内罗毕 COP7，主要通过了缔约方会议议事规则，明确全球机制职能。

1977 年，首次"联合国荒漠化大会"在联合国大会倡议下于肯尼亚首都内罗毕召开，首次将荒漠化问题列为全球经济、社会和环境问题。会议制定了《防治荒漠化行动计划》，并由环境署负责该计划的组织和实施，其目的旨在帮助受影响国家拟定计划应对荒漠化问题并激发和协调国际社会所提供的援助。但截至 1991 年，仅有 20 国政府（即受影响国家不到 1/4）制定出国家防治荒漠化计划[8]。

1992 年，在地球问题首脑会议筹备期间，发展中国家（主要由非洲国家牵头）坚持必须适当地关注荒漠化问题[8]。正是这次大会，首次把荒漠化防治列为全球环境治理的优先领域，列入了《21 世纪议程》的第 12 章，并要求世界各国把防治荒漠化列入国家环境与发展计划，采取共同行动，防治土地荒漠化，以求可持续发展。同时，世界领导人要求联合国大会设立一个政府间谈判委员会，并于 1994 年 6 月前起草一项具有法律约束力的文书。1994 年 6 月 17 日，经过 5 轮艰辛的谈判，《荒漠化公约》的正式文本最终得以通过。《荒漠化公约》的主要目标是建立一套国际合作体制，促进和推动全球在防治荒漠化和缓解干旱影响等方面的合作[9]。

1994 年 10 月，《荒漠化公约》在巴黎开放签字，1996 年 12 月 26 日生效。截至 2023 年 10 月，共有 197 个缔约方。为了增强公众对《荒漠化公约》重要性的认知，激发社会对防治荒漠化的责任感，以及纪念国际社会达成防治荒漠化共识的重要举措，1995 年第 49 届联合国大会通过决议，宣布从 1995 年开始，每年的 6 月 17 日为"世界防治荒漠化和干旱日"（图 10-1）[10]。

此阶段的主要成果为：①COP 1 通过"缔约方会议议事规则"，制定了缔约方会议及其附属机构的规则。指定德国波恩为公约常设秘书处，保障公约的日常运作。②1994 年依据公约第 21 条设立全球机制（Global Mechanism，GM），促进执行公约和为解决荒漠化、土地退化和干旱问题调动财政资源。③依据公约第 24 条设立科学和技术委员会（Committee on Science and Technology，CST），就与防治荒漠化和减轻干旱影响有关的科学和技术事项提供信息与意见。④2001 年依据公约第 22 条设立执行情况审评委员会(Committee for the Review of the Implementation of the Convention，CRIC)，协助缔约方会议定期审评公约的执行情况。

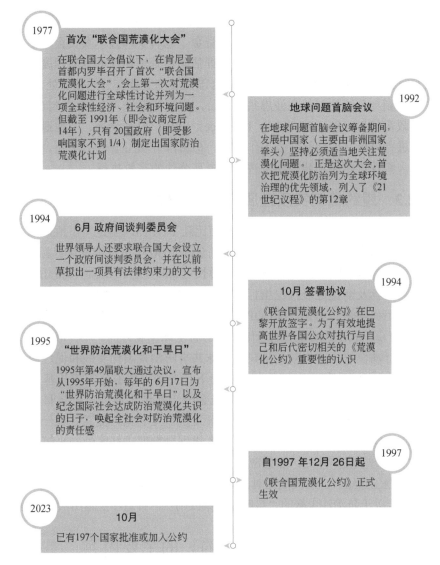

图 10-1 公约的历史进程

10.2.2 履约机制探索阶段（2007～2014 年）

从 2007 年马德里 COP8 到 2013 年温得和克 COP11，通过了加强执行公约的 10 年战略计划和框架，正式确定资金机制，国际履约工作步入正轨。

此阶段的主要成果为：①COP8 通过《实施公约 10 年战略计划和框架（2008—2018）》，进一步加强公约的执行。②2010 年，全球环境基金（Global

Environment Facility，GEF）正式成为公约资金机制，GEF 通过土地退化重点领域，为各国投资可持续土地管理活动提供增量资金。③科学和技术委员会制定了用于确定全球土地退化程度的影响指标和用来评估防治荒漠化活动开展程度的绩效指标。④COP10 决定将全球机制管辖权由联合国农发基金移交公约秘书处。⑤COP11 决定全球机制与公约秘书处在波恩共同办公，提高秘书处与全球 机制合作效率。建立科学政策接口（Science-Policy Interface，SPI），对荒漠化、土地退化和干旱有关信息进行分析，提高科技委工作效率。⑥2014 年成立评价办公室，负责展开独立评价，将评价结果和建议用来进一步提高公约的有效执行。

10.2.3 履约机制实质进展阶段（2015～2022 年）

从 2015 年安卡拉 COP12 到 2022 年阿比让 COP15，制定"土地退化零增长目标"以及公约未来发展路线，积极落实联合国 2030 年可持续发展目标。此阶段的主要成果为：①COP12 商定土地退化零增长（Land Degradation Neutrality，LDN）自愿性国家目标及衡量进展情况指标，优化流程结构帮助各国利用、评估、衡量和实现土地退化零增长承诺。②COP 13 通过《联合国防治荒漠化公约战略框架（2018—2030）》，商定了减缓土地退化议题的新全球发展方向。"一带一路"防治荒漠化共同行动倡议正式生效，构建起全球共享防治荒漠化实践和促进履约的重要合作平台。③2015 年在全球机制的支持下，启动土地退化零增长基金（Land Degradation Neutrality Fund），利用公共资金为可持续土地项目筹集私人资金。④2018 年成立干旱倡议，建立抗旱系统，开发抗旱工具箱，提高区域一级抗干旱能力。⑤COP14 强调在地方、国家和区域各级别制定促进社区性别平等的变革性项目和方案，执行抗旱计划，加强应对干旱和沙尘暴的能力。⑥COP15 成立"政府间干旱问题工作组"，研究制定对国际干旱问题的支持性政策。商定秘书处协调相关国家制定关于防治沙尘暴的"自愿性政策准则"，打造沙尘暴防治政策标尺。

10.3　《荒漠化公约》的主要内容

10.3.1　公约的目的和原则

《荒漠化公约》是 1992 年里约环发大会《21 世纪议程》框架下的三大重要环境公约之一，其主要目标是建立一套国际合作体制，促进和推动国际社会在防治荒漠化和缓解干旱影响方面的合作。与一些其他国际环境条约不同，其具有"凡加入公约的国家都有义务实施公约"的法律约束力，并载有国家采取实际行动，特别是在防治荒漠化的地方一级采取实际行动的具体承诺——国家行动方案，并极力强调实施公约和监测公约实施进展情况所需的机制。

该公约的目的包括以下三个方面：

（1）防止土地的荒漠化和土地退化：通过采取综合的土地管理措施，减少土地的退化和荒漠化，维护土地的生产力和可持续利用。

（2）恢复受荒漠化和土地退化影响的土地：通过恢复和改善荒漠化和土地退化的土地，增加土地的生产力和可持续性。

（3）加强抗干旱能力：提高地区和国家抵御干旱影响的能力，减少干旱对生计、生态系统和经济的负面影响。

公约的原则包括以下四个方面：

（1）缔约方应确保公众和地方社区参与防治荒漠化和/或缓解干旱影响方案的设计和实施决策，并在更高层级为国家和地方行动创造支持性环境。

（2）缔约方应本着国际团结与伙伴关系的精神，改善分区域、区域和国际的合作和协调，更有效地集中资金、人力、组织和技术资源用于有需要的地区。

（3）缔约方应在各级政府、社区、非政府组织和土地所有者之间建立合作，以更好地理解受影响地区土地和稀缺水资源的性质和价值，并努力以可持续的方式利用这些资源。

（4）缔约方应充分考虑到受影响的发展中国家，特别是最不发达国家的特殊需要和状况。

公约的部分义务主要分为四类：

（1）一般义务：采取措施治理荒漠化，加强各方合作，并为受影响的发展中国家提供帮助。

（2）受影响国家的义务：优先关注防治荒漠化和缓解干旱的影响，重视社会经济影响，加强教育并完善相关法律。

（3）发达国家的义务：支持受影响的发展中国家缔约方，提供资金、技术等支持。

（4）非洲国家的优先地位：考虑到非洲地区的特殊情况，缔约方在履行公约时应优先关注受影响的非洲国家缔约方，同时也需顾及其他受影响的区域发展中国家缔约方。

10.3.2 公约的资金机制

1. 全球机制

《荒漠化公约》生效之初，建立了全球机制（Global Mechanism，GM）作为资金机制，国际农业发展基金（IFAD）担任全球机制的融资机构，联合国开发计划署、世界银行作为融资机构的支持单位。农发基金致力于对发展中国家提供粮食安全的资金保障，也致力于消除贫困，保障农业发展，这与土地环境的保护与荒漠化的防治密切相关。全球机制帮助缔约方大会促进实施公约有关活动和方案进行集资的机制。

作为《荒漠化公约》的一个业务部门，全球机制提供咨询服务。它与发展中国家、私营部门和捐助方合作，在国内外调动大量资源，以便在国家一级执行公约。全球机制向要求就如何执行公约提供指导的国家提供建议。这包括有关如何制定国家土地退化零增长目标，开发和扩大改变生活和生计的大型项目，制定国家抗旱计划。

截至目前，已有 129 个国家承诺制定自愿性土地退化零增长目标和相关措施，以在 2030 年之前实现土地退化零增长，作为保护和恢复土地、改善粮食安全、保护生物多样性和减轻气候变化影响的手段。

2015 年，全球机制支持成立了土地退化零增长基金，这是一项由私营部门主导的倡议，旨在为可持续农业、可持续畜牧业管理、农林业和可持续林业项目筹集资金；全球机制还与萨赫勒地区国家合作，为绿色长城筹集了超过 160 亿美元的资金；全球机制直接与各国合作制定土地退化零增长目标、土地退化零增长转型项目和方案以及干旱倡议。

2. 全球环境基金

2002 年，全球环境基金（Global Environmental Fund，GEF）大会同意成立《荒漠化公约》资金机制，并设立新 OP15 土地可持续运行计划为《荒漠化公约》履约提供支持。2003 年《荒漠化公约》第 6 次缔约方大会（COP6）就此达成一致。与此同时，2002 年，GEF 大会建立土地退化重点领域（LDFA），2003 年由 GEF 理事会开始运作，GEF 土地退化重点领域（LDFA）的建立推动 GEF 对土地可持续利用与管理项目的投资。但目前，GEF 亦不是履行《荒漠化公约》主要的资金机制。

成立于 1990 年，旨在投资于全球高增长的清洁能源、能源和资源效率、环境和可持续自然资源管理行业。其投资为创新企业提供资金，这些企业部署了成熟的技术、产品和服务，逐步使世界经济以更少的能源运行，使用更少的原材料，促进改善环境质量和更有效地利用自然资源。这些公司的商业模式通过切实减少能源消耗、环境和温室气体排放，或使经济更具环境可持续性。

3. 缔约方的资金支持

各缔约方通过法律规定、政策导向等向荒漠化防治项目提供必要的资金支持，如我国在改革开放后的防治荒漠化工作中，国家通过相关政策保障了资金投入，在各相关项目中保证资金到位率。各国、各地区也积极设立国家级基金或社会组织基金等相关机制支持荒漠化防治工作。同时，根据 UNCCD 规定，发达国家缔约方应向发展中国家缔约方提供实质性资金资源和其他形式的资助，但荒漠化问题具有区域性属性，因此该规定的实施存在困难。

10.3.3　公约的组织机构

在主体公约机构层次上，UNCCD 建立了缔约方大会（COP）。缔约方大会下设两个附属机构，分别是科学技术委员会（CST）和履约审查委员会（CRIC）。

（1）公约缔约方大会：缔约方大会是公约主要决策机构，也是履约机制的主要执行者。缔约方会议决定包括多项实质性议题，随着国际履约进程推进，每届缔约方会议的关注点不同，针对国际履约实际情况的重点议题也不相同。

（2）科学技术委员会：为缔约方大会提供科学技术方面的建议和信息。

（3）履约审查委员会：履约审查委员会于 2001 年由第五次缔约方大会设立，2009 年正式成为缔约方大会常设附属机构。履约审查委员会会议除在缔约方大会同期召开外，每两年在缔约方大会轮空年召开一次会议，审评缔约方和相关机构履约进展，查明公约决议的执行情况并分析原因，向缔约方大会提出政策建议，由缔约方大会期间召开的履约审查委员会做出决议。

（4）公约常设秘书处：是缔约方大会的执行机构，主要负责安排会议、准备会议文件、协调公约内外机构的关系等工作[11]。公约秘书处设在德国波恩，由联合国管理。

其中，缔约方会议（COP）是《荒漠化公约》的最高决策机构。1997~2001 年，每年举行一次会议，从 2001 年开始，缔约方会议每两年召开一次会议。1996 年 12 月 26 日公约生效以来，共召开 15 次缔约方会议（COP），产生 7 项决议和 469 项决定（https://www.unccd.int/convention/copdecisions）。

1997 年 9 月 29 日至 10 月 10 日，第 1 届缔约国大会在意大利罗马"联合国粮食及农业组织（FAO）"总部召开，118 个被正式批约或已加入《荒漠化公约》的国家参加了会议[8]。会议讨论了 10 次政府间谈判悬而未决的议事规则和全球机制，最终确定国际农发基金（IFAD）为公约全球机制的融资机构，联合国开发计划署作为融资机构的支持单位[8]。

1998 年 11 月，第 2 届缔约国大会在塞内加尔的达卡召开[8]，共有 130 个国家参加了本届会议，此次会议的主要议题包括审查全球机制及其活动。与其他联合国环境会议类似，会议的基本矛盾依然是发达国家与发展中国家之间的利益对立问题。然而，由于《荒漠化公约》主要关乎发展中国家的利益，发达国家在会议中基本处于捐助国的角色，因此对公约的进程持消极态度。会议始终贯穿的主线是南北矛盾，即受影响的发展中国家希望推动《荒漠化公约》的实施，但发达国家则力图阻挠，其核心就是资金分配问题[8]。

1999 年 11 月，第 3 届缔约国大会在巴西召开，共 128 个缔约国参会。本次会议主要审查了《荒漠化公约》在非洲的实施和机构安排的运作，审议通过了《荒漠化公约》秘书处 2000～2001 年两年期方案与预算[11]。

2017 年 9 月 6～16 日在中国内蒙古鄂尔多斯举行第 13 届缔约国大会，会议出台了新的《荒漠化公约》《2018～2030 年战略框架》，这是实现土地退化中性（LDN）的最全面的全球承诺。会议还出台了"土地退化中立基金"，这是首个致力于实施可持续发展目标的全球私营部门基金，这是一次变革性的资金源。该基金将公共和私人投资者的资金汇合一起，为恢复退化土地的项目提供资金。靠公共和慈善资源是不够的。需要新的金融工具和中介机构。如今，该基金由一家叫 Natixis Investment Managers 私营部门投资管理公司来管理[12]。

在中国鄂尔多斯《联合国防治荒漠化公约》缔约方第十三次会议结束之前，已有 113 个国家同意指定具有明确指标的具体目标，以恢复更多的土地和逆转退化，目前影响了三分之一以上的国家[13]。

第 14 届缔约国大会在 2019 年 9 月 2～13 日，印度新德里举行。《荒漠化公约》缔约方会议第十四届会议就 36 项决定达成了共识，以加强并在实地进一步采取行动，以确保实现公约 2018～2030 年的目标。

第十六次缔约方大会于 2024 年 12 月 2～13 日在沙特首都利雅得召开。公约第十六次缔约方大会主题为"我们的土地，我们的未来"。大会重点关注土地恢复、干旱韧性、可持续发展议程和以人为本的方法，审议《公约 2018～2030 年战略框架》落实进展、公约秘书处核心预算等议题，促成通过研究 2030 年后土地退化恢复全球目标、将影响国家范围拓展到所有缔约方、推动干旱议题取得实质性突破等 30 多项决议。此次缔约方大会会场设置了"中国馆"，总面积达到 608 平方米，是除东道国之外最大的国家主题馆，举办中国荒漠化防治主题展，开展系列边会交流活动。这是我国首次在境外对荒漠化防治和"三北"工程攻坚战进行展示宣介。截至目前，我国 53%的可治理沙化土地得到有效治理，沙化土地面积净减少 6500 万亩，在全球率先实现土地退化"零增长"、荒漠化和沙化土地"双缩减"。

10.3.4　公约的履约评估

1. 国家报告

缔约方应每四年提交一份国家报告，作为《荒漠化公约》审查评估履约进程的依据，并将公约执行情况通过业绩审评及执行系统（PRAIS）进行提交，其他实体，如联合国机构和政府组织、民间社会组织、全球环境基金、全球机制，也可以通过 PRAIS 提交数据信息进行交流。

2. 行动方案

根据 UNCCD 的规定，为履行义务，受影响缔约方应当制定国家行动方案，同时制定分区域和区域行动方案，用以协调、补充和提高国家行动方案的效率。国家行动方案的制订应与制订国家可持续发展政策的其他努力密切配合。发达国家缔约方应当为支持发展中国家缔约方制定行动方案、分区域和区域行动方案提供援助，特别是支持非洲国家缔约方。缔约方应鼓励联合国系统的各机构、基金和方案以及有能力参与合作的其他有关政府间组织、学术机构、科学界和非政府组织根据其职权范围和能力，支持行动方案的拟订、实施及其后续工作。

3. PRAIS 评估

PRAIS 评估是 UNCCD 第 9 次缔约方大会上通过的对受影响国家缔约方、发达国家缔约方、民间社会组织等履约情况进行审评和评估的系统。在 PRSIS 评估中又分为对影响指标的评估和对业绩指标的评估。影响指标评估主要是针对公约十年战略四大战略目标的实现效果进行的评估，每 4 年开展一次；业绩指标评估主要是针对公约十年战略中 5 项业务指标进行的评估，每 2 年开展一次。

10.4 中国履行《荒漠化公约》进展

10.4.1 中国荒漠化现状

2024 年是我国签署《联合国防治荒漠化公约》30 周年。截至目前，我国 53% 的可治理沙化土地得到有效治理，沙化土地面积净减少 6500 万亩，在全球率先实现土地退化"零增长"、荒漠化和沙化土地"双缩减"；2024 年，"三北"工程区推进实施重点项目 287 个，完成各项建设任务 5700 万亩。

为掌握全国荒漠化和沙化现状及动态变化情况，我国每 5 年组织开展一次全国荒漠化和沙化土地调查工作。2021 年又新增年度动态监测。

2019 年，国家林草局组织开展了第六次全国荒漠化和沙化调查工作。第六次全国荒漠化和沙化调查结果显示，截至 2019 年，全国荒漠化土地面积 257.37 万平方千米，占国土面积的 26.81%；沙化土地面积 168.78 万平方千米，占国土面积的 17.58%；具有明显沙化趋势的土地面积 27.92 万平方千米，占国土面积的 2.91%。

调查结果表明，我国首次实现所有调查省份（所有调查省份，指荒漠化 18 个省，沙化 30 个省，下同）荒漠化和沙化土地"双逆转"，面积持续"双缩减"，程度持续"双减轻"，沙漠、沙地植被盖度和固碳能力持续"双提高"，沙区生态状况呈现"整体好转、改善加速"态势，荒漠生态系统呈现"功能增强、稳中向好"态势。

与 2014 年相比，全国荒漠化和沙化土地面积分别净减少 37880 平方千米、33352 平方千米，年均减少分别为 7576 平方千米、6670 平方千米。我国荒漠化土地和沙化土地面积已经连续四个监测期保持了"双缩减"。同时，与 2014 年相比，重度荒漠化土地减少 19297 平方千米，极重度荒漠化土地减少 32587 平方千米。四是沙区植被状况持续向好。2019 年沙化土地平均植被盖度为 20.22%，较 2014 年上升 1.90 个百分点。植被盖度大于 40% 的沙化土地呈现明显增加的趋势，5 年间累计增加 791.45 万公顷，与上个调查期相比增加了 27.84%。五是八大沙漠、四大沙地土壤风蚀总体减弱。2019 年风蚀总量为 41.79 亿吨，比 2000 年减少 27.95 亿吨，减少 40%。

10.4.2　中国履行《防治荒漠化公约》的行动

中国是受土地荒漠化影响严重的公约缔约方。自加入公约以来，中国政府认真履行缔约方义务，积极推进公约履约和国际发展。

1. 中国履约机构的建立

荒漠化防治工作涉及多个部门，为完善部际协调机制，1991 年 7 月，经国务院办公厅批准成立了前身为全国治沙工作协调小组的中国防治荒漠化协调小组，对外称公约中国执行委员会，并设立了防治荒漠化培训中心、荒漠化监测中心和防治荒漠化研究发展中心。该协调机制由国家林业局牵头，具体负责单位是荒漠化防治管理中心，统一管理全国荒漠化防治工作。2012 年 11 月，中国防治荒漠化协调小组成员进行了调整。2018 年 3 月，国务院机构改革方案提出组建国家林业和草原局（加挂国家公园管理局牌子），并设立内设机构荒漠化防治司，负责起草全国防沙治沙、石漠化防治及沙化土地封禁保护区建设规划、相关标准和技术规程，承担履约工作。2020 年 6 月 17 日，"中华人民共和国联合国防治荒漠化公约履约办公室"在北京挂牌。2022 年 1 月，协调小组组成再次进行调整，进一步明确了国家林业和草原局下设协调小组办公室，促进中国履行公约工作。目前，中国已经形成由林草部门主导，多层次、跨区域的统一协调管理体系，推动落实中国在荒漠化及土地退化领域的重要承诺。

此外，我国参与改善荒漠化和沙化的主要民间组织包括中国绿色碳汇基金会、北京市朝阳区国际绿色经济协会、中国治沙暨沙业协会、内蒙古沙谷生态环境保护实验中心、阿拉善荒漠防治生态合作中心（SEC）等。

2. 防沙治沙法治体系建设

中国政府采取参考国际公约制定或修改法律的手段增强国际公约在国内的适用性。《中华人民共和国防沙治沙法》是世界上第一部防沙治沙法律，由中华人民共和国第九届全国人民代表大会常务委员会第二十三次会议于 2001 年 8 月 31 日通过，自 2002 年 1 月 1 日起施行。该法以"宪法"为核心，在借鉴公约内容基础上，明确了中国防沙治沙法律的基本原则，并于 2018 年 10 月 26 日修正。

现阶段，以"防沙治沙法""水土保持法"为重点，结合水土资源保护领域"水法""土地管理法"、植被保护领域"草原法""森林法"、乡村振兴领域"乡村振兴促进法"等相关单行法律和预防沙尘暴、生态补偿、税收等补充性政策文件，构建了中国防沙治沙法律体系。

2008 年 4 月，为应对国内严峻的荒漠化形势，保障中国生态发展和工程建设，成立了全国防沙治沙标准化技术委员会（编号 SAC/TC365），有效促进了中国防沙治沙领域标准化工作的发展。2021 年 10 月 28 日，全国荒漠化防治标准化技术委员会成立，加强了荒漠化防治标准体系总体规划与设计，在《荒漠化防治领域标准体系》框架下，进一步深化荒漠化防治标准的国际交流合作，推动参与防治荒漠化国际标准的制定工作。中国关于荒漠化防治现行的国家和行业标准共 30 项，包括国家标准 10 项（表 10-1），行业标准 20 项，这些标准为中国荒漠化防治和生态工程建设提供了重要指导，也为国际荒漠化防治工作标准化提供了良好范例。

表 10-1 荒漠化防治领域国家标准 [14]

编号	标准名称	标准号	标准性质	颁布机构
1	天然草地退化、沙化、盐渍化的分级指标	GB 19377—2003	国家标准	农业农村部
2	沙尘暴天气监测规范	GB/T 20479—2006	国家标准	中国气象局
3	土地荒漠化监测方法	GB/T 20483—2006	国家标准	中国气象局
4	防沙治沙技术规范	GB/T 21141—2007	国家标准	国家林业和草原局
5	沙化土地监测技术规程	GB/T 24255—2009	国家标准	国家林业和草原局
6	沙地草场牧草补播技术规程	GB/T 27514—2011	国家标准	农业农村部
7	风沙源区草原沙化遥感监测技术导则	GB/T 28419—2012	国家标准	农业农村部
8	沙尘暴天气预警	GB/T 28593—2012	国家标准	中国气象局
9	沙尘天气等级	GB/T 20480—2017	国家标准	中国气象局
10	封山（沙）育林技术规程	GB/T 15163—2018	国家标准	国家林业和草原局

2017年9月,在UNCCD COP 13 期间,授予"防沙治沙法""未来政策奖",以表彰中国政府在防治荒漠化与土地退化领域政策实践的突出贡献。

3. 中国防沙治沙生态工程建设

以生态工程项目为依托是中国防沙治沙工作的特色做法,且目前仍处于重点生态工程密集实施阶段。长期以来,中国工农业发展忽视了生态保护,造成了严重生态破坏;随着经济发展理念的转变,中国的生态工程也由以单一生态要素为基础的治理方式逐渐转变为山水林田湖草沙一体化保护与系统治理。现阶段,中国实施"三北"防护林体系建设工程、天然林资源保护工程、退耕还林工程、京津风沙源治理工程、山水林田湖草沙一体化保护和修复工程,充分体现了中国生态工程建设逐步向系统化、总体化的发展趋势(表10-2)。同时,立足国家生态安全格局,中国在国家沙漠公园建设、防沙治沙示范区建设以及配套设施等方面多措并举,工程实施区生态系统功能增强,为中国实现 SDGs 作出重要贡献。随着中国生态工程建设逐步进入工程示范阶段,成为国际绿色发展领域典范式发展模式,有效推进了国际重点生态工程和区域生态屏障建设发展。

表 10-2 中国荒漠化防治领域重点生态工程

工程名称	开始时间	工程内容	工程成果
"三北"防护林体系建设工程	1978 年	在总体规划的三北地区,在保护现有植被的基础上,营造防风固沙林、水土保持林、农田防护林等防护林体系	40 多年来,五期工程建设累计完成营造林保存面积 3.17×10^5 km²,工程范围内森林覆盖率提高 8.79%,45% 以上可治理沙化土地和 60%左右的水土流失面积完成初步治理,45.59%以上农田实现林网化,工程建设效益显著
天然林资源保护工程	1998 年	对天然林重新分类和区划,促进天然林资源的保护、培育和发展,从根本上遏制生态环境恶化	天然林面积净增 2.15×10^5 km²,蓄积量净增 5.3×10^9 m³,天然林资源、质量逐步提升,生态功能显著增强
退耕还林工程	1999 年	将不适宜耕作的耕地(如水土流失、盐碱化、荒漠化)有计划、有步骤地停止耕种,因地制宜地造林种草,恢复植被	2 期退耕还林还草工程以来,累计完成 1.42×10^5 km² 退耕还林还草任务,同时完成配套荒山荒地造林和封山育林 2.07×10^5 km²,有效改善生态状况
京津风沙源治理工程	2002 年	固土防沙,围绕京津周边地区土地沙化治理,减少京津沙尘天气	京津风沙源治理工程共完成造林营林 6147 km²,北京宜林荒山基本实现绿化,北京五大风沙危害区全部实现治理
山水林田湖草沙一体化保护和修复工程	2016 年	因地制宜地推动山水林田湖草整体保护、系统修复、综合治理,目标在 2030 年恢复 1×10^5 km² 自然生态	2022 年 12 月 13 日《生物多样性公约》COP15 入选全球十项"世界生态恢复旗舰项目",已在"三区四带"重要生态屏障区域部署实施 44 个山水工程项目,完成生态保护修复面积 3.5×10^4 km²

4. 中国履行《联合国防治荒漠化公约》国家行动方案

中国参与《联合国防治荒漠化公约》后，经由政府批准于 1996 年制定了《方案》。2005 年进行修订完善，制订了《中国履行〈联合国防治荒漠化公约〉国家行动方案（2005—2010）》，大力开展荒漠化防治工作，并每十年汇报一次十执行情况[15]。该方案提出了中国防治荒漠化的 2050 年战略目标，将防治荒漠化工作在已经纳入国家和国民经济发展计划的全国生态建设规划中[16]。

其具体的战略目标是：力争到 21 世纪中叶，建成稳定的生态防护、高效的沙产业和完备的生态环境保护与资源开发利用的体系，整治好全国的可治理荒漠化地区，使荒漠化地区实现人口、资源、环境与国民经济协调发展[17]。其目标分"三步走"：

近期目标：从现在起到 2010 年，完成治理荒漠化土地 2200 万公顷，新增林网化面积 170 万公顷，在风蚀荒漠化地区封育保护面积 372 万公顷，重点治理一批影响较大、危害较为严重的荒漠化土地，控制人为因素产生新的荒漠化，遏制荒漠化的扩展趋势，重点治理区生态状况明显改善。

中期目标：2011～2020 年，用 10 年左右的时间，完成治理荒漠化土地 2000 万公顷，新增林网化面积 120 万公顷，封沙育林育草 1100 万公顷，重点是完善生态防护林体系，形成初具规模的沙产业体系，荒漠化地区生态环境有较大的改善。

远期目标：到 2050 年，治理开发荒漠化土地 3500 万公顷，新增林草面积 3400 万公顷，新增林网化面积 180 万公顷，封沙育林育草面积 1900 万公顷，适宜的荒漠化土地基本得到治理，重点是建设比较完备的生态防护体系和比较发达的沙产业体系，使荒漠化地区的生态环境有极为明显的改善。

参 考 文 献

[1] 樊国华. 谈荒漠化的防治[J]. 考试周刊, 2013(24): 194-195.

[2] 尤源, 赵浩, 周娜, 等. 中国荒漠化防治国际合作历程与展望[J/OL]. 世界林业研究: 1-8. [2021-04-26]. https://doi.org/10.13348/j.cnki.sjlyyj.2020.0127.y.

[3] 卢琦, 雷加强, 李晓松, 等. 大国治沙:中国方案与全球范式[J]. 中国科学院院刊, 2020, 35(6): 656-664.

[4] Ge X, Ma S T, Zhang X L, et al. Halogenated and organophosphorous flame retardants in surface soils from an e-waste dismantling park and its surrounding area: Distributions, sources, and human health risks[J]. Environment International, 2020, 139.

[5] 联合早报. 全球每年 1200 万公顷耕地沙化面积相当 3 个瑞士[EB/OL]. https://env.people.co. 2011.12.19. [2024-12-4].

[6] 王湘江. 全球防治荒漠化使命依旧艰巨[N]. 人民日报海外版. 2013-09-21(003).

[7] 吴建国, 翟盘茂. 关于气候变化与荒漠化关系的新认知[J]. 气候变化研究进展, 2020, 16(1): 28-36.

[8] 卢琦, 杨有林, 贾晓霞. 全球履行《联合国防治荒漠化公约》的进程评述[J]. 世界林业研究, 2001(4): 1-10.

[9] 世界防治荒漠化和干旱日(6 月 17 日)世界防止荒漠化日的由来![J]. 干旱区地理, 2006(2): 242.

[10] 关于"世界防治荒漠化与干旱日"[J]. 地球, 2018(7): 41.

[11] 王珏. 《联合国防治荒漠化公约》缔约方大会知多少[J]. 内蒙古林业, 2017(9): 27.

[12] 付蕾. 《联合国防治荒漠化公约》第十三次缔约方大会联络口译实践报告[D]. 呼和浩特: 内蒙古大学, 2018.

[13] 《联合国防治荒漠化公约》第十三次缔约方大会取得五项重要成果[J]. 内蒙古林业, 2017(10): 1.

[14] 刘帅飞. 中国履行《联合国防治荒漠化公约》:行动、问题与对策[J]. 中国沙漠, 2023, 43(6): 229-236.

[15] 422 万亩 X 草种苗培育基地项目可行性研究报告[EB/OL]. 互联网文档资源. http://www.doc88.com.

[16] 中国履行《联合国防治荒漠化公约》基本情况[J]. 国土绿化, 2017(9): 12-13.

[17] 王信建. 我国土地荒漠化现状与防治战略[N]. 中国气象报. 2003-12-18.

推 荐 阅 读

（英）露西·巴克, 等.联合国防治荒漠化公约战略目标 3——国家报告实践指南. 许继军,等译. 北京: 中国水利水电出版社, 2024.

李芝, 娄瑞娟. 林业国际公约导读. 北京: 中国林业出版社, 2019.

思 考 题

1.《联合国防治荒漠化公约》的主要目标是什么？

2.《联合国防治荒漠化公约》的原则和主要义务是什么？

3.《中国履行〈联合国防治荒漠化公约〉国家行动方案（2005—2010）》的战略目标是什么？

附　　表

附表 1　《斯德哥尔摩公约》附件 A 管控化学品

序号	化学品	活动	特定豁免
1	艾氏剂 （Aldrin） CAS：309-00-2	生产	无
		使用	当地使用的杀体外寄生物药杀虫剂
2	氯丹（Chlordane） CAS：57-74-9	生产	限于登记簿所列缔约方被允许的豁免
		使用	当地使用的杀体外寄生物药 杀虫剂 杀白蚁剂 建筑物和堤坝中使用的杀白蚁剂 公路中使用的杀白蚁剂 胶合板黏合剂中的添加剂
3	十氯酮（Chlordecone） CAS：143-50-0	生产	无
		使用	无
4	商用十溴二苯醚（Decabromodiphenyl ether，commercial mixture，c-decaBDE） （BDE-209） CAS：1163-19-5	生产	限于登记簿所列缔约方被允许的豁免
		使用	根据公约附件第九部分： • 公约附件第九部分第 2 段所规定的车辆部件 • 2018 年 12 月前提出申请并于 2022 年 12 月前获得批准的飞机型号及这些飞机的备件 • 需具备阻燃特点的纺织产品，不包括服装和玩具 • 塑料外壳的添加剂及用于家用取暖电器、熨斗、风扇、浸入式加热器的部件，包含或直接接触电器零件，或需要遵守阻燃标准，按该零件质量算密度低于 10% • 用于建筑绝缘的聚氨酯泡沫塑料
5	得克隆及其顺式异构体和反式异构体 （Dechlorane Plus） CAS：13560-89-9，135821-03-3，135821-74-8	生产	无
		使用	• 航空航天、空间和国防应用、医学成像和放射治疗设备和装置、应用中物品的更换部件和维修豁免 • 得克隆修正案预计于 2024 年底对国际生效，其特定豁免自修正案生效之日起 5 年后终止，规定的应用中相关物品更换部件和维修的豁免将为相关物品使用 • 寿命结束时或 2044 年届满（二者中以先达到的时间点为准）

续表

序号	化学品	活动	特定豁免
6	三氯杀螨醇（Dicofol） CAS：115-32-2，10606-46-9	生产	无
		使用	无
7	狄氏剂（Dieldrin） CAS：60-57-1	生产	无
		使用	农业生产
8	异狄氏剂（Endrin） CAS：72-20-8	生产	无
		使用	无
9	七氯（Heptachlor） CAS：76-44-8	生产	无
		使用	杀白蚁剂 房屋结构中使用的杀白蚁剂 杀白蚁剂（地下的） 木材处理 用于地下电缆线防护盒
10	六溴联苯（Hexabromobiphenyl） CAS：36355-01-8	生产	无
		使用	无
11	六溴环十二烷 （Hexabromocyclododecane，HBCD）	生产	依照本附件第七部分的规定，限于登记簿中所列缔约方被允许的豁免
		使用	依照本附件第七部分的规定，建筑物中的发泡聚苯乙烯和挤塑聚苯乙烯
12	六溴二苯醚和七溴二苯醚 （Hexabromodiphenyl ether and heptabromodiphenyl ether）	生产	无
		使用	根据本附件第四部分的规定的物品
13	六氯苯 （Hexachlorobenzene，HCB） CAS：118-74-1	生产	限于登记簿所列缔约方被允许的豁免
		使用	中间体 农药溶剂 有限场地封闭系统内的中间物
14	六氯丁二烯（Hexachlorobutadiene） CAS：87-68-3	生产	无
		使用	无
15	α-六氯环己烷 （Alpha hexachlorocyclohexane） CAS：319-84-6	生产	无
		使用	无
16	β-六氯环己烷 （Beta hexachlorocyclohexane） CAS：319-85-7	生产	无
		使用	无
17	林丹（Lindane） CAS：58-89-9	生产	无
		使用	控制头虱和治疗疥疮的人类健康 辅助治疗药物

续表

序号	化学品	活动	特定豁免
18	甲氧滴滴涕（Methoxychlor） CAS：72-43-5	生产	无
		使用	无
19	灭蚁灵（Mirex） CAS：2385-85-5	生产	限于登记簿所列缔约方被允许的豁免
		使用	杀白蚁剂
20	五氯苯（Pentachlorobenzene，PeCB） CAS：608-93-5	生产	无
		使用	无
21	五氯苯酚及其盐类和酯类 （Pentachlorophenol and its salts and esters） CAS：87-86-5，3772-94-9，1825-21-4	生产	依照本附件第八部分的规定，限于登记簿中所列缔约方被允许的豁免
		使用	依照本附件第八部分的规定，五氯苯酚用于线杆和横担
22	多氯联苯（Polychlorinated biphenyls，PCBs） CAS：52663-73-7	生产	无
		使用	根据本附件第二部分的规定正在使用的物品
23	多氯萘，包括二氯萘、三氯萘、四氯萘、五氯萘、六氯萘、七氯萘、八氯萘 （Polychlorinated naphthalenes）	生产	生产多氯萘包括八氯萘的中间体
		使用	生产多氯萘包括八氯萘
24	全氟辛酸（PFOA）及其盐类和相关化合物（Perfluorooctanoic acid （PFOA），its salts and PFOA-related compounds） CAS：335-67-1	生产	无
		使用	对创伤性医疗器械、植入式医疗器械及已安装移动系统和固定系统中含有PFOA及其相关化合物消防泡沫的使用
25	全氟己基磺酸及其盐类和相关化合物（Perfluorohexane sulfonic acid，its salts and PFHxS-related compounds） CAS：355-46-4	生产	无
		使用	无
26	短链氯化石蜡（Short-chain chlorinated paraffins（SCCPs），$C_{10\sim13}$ 氯代烃）：链长 C_{10}～C_{13} 的直链氯化碳氢化合物，且氯含量按质量计超过48% 例如，以下CAS标注的物质可能含有短链氯化石蜡： CAS：85535-84-8； CAS：68920-70-7； CAS：71011-12-6； CAS：85536-22-7； CAS：85681-73-8； CAS：108171-26-2。	生产	限于登记簿所列缔约方被允许的豁免： 在天然及合成橡胶工业中生产传送带时使用的添加剂
		使用	• 采矿业和林业使用的橡胶输送带的备件 • 皮革业，尤其是为皮革加脂 • 润滑油添加剂，尤其用于汽车、发电机和风能设施的发动机以及油气勘探钻井和生产柴油的炼油厂 • 户外装饰灯管 • 防水和阻燃油漆 • 黏合剂 • 金属加工 • 柔性聚氯乙烯的第二增塑剂，但玩具及儿童产品中的使用除外

续表

序号	化学品	活动	特定豁免
27	硫丹原药（CAS：115-29-7）及其相关异构体（CAS：959-98-8 及 CAS：33213-65-9）（Technical endosulfan and its related isomers）	生产	限于登记簿所列缔约方被允许的豁免
		使用	用于防治根据公约附件第六部分条款而列出的作物虫害
28	四溴二苯醚和五溴二苯醚（Tetrabromodiphenyl ether and pentabromodiphenyl ether）	生产	无
		使用	根据本附件第五部分的规定的物品
29	毒杀芬（Toxaphene）CAS：8001-35-2	生产	无
		使用	无
30	UV-328 CAS：25973-55-1	生产	根据附件 A 第十二部分的规定，允许登记册中列出的缔约方生产： •机动车零部件 •机动车、工程机械、轨道交通车辆的工业涂料应用，以及大型钢结构的重型涂料
		使用	•采血管中的机械分离器 •偏振器中的三乙酰纤维素（TAC）薄膜 •相纸 •应用中物品的替换零件 •根据附件 A 第XII部分的规定进行豁免

附表 2　《斯德哥尔摩公约》附件 B 管控化学品

序号	化学品	活动	可接受用途或特定豁免
1	滴滴涕（1,1,1-三氯-2,2-二（对氯苯基）乙烷）CAS:50-29-3	生产	可接受用途：根据公约附件第二部分用于病媒控制 特定豁免:三氯杀螨醇生产中的中间体
		使用	可接受用途：根据公约附件第二部分用于病媒控制 特定豁免：三氯杀螨醇生产中间体
2	全氟辛烷磺酸（CAS：1763-23-1）及其盐类和全氟辛烷磺酰氟（CAS：307-35-7）例如：全氟辛烷磺酸钾（CAS：2795-39-3）；全氟辛烷磺酸锂（CAS：29457-72-5）；全氟辛烷磺酸铵（CAS：9081-56-9）；全氟辛烷磺酸二乙醇铵（CAS：70225-14-8）；全氟辛烷磺酸四乙基铵（CAS：56773-42-3）；全氟辛烷磺酸二癸二甲基铵（CAS：251099-16-8）	生产	可接受用途：根据公约附件第三部分，生产专用于以下用途的其他化学品。为下列用途而生产。 特定豁免：限于登记簿所列缔约方被允许的豁免
		使用	可接受用途： 根据本附件第三部分用于下列可接受用途，或在生产下列可接受用途的化学品的过程中用作中间体： • 照片成像 • 半导体器件的光阻剂和防反射涂层 • 化合物半导体和陶瓷滤芯的刻蚀剂 • 航空液压油 • 只用于闭环系统的金属电镀（硬金属电镀）

序号	化学品	活动	可接受用途或特定豁免
2	全氟辛烷磺酸（CAS：1763-23-1）及其盐类和全氟辛烷磺酰氟（CAS：307-35-7）例如：全氟辛烷磺酸钾（CAS：2795-39-3）；全氟辛烷磺酸锂（CAS：29457-72-5）；全氟辛烷磺酸铵（CAS：9081-56-9）；全氟辛烷磺酸二乙醇铵（CAS：70225-14-8）；全氟辛烷磺酸四乙基铵（CAS：56773-42-3）；全氟辛烷磺酸二癸二甲基铵（CAS：251099-16-8）	使用	• 某些医疗设备［例如乙烯四氟乙烯共聚物（ETFE）层和无线电屏蔽 ETFE 的生产，体外诊断医疗设备和 CCD 滤色仪］ • 灭火泡沫 • 用于控制切叶蚁（美叶切蚁属和刺切蚁属）的昆虫毒饵 特定豁免： 用于下列特定用途，或在生产下列可接受用途的化学品过程中用作中间体： • 半导体和液晶显示器（LCD）行业所用的光掩膜 • 金属电镀（硬金属电镀） • 金属电镀（装饰电镀） • 某些彩色打印机和彩色复印机的电子和电器元件 • 用于控制红火蚁和白蚁的杀虫剂 • 化学采油 • 地毯 • 皮革和服装 • 纺织品和室内装饰 • 纸和包装 • 涂料和涂料添加剂 • 橡胶和塑料

附表 3 《斯德哥尔摩公约》附件 C 管控化学品

序号	化学品
1	六氯苯（Hexachlorobenzene，HCB） CAS：118-74-1
2	六氯丁二烯（Hexachlorobutadiene，HCBD） CAS：87-68-3
3	五氯苯（Pentachlorobenzene，PeCB） CAS：608-93-5
4	多氯联苯（Polychlorinated biphenyls，PCB） CAS：38380-08-4
5	多氯二苯并对二噁英（Polychlorinated dibenzo-p-dioxins，PCDD） CAS：262-12-4
6	多氯二苯并呋喃（Polychlorinated dibenzofurans，PCDF） CAS：132-64-9
7	多氯萘（Polychlorinated naphthalenes） 包括二氯萘、三氯萘、四氯萘、五氯萘、六氯萘、七氯萘、八氯萘 CAS： 117-80-6，1321-65-9，1335-88-2，1321-64-8，1335-87-1，58863-14-2，2234-13-1

附表 4 《鹿特丹公约》附件 III 管控化学品

序号	化学品名	CAS 号	类别
1	2,4,5-涕及各种盐类和酯类（2,4,5-T and its salts and esters2,4,5-T and its salts and esters）	93-76-5（*）	农药
2	甲草胺（草不绿）（Alachlor）	15972-60-8	农药
3	涕灭威（氨基甲酸酯类农药）（Aldicarb）	116-06-3	农药
4	艾氏剂（Aldrin）	309-00-2	农药
5	（甲基）谷硫磷（Azinphos-methyl）	86-50-0	农药
6	乐杀螨（Binapacryl）	485-31-4	农药
7	敌菌丹（Captafol）	2425-6-1	农药
8	克百威（Carbofuran）	1563-66-2	农药
9	氯丹（Chlordane）	57-74-9	农药
10	杀虫脒（克死螨）（Chlordimeform）	6164-98-3	农药
11	乙酯杀螨醇（Chlorobenzilate）	510-15-6	农药
12	滴滴涕	50-29-3	农药
13	狄氏剂（氧桥氯甲桥萘）（Dieldrin）	60-57-1	农药
14	二硝基-邻-甲酚（DNOC）及其各种盐类（例如铵盐、钾盐和钠盐）[Dinitro-*ortho*-cresol（DNOC）and its salts（such as ammonium salt，potassium salt and sodium salt）]	534-52-1	农药
15	地乐酚和地乐酚盐、脂（Dinoseb and its salts and esters）	88-85-7（*）	农药
16	1,2-二溴乙烷 EDB（1,2-dibromoethane）	106-93-4	农药
17	硫丹（Endosulfan）	115-29-7	农药
18	二氯乙烷（Ethylene dichloride）	107-06-2	农药
19	环氧乙烷（Ethylene oxide）	75-21-8	农药
20	敌蚜胺（Fluoroacetamide）	640-19-7	农药
21	六六六（混合异构体）HCH（mixed isomers）	608-73-1	农药
22	七氯（Heptachlor）	76-44-8	农药
23	六氯苯（Hexachlorobenzene）	118-74-1	农药
24	林丹 [Lindane（gamma-HCH）]	58-89-9	农药
25	汞化合物，包括无机汞化合物，烷基汞化合物和烷氧烷基及芳基汞化合物（Mercury compounds，including inorganic mercury compounds，alkyl mercury compounds and alkyloxyalkyl and aryl mercury compounds）	99-99-9	农药
26	甲胺磷（Methamidophos）	10265-92-6	农药
27	久效磷（Monocrotophos）	6923-22-4	农药

续表

序号	化学品名	CAS 号	类别
28	对硫磷（Parathion）	56-38-2	农药
29	五氯苯酚及其盐类和酯类（Pentachlorophenol and its salts and esters）	87-86-5　（*）	农药
30	甲拌磷（Phorate）	298-02-2	农药
31	特丁硫磷（Terbufos）	13071-79-9	农药
32	毒杀芬（Toxaphene（Camphechlor））	8001-35-2	农药
33	三丁基锡化合物（Tributyl tin compounds）	1461-22-9, 1983-10-4, 2155-70-6, 24124-25-2, 4342-36-3, 56-35-9, 85409-17-2	农药
34	敌百虫（Trichlorfon）	52-68-6	农药
35	含有以下成分的可粉化混合粉剂：含量等于或高于 7% 的苯菌灵，含量等于或高于 10% 的虫螨威，含量等于或高于 15% 的福美双（Dustable powder formulations containing a combination of benomyl at or above 7%, carbofuran at or above 10% and thiram at or above 15%）	137-26-8, 1563-66-2, 17804-35-2	极为危险的农药制剂
36	甲基对硫磷（有效成分含量为 19.5% 以上的乳油（EC）及有效成分含量为 1.5% 以上的粉剂）（Methyl-parathion（Emulsifiable concentrates（EC）at or above 19.5% active ingredient and dusts at or above 1.5% active ingredient））	298-00-0	极为危险的农药制剂
37	磷胺（有效成分含量超过 1000g/L 的可溶性液剂）（Phosphamidon（Soluble liquid formulations of the substance that exceed 1000 g active ingredient/l））	13171-21-6	极为危险的农药制剂
38	阳起石石棉（Actinolite asbestos）	77536-66-4	工业化学品
39	长纤维石棉（Amosite asbestos）	12172-73-5	工业化学品
40	直闪石（Anthophyllite asbestos）	77536-67-5	工业化学品
41	商用八溴联苯醚（包含六溴联苯醚和七溴联苯醚）（Commercial octabromodiphenyl ether（including Hexabromodiphenyl ether and Heptabromodiphenyl ether））	36483-60-0, 68928-80-3	工业化学品
42	商用五溴联苯醚（包含四溴联苯醚和五溴联苯醚）（Commercial pentabromodiphenyl ether（including tetrabromodiphenyl ether and pentabromodiphenyl ether））	32534-81-9, 40088-47-9	工业化学品
43	青石棉（Crocidolite）	12001-28-4	工业化学品
44	十溴二苯醚（Decabromodiphenyl ether（decaBDE））	1163-19-5	工业化学品
45	六溴环十二烷（Hexabromocyclododecane）	134237-50-6, 134237-51-7, 134237-52-8, 25637-99-4, 3194-55-6	工业化学品
46	全氟辛基磺酸、全氟辛基磺酸钾、全氟辛基磺酸锂、全氟辛基磺酸铵、全氟辛基磺酰氟（Perfluorooctane sulfonic acid, perfluorooctane sulfonates, perfluorooctane sulfonamides and perfluorooctane sulfonyls）	1691-99-2, 1763-23-1, 24448-09-7, 251099-16-8, 2795-39-3, 29081-56-9, 29457-72-5, 307-35-7, 31506-32-8, 4151-50-2, 56773-42-3, 70225-14-8	工业化学品

续表

序号	化学品名	CAS 号	类别
47	全氟辛酸(PFOA)、其盐类及其相关化合物(Perfluorooctanoic acid （PFOA）, its salts and PFOA-related compounds）	335-67-1	工业化学品
48	多溴联苯 （Polybrominated Biphenyls （PBBs））	13654-09-6, 27858-07-7, 36355-01-8	工业化学品
49	多氯联苯 （Polychlorinated Biphenyls （PCBs））	1336-36-3	工业化学品
50	多氯三联苯 （Polychlorinated Terphenyls （PCTs））	61788-33-8	工业化学品
51	短链氯化石蜡 （Short-chain chlorinated paraffins （SCCP））	85535-84-8	工业化学品
52	四乙基铅 （Tetraethyl lead）	78-00-2	工业化学品
53	四甲基铅 （Tetramethyl lead）	75-74-1	工业化学品
54	透闪石 （Tremolite）	77536-68-6	工业化学品
55	三丁基锡化合物 （Tributyltin compounds）	1461-22-9, 1983-10-4, 2155-70-6, 24124-25-2, 4342-36-3, 56-35-9, 85409-17-2	工业化学品
56	三（2,3-二溴丙基）磷（Tris（2,3 dibromopropyl）phosphate）	126-72-7	工业化学品

资料来源：https://www.pic.int/TheConvention/Chemicals/AnnexIIIChemicals/tabid/1132/language/en-US/Default.aspx

思考题答案

1 全球环境问题与国际环境管理

1. 什么是全球环境问题?

全球环境问题是指伴随着经济全球化产生的在全球范围内引发严重的生态和环境破坏,进而对经济社会发展产生长期而广泛的不利影响的一系列问题。这些问题涉及超越单个主权国家的边界和管辖范围的环境污染和生态破坏。全球环境问题主要包括全球气候变化、化学品和废物管理、臭氧层破坏、生物多样性丧失、水资源危机与水污染、土地荒漠化、大气污染以及酸雨等,有全方位、大尺度、多层次、长时期、全球化、综合化、社会化、政治化等特点。

2. 什么是全球环境治理机制?

全球环境治理机制就是由相应的条约、协议、组织所形成的复杂网络;它是国际社会行为体(主要指主权国家和国际组织)在解决日益严峻的全球环境危机过程中建构起来的一系列制度化(正式和非正式)的组织机构、原则和程序,主要由结构主体、议题领域、作用渠道、原则规范、操控方式来构成和运作。

3. 什么是环境外交?

"环境外交"一词于 1983 年在《环境外交:对美、加越境环境关系的回顾和展望》(密歇根大学)一书中首次明确提出。环境外交是指国际关系行为体(主要是国家)通过谈判和协商等外交方式来处理和协调环境领域国际关系的一切活动,其内容涵盖环境信息、人才、技术和资金的跨国合作,国际环境立法的谈判,国际环境条约的履行,以及国际环境纠纷的解决等。

4. 什么是"框架公约-议定书"模式?该模式的四个阶段是什么?

国际环境法以条约为主体。条约大多采用"框架公约+议定书+附件"的形式。

框架公约(framework convention):一般是由缔约方经过多边谈判达成的有关解决某个环境问题的基本原则、宗旨和与多边环境协定相关的程序性规定列入一个框架公约,以国际条约的形式予以颁布,并开放签署,吸引大多数的国家参与其中。通常只作出原则性的规定,一般包括五大内容:目标、原则、机构、科研与信息交流、决策程序。

议定书：通常作为一个主条约的附属文件，用来说明、解释、补充或改变主条约的规定，规定缔约方具体的权利义务和保护措施。议定书具有独立性，是广义的国际条约的一种，通常包括具体的权利义务分配、资金机制、管制措施等。

附件：提出更详细的清单；通常由针对框架公约或议定书的一系列数据或列表组成，与框架公约或议定书一起构成完整的文本。这些数据或列表代表的可能是受控物质或缔约方的量化义务等。

"框架公约-议定书"模式的四个阶段包括：①识别问题，发现事实，设定议程；②对采取何种行动进行谈判、协商，并达成协议；③正式批准协议；④执行，监管，评价，强化。

5. 全球化学品和废物公约集群包括哪些？

全球化学品和废物公约集群包括《关于持久性有机污染物的斯德哥尔摩公约》《关于在国际贸易中对某些危险化学品和农药采用事先知情同意程序的鹿特丹公约》《控制危险废物越境转移及其处置的巴塞尔公约》《关于汞的水俣公约》《关于消耗臭氧层物质的蒙特利尔议定书》《关于保护臭氧层的维也纳公约》。

6. 2021 年 4 月 22 日，习近平在"领导人气候峰会"上发表讲话，其中指出要"坚持共同但有区别的责任原则"，这个"共同但有区别的责任"最早是在哪次会议的重要文件中提出的？其背景和内涵是指什么？

1992 年 6 月 1~14 日，来自 178 个国家的 2 万多人，其中包括 102 位国家元首或政府首脑、5000 名政府官员和 3000 多个政府组织在巴西里约热内卢参加了联合国环境与发展大会。此次会议通过和签署了五个重要的国际文件：《关于环境与发展的里约宣言》27 条原则、《21 世纪议程》、《关于森林问题的原则声明》、《联合国气候变化框架公约》和《生物多样性公约》。此次大会的召开具有重要的意义，提出了"可持续发展"这个全新的发展观，进一步提高了人类的环境意识，使环境保护与经济发展不可分割的道理被广泛接受，启动了停滞多年的"南北对话"，同时维护了国家主权、经济发展权等重要原则，且使广大发展中国家在环境发展领域的国际会议上发挥了主导作用。其中《关于环境与发展的里约宣言》原则七提出"鉴于导致全球环境退化的各种不同因素，各国负有共同但有区别的责任"。发达国家承认，鉴于他们的社会给全球环境带来的压力，以及他们所掌握的技术和财力资源，他们在追求可持续发展的国际努力中负有责任。

2　公约与议定书履约中的国际融资机制

1. 全球环境基金（GEF）申报的重点领域和提供资金的方式是什么？全球环境基金有哪几种项目类型？

GEF 主要关注以下领域：生物多样性、气候变化（适应和减缓）、化学品、国际水域、土地退化、可持续森林管理（减少毁林及森林退化带来的温室气体排放）、臭氧层损耗等方面。全球环境基金通过四种方式提供资金：全额项目、中型项目、赋能活动和方案方法。①全额项目（FSP）：是指 GEF 超过 200 万美元的项目融资。②中型项目（MSP）：是指 GEF 项目融资金额少于或等于 200 万美元的项目。③赋能活动（EA）：是指为履行公约规定的义务而准备计划、战略或报告的项目。④方案方法（PA）：是指各个相互联系的项目的长期战略安排，旨在对全球环境产生大规模影响。

2. 气候投资基金（CIF）由哪几个信托基金构成？有什么区别？

CIF 由两个信托基金构成，分别为清洁技术基金（Clean Technology Fund，CTF）和战略气候基金（Strategic Climate Fund，SCF）。清洁技术基金（Clean Technology Fund，CTF）和战略气候基金（Strategic Climate Fund，SCF）侧重于不同的投资领域。CTF 主要投资于中低收入国家的清洁技术项目，这些技术具有较大的温室气体减排潜力。该基金通过赠款、或有赠款、优惠贷款、股权和担保等多种金融工具，使相关投资对中低收入国家的公共和私营部门投资者更具吸引力。SCF 则旨在为试点创新方法或扩大针对特定气候变化挑战或部门应对措施的活动提供资金，具体包括通过边做边学提供经验和教训；为减缓和适应气候变化提供新的和额外的资金；在减贫背景下，为扩大和转型行动提供激励措施；以及提供激励措施，以维护、恢复和加强富含碳的自然生态系统，并最大限度发挥可持续发展的共同效益。

3. 绿色气候基金（GCF）有哪些特点？

GCF 具有以下特点：

第一，绿色气候基金（GCF）的核心原则之一是国家驱动，这意味着由发展中国家主导规划和实施 GCF 框架。通过赋予国家对 GCF 资金使用的自主决策权，发展中国家能够将其国家自主贡献（NDC）目标转化为具体的气候行动。

第二，GCF 通过开放的伙伴关系进行运作，合作网络涵盖 200 多个认证实体和交付伙伴，包括国际和国家商业银行、多边和区域发展金融机构、联合国机构、民间社会组织等。这种合作模式使 GCF 能够直接与发展中国家合作，参与项目的设计和实施。

第三，GCF 提供多样化的融资工具，通过灵活运用赠款、优惠贷款、担保及股权等形式的组合，以混合融资方式吸引私人投资，促进发展中国家的气候行动。

第四，GCF 在资源分配方面强调平衡，将一半的资金用于气候变化的缓解，另一半用于适应。此外，适应资金中的至少一半会投向气候最为脆弱的国家，包括小岛屿发展中国家、最不发达国家及非洲国家。

第五，GCF 具备较强的风险承担能力，通过结合合作伙伴的风险管理能力以及自身的投资、风险和成果管理框架，GCF 能够接受较高的风险，支持早期项目开发及在政策、制度、技术和金融方面的创新，以推动气候融资 GCF 重点关注四个领域，分别为建立环境，能源和工业，人类安全、生计和福祉，以及土地利用、森林和生态系统，并通过四个转型方法来应对气候变化、实现环境目标：一是编制转型规划和方案，即通过促进综合战略、规划和政策的制定，来最大限度发挥缓解、适应和可持续发展之间的协同效益；二是促进气候创新，即通过投资新技术、商业模式和实践来验证观念；三是降低投资风险以增加筹资规模，即利用稀缺的公共资源来改善低排放气候适应型投资和私人融资的风险回报状况，特别是针对适应、基于自然的解决方案、最不发达国家和小岛屿发展中国家；四是将气候风险和机遇纳入投资决策流程，实现金融与可持续发展的一致性。

3 《关于汞的水俣公约》

1.《关于汞的水俣公约》中关于含汞废物的定义是什么？

汞废物指汞含量超过缔约方大会经与《巴塞尔公约》各相关机构协调后统一规定的阈值，按照国家法律或本公约之规定予以处置或准备予以处置或必须加以处置的下列物质或物品：①由汞或汞化合物构成；②含有汞或汞化合物；③受到汞或汞化合物污染。这一定义不涵盖源自除原生汞矿开采以外的采矿作业中的表层土、废岩石和尾矿石，除非其中含有超出缔约方大会所界定的阈值量的汞或汞化合物。

2.《关于汞的水俣公约》由 35 条正文和 5 个附件组成，其主要内容包括哪些？

《关于汞的水俣公约》由 35 条正文和 5 个附件组成，其主要内容如下表所示。

《汞公约》的主要内容

序号	条款	《汞公约》内容
1	1～2	《汞公约》的目标和定义
2	3～12	控制性条款。规定了汞矿开采、添汞产品和用汞工艺的淘汰时限及豁免范围，规定了大气汞排放及释放的控制措施和受控范围，规定了汞废物及污染场地的管理与控制措施

续表

序号	条款	《汞公约》内容
3	13~35	机制性条款。规定了为实现《汞公约》目标所需资金和技术援助机制,具体内容包括财务资源和财务机制,能力建设,履行与遵约委员会,信息交流,实施计划,报告,成效评估,缔约方大会,秘书处,争端解决,公约的修正,附件的通过和修正,表决权,签署,批准、接受、核准和加入,生效,保留,退出,保存人,作准文本等内容[18]
4	附件 A	列出了受《汞公约》管制的添汞产品
5	附件 B	列出了受《汞公约》管控的用汞工艺
6	附件 C	列出了手工和小规模采金业行动计划的编制要求
7	附件 D	列出了汞及其化合物的大气排放点源类别
8	附件 E	规定了解决争端的仲裁程序和调解程序

3. 什么是最佳可行技术（BAT）和最佳环境管理实践（BEP）？

最佳可行技术（Best Available Techniques）是针对生产、生活过程中产生的各种环境问题，为减少污染物排放，从整体上实现高水平环境保护所采用的与某一时期技术经济发展水平和环境管理要求相适应、在公共基础设施和工业部门得到应用、适用于不同应用条件的一项或多项先进可行的污染防治工艺和技术。最佳环境管理实践（Best Environmental Practices）是指运用行政、经济、技术等手段，为减少生产、生活活动对环境造成的潜在污染和危害，确保实现最佳污染防治效果，从整体上达到高水平环境保护所采用的管理活动。

4. 污染防治最佳可行技术指标体系需要体现哪方面内容？

污染防治最佳可行技术指标体系需要体现：①环境目标可达性（environmental desirability）：是指采取的废物处置技术和管理能力能够确保公共健康和环境安全。②管理持续性（administrative diligence）：是指相应的管理能力能够确保采取的政策和措施得以落实并长期有效，重点为环境影响情况。③经济有效性（economic effectiveness）：是指采取的处置技术和管理手段成本有效，并同时考虑了废物本身的经济价值。④社会可接受性和有效性（social acceptability and equity）：是指采取的处置技术和管理手段能够为当地社会所支持和接受，包括废物管理方法的有效性。

5. 中国应优先关注哪几个涉汞行业？为什么？

中国应优先关注以下几个行业：①主要排放源（燃煤、有色金属冶炼、水泥生产）；②用汞工艺（VCM 生产工艺）；③添汞产品（电池、医疗器械、荧光灯生产）；④汞矿开采和冶炼；⑤含汞废物处理与处置。因为上述行业是《关于汞的水俣公约》中管控的涉汞行业和优先领域。

6. 《关于汞的水俣公约》对 PVC 行业有几条明确要求？分别是什么？

《关于汞的水俣公约》对 PVC 行业有六条明确要求，分别是：

（1）至 2020 年时在 2010 年用量的基础上每单位产品汞用量减少 50%；

（2）促进采取各种措施，减轻对源自原生汞矿开采的汞的依赖；

（3）采取措施，减少汞向环境中的排放和释放；

（4）支持无汞催化剂和工艺的研究与开发；

（5）在缔约方大会确定基于现有工艺无汞催化剂技术和经济均可行 5 年后，不允许继续使用汞；

（6）向缔约方大会报告其为依照第二十一条开发和/或查明汞替代品以及淘汰汞使用所做出的努力。

4　《关于持久性有机污染物的斯德哥尔摩公约》

1. 什么是全球蒸馏效应？

大多数 POPs 具有半挥发性，能够从土壤等介质中挥发至大气环境中，并以蒸气或吸附在大气颗粒物上的形式存在于空气中，随大气运动进行迁移，并在较冷的地方重新沉降到地表；温度再次升高时，会再次进行挥发迁移。这种传输机制被称为"全球蒸馏效应"。

2. 持久性有机污染物及其特性是什么？

持久性有机污染物（persistent organic pollutants，POPs）指由人类合成的能持久存在于环境中，通过生物食物链（网）累积，并对人类健康造成有害影响的化学物质，具有持久性/难降解性、生物蓄积性/放大性、生物毒性/生物危害性、长距离迁移性。

3. 什么是环境内分泌干扰物？

环境内分泌干扰物又称环境激素，是干扰生物体内荷尔蒙（内分泌激素）的合成化学物质，该激素控制体内的各种基本功能，包括生长和性别发育等。合成的化学物质导致的对生物体的内分泌干扰主要包括：模仿生物体内荷尔蒙的产生，如雌激素或雄激素的产生；阻碍细胞受体，使得自然产生的荷尔蒙无法进入细胞而实现其功能；导致不是有正常荷尔蒙产生的细胞内反应。

4. 《斯德哥尔摩公约》最初管制的 12 种持久性有机污染物有哪些？

《斯德哥尔摩公约》最初管制的 POPs 物质分为 3 类总计 12 种。首批《斯德哥尔摩公约》附件的 12 种 POPs 包括 9 种杀虫剂类化学品（滴滴涕、艾氏剂、狄氏剂、异狄氏剂、氯丹、七氯、灭蚁灵、毒杀芬和六氯苯）、1 种工业化学物质（多氯联苯）和 2 种无意产生的化学物质（多氯二苯并二噁英和多氯二苯并呋喃）。

5 《控制危险废物越境转移及其处置的巴塞尔公约》

1. 《巴塞尔公约》的总体目标是什么？

《巴塞尔公约》的确立旨在加强全球范围内对危险废物和其他废物的控制和管理，以保护人类健康和环境不受其不良影响。通过国际合作和协调，公约的目标是推动各国在废物管理方面采取统一的行动，特别是在危险废物的越境转移和环境无害化处理方面。这一举措旨在减少废物对环境和人类健康的潜在危害，促进可持续发展和环境保护。

2. 《巴塞尔公约》的核心原则是什么？

公约确立了产生国对其危险废物和其他废物承担全生命周期责任的基本原则。这一原则的核心目标在于保护人类健康和环境免受危险废物和其他废物的产生、转移和处置可能造成的不利影响。公约明确三项核心原则，即危险废物和其他废物减量化、产生地就近处理和环境无害化、越境转移最少化。

3. 管理非法贩运的措施包括哪些？

管理非法贩运的措施包括国家层面、区域层面、国际层面，具体如下：

国家层面：采用一个适当的法律框架贯彻实施《巴塞尔公约》，其中包括制止和惩处非法贩运的各项措施。该法律框架将阐明相关程序，以及处理非法贩运问题的各个部门各自的权利和义务；提高所有利益相关方对《巴塞尔公约》针对非法贩运问题的各项规定以及国家法律框架的认识——法律和政策制定者、司法部门、环境当局、执法部门、港口当局、航运行业、废物生成方、废物处置方；确保拥有尽可能位于本国境内的适当的处置设施，以便对危险废物和其他废物进行无害于环境的管理；培训执法人员（海关、港口当局、海岸警卫队、环境部门、警察），建设其能力，以更好地制止、发现、查获和处理非法贩运案件；像重视进口一样地重视出口，并提供激励措施，鼓励执法部门制止和处理危险废物和其他废物的非法贩运案件；增进在国家层面处理实施、遵约和强制执行问题的各部门之间的合作，尤其是《巴塞尔公约》主管当局与执法部门之间的合作；对非法贩运案件进行调查、检控和惩处。

区域层面：同一区域内各个国家间进行有效的信息交流和加强合作，特别是共享边境口岸或水上航道的国家，确保所有国家均能获悉区域内可能为非法的废物转移活动，从而减少"在一个又一个港口之间跳港"的企图；分享同一区域内的最佳做法还有助于增强各国处理这一问题的能力。

国际层面：从供需两方的角度更好地理解和解决这一现象的社会和经济驱动力，以及非法活动为何、何处、何时得以进入全球废物链；发展中国家和经济转型国家通过对环境无害的方式管理危险废物和其他废物；建设各国尤其是发展中国家和经济转型国家有效制止和处理非法贩运活动的能力。这一点可以通过工具和信息资料的开发来实现，亦可以通过进行培训来实现——比如通过"绿色海关倡议"以及秘书处和《巴塞尔公约》各中心的项目；加强活跃在非法贩运领域的各机构和网络之间的合作；阐明各项适用程序，并增进受某一非法贩运案件影响的缔约方之间的合作。例如，一旦某批非法装运的货物被出口方收回，各相关国家可以对该装运货物实行联合监控，以确保它能运抵出口方，并遵照《巴塞尔公约》得到处置；提高人们对非法贩运给人类健康和环境带来的影响的认识。

4.《巴塞尔公约》主要管控的废物种类有哪些？

《巴塞尔公约》中废物的定义为：处置或打算予以处置抑或按照国家法律规定必须加以处置的物质或物品。公约通过第 1 条和 5 个附件（附件一、二、三、八和九）确定了所管辖废物的范围，主要分为两大类：危险废物和其他废物。

附件一列举了 45 类废物，其中包括废矿物油、石棉、医疗废物等。不论这些废物是否包括在附件一中，也不论它们是否具有附件三所列的危险特性，只要是出口、进口或过境的缔约方国家内部立法确定为危险废物的废物，都应被视为危险废物。附件八对公约管辖的危险废物进行了进一步的细化。例如，附件八将附件一中列出的第 29 类"汞和汞化物"废物细分为两类：一类是由汞合金构成的废物，另一类是含有汞或被汞污染的废物。

公约附件八和附件九的进一步分类细化了公约管辖废物的范围。附件八列出了危险废物清单，而附件九则包含不受公约管控的废物清单。在公约管辖范围内的"其他废物"是指附件二中列出的"从住家收集的废物"和"从焚烧住家收集废物产生的残余物"[37]。在第 14 次缔约方大会（COP14）中，对附件二和附件九进行了修订，将部分塑料废物从附件九调整到附件二，并纳入公约的管辖范围中。第 16 次缔约方大会（COP16）再次修订了附件，将电子废物列入附件二和附件八，使其都受到公约的管控。公约第 1 条还规定了排除条款，将具有放射性的废物和船舶正常作业产生的废物排除在公约管辖范围之外[39]。

此外，为便于公约执行，附件四（处置作业）包括 A 和 B 两节，列出了两类处置作业方式的清单，其中 A 节为最终处置作业方式，包括填埋、焚烧等 15 种方式；B 节为可能导致资源回收利用和直接再利用等的处置作业方式，包括金属再生、溶剂再生等 13 种方式[33]。

附件八名录 A 中所列废物根据公约第 1 条（a）款被确定具有危险性，将其列入附件八并不意味着不可以采用附件三来表明废物不具有危险性。其中 A1 为金属和含有金属的废物（A1010~A1180），A2 主要包含无机成分，也许包含金属和有机材料的废物（A2010~A2060），A3 主要包含有机成分，也许包含金属和无机材料的废物（A3010～A3190），A4 包含或者无机或者有机成分的废物（A4010～A4160）。包括在附件九名录 B 中的废物不是公约第 1 条（a）款所涵盖的废物，除非废物中附件一物质的含量高到使其展现出附件三的特性[37]。其中 B1 为金属和含有金属的废物（B1010～B1240）B2 主要包含无机成分，也许包含金属和有机材料的废物（B2010～A2120），B3 主要包含有机成分，也许包含金属和无机材料的废物（B3010～B3140），B4 包含或者无机或者有机成分的废物（B4010～B4030）。

5. 2018 年 6 月，挪威政府提出关于将"固体塑料废物"从附件九中删除的申请，2021 年塑料废物修正案正式生效。请论述该修正案的主要内容，并简述其对全球塑料废物管控的影响。

塑料废物的修正案于 2021 年起正式生效。公约《修正案》赋予缔约国对塑料废物采取更严格的管控措施的权利。主流观点认为，此次修正案的通过是近年来《巴塞尔公约》在危险废物控制领域的重大成果，对人类社会的健康发展具有重要意义。从此，公约各缔约国有权禁止他国向本国进口塑料废物。这对于发展中国家绝对是一大利好。

影响包括以下几方面：①使各国国内立法提速升级，更多国家禁止塑料废物进口，并可能出台禁塑令限塑令；②塑料废物全球循环转向塑料废物国内循环，促使各国自行建设塑料废物回收利用设施；③加速国际或区域相关标准出台，公约修订关于塑料废物的识别和无害环境管理及其处置的技术准则，塑料废物伙伴关系可能起草更多相关国际导则；④推动"政府管理政策—企业生产方式—人民生活习惯"的生产方式、消费习惯等系列变革，促使塑料生产和再生利用产业链的融合。

6 《关于在国际贸易中对某些危险化学品和农药采用预先知情同意程序的鹿特丹公约》

1.《鹿特丹公约》的主要目的是什么？

公约的全称清楚地说明了其目标，即每一缔约方履行公约的义务并承担相应责任，并对国际贸易中对某些危险化学品和农药采取事先知情同意的程序。

2.《鹿特丹公约》的核心要求有什么？

公约的核心要求是，各缔约方必须实施一项决策程序，以便对某些极其危险的化学品和农药的进出口进行管理，这被称为事先知情同意（PIC）程序。《鹿特丹公约》不是禁止化学品的国际贸易和使用；而是一种对广泛的有潜在危险的化学品进行资料交流；为公约附件三的物质化学品提供一套国家决策程序。

3. 《鹿特丹公约》管控的化学物质主要有哪些？

《鹿特丹公约》在附件III中列出了需要采用事先知情同意（PIC）程序的公约管制化学品清单，纳入清单的化学品包括因健康或环境影响被两个或更多缔约国禁止或严格限制使用的工业化学品、农药和极危险的农药制剂以及经缔约方大会讨论决定实行 PIC 程序的工业化学品、农药和极危险的农药制剂。

公约管控的化学品包括某一缔约方因人类健康环境因素禁用或严格限用的农药和工业化学品；或在发展中国家或经济转型国家缔约方的使用条件下导致危害或事故的极为危险的农药制剂都可以被纳入。所有的管控化学品需要纳入公约的附件III来执行事先知情同意程序。到目前为止，总共有 55 类化学品，36 类农药（包括 3 类极为危险的农药制剂），18 种类工业化学品，1 种类农药/工业化学品。一类包括很多种，苯的清单中就包括 500 种；第 1 类，2,4,5-涕及盐类脂类就包括很多种；第 29 类，三丁基锡化合物也包括三丁基氧化锡、三丁基氯化锡等很多种；石棉有 5 种。各缔约国可以根据已掌握的最新数据和资料向公约秘书处提出关于增补管控化学品清单的提案。

7　《关于保护臭氧层的维也纳公约》和《关于消耗臭氧层物质的蒙特利尔议定书》

1. 《关于消耗臭氧层物质的蒙特利尔议定书》的主要目标是什么？

《关于消耗臭氧层物质的蒙特利尔议定书》旨在保护人类健康和环境免受可能破坏臭氧层的人类活动造成的不利影响。

2. 《关于消耗臭氧层物质的蒙特利尔议定书》的主要受控物质有哪些？

《关于消耗臭氧层物质的蒙特利尔议定书》的受控物质以附件 A 的形式表示。规定的受控物质有两类共 8 种。第一类为 5 种 CFCs；第二类为 3 种哈龙。其中氯氟碳化合物（chioroforocarbons，CFCs）又称氯氟烃，是一类只含有氯、氟和碳的有机物。代表性物质是三氯氟甲烷。属于氟利昂（Freons）中的一类物质，用作制冷剂、压缩喷雾喷射剂、发泡剂。

3. 《关于消耗臭氧层物质的蒙特利尔议定书》经过了几次修正和调整？

《蒙特利尔议定书》至今已经过了 5 次修正及若干次调整。

A. 伦敦修正案（1990 年）

该修正案主要补充和完善了以下内容：①扩展受控物质清单：增加了对多种新的消耗臭氧层物质（ODSs）的管制，包括哈龙（halon）、四氯化碳（carbon tetrachloride，CCl₄）、甲基氯仿（methyl chloroform，CH₃CCl₃）以及其他几种氯氟烃（CFCs）的同系物。②提前淘汰目标：加速了对某些 CFCs 和哈龙的淘汰时间表，要求较原议定书更早地削减其生产和消费。③引入豁免机制：为特定的必要用途（如航空安全、医疗设备消毒等）设立了豁免条款，允许在一定条件下继续使用某些 ODSs。④引入贸易条款：禁止缔约国从非缔约国进口 ODSs，以防止 ODSs 生产和消费的转移。

B. 哥本哈根修正案（1992 年）

该修正案主要补充和完善了以下内容：①进一步扩展受控物质：新增了更多种类的 CFCs、哈龙、四氯化碳和甲基氯仿的同系物，以及全氟碳化物（PFCs）和六氟化硫（SF₆）作为受控物质。②强化削减目标：进一步收紧了对原有受控物质的削减要求，设定了更为严格的削减时间表。③建立财务机制：正式确立了"多边基金"（Multilateral Fund），为发展中国家提供资金和技术支持，帮助它们实现议定书规定的削减目标。

C. 蒙特利尔修正案（1997 年）

该修正案主要补充和完善了以下内容：①加速淘汰进程：再次提前了对 CFCs 和哈龙的淘汰时间表，要求工业化国家提前至 1996 年开始逐步淘汰 CFCs，比原计划提前了四年。②加强监管：引入了严格的许可证制度，要求缔约国对 ODSs 的进出口实施许可证管理，以监控和控制 ODSs 的国际贸易。③增加透明度：强化了缔约国的数据报告要求，确保各国对其 ODSs 生产和消费数据进行准确、及时的汇报。

D. 北京修正案（1999 年）

该修正案主要补充和完善了以下内容：①重点关注甲基溴：显著增加了对甲基溴（methyl bromide，CH₃Br）的管制力度，这是一种广泛用于农业土壤消毒和仓储熏蒸的强效 ODSs。该修正案设定了更为严格的削减目标和淘汰时间表。②强化非缔约国贸易限制：进一步限制了与非缔约国的 ODSs 贸易，要求缔约国不得出口受控物质到非缔约国，除非后者能证明这些物质将仅用于非消耗臭氧层的用途。③加强合规机制：强化了对缔约国遵约情况的监督和处理机制，包括设立遵约委员会以协助解决不遵约问题。

E. 基加利修正案（2016 年）

该修正案主要补充和完善了以下内容：①纳入 HFCs 管控：将氢氟碳化物（HFCs）纳入议定书管控范围，以应对气候变化。②分组分类削减：根据经济发展水平设定分组分类削减目标。发达国家（A 组）承担最早的削减义务，而发展中国家（B、C 组）则有更长的过渡期。③技术援助与资金支持：通过《蒙特利尔议定书》多边基金，帮助发展中国家过渡到低全球升温潜能值（low-GWP）的替代品，以实现减排承诺。④过渡性豁免：允许过渡性豁免，确保如医疗设备、航空航天等必要用途不受影响。⑤报告与合规机制：缔约国需定期报告 HFCs 的生产和消费数据，确保各国遵守削减承诺。

8 《联合国气候变化框架公约》及相关多边协定

1.《联合国气候变化框架公约》的主要目标是什么？

主要目标是稳定大气中温室气体浓度，使其达到一个水平，防止气候系统受到危险的人为干扰。具体而言，该目标应在足够的时间范围内实现，以确保生态系统有足够的时间适应气候变化，并确保粮食生产不受到威胁，同时促进可持续的经济发展。公约特别关注发达国家和发展中国家在应对气候变化上的共同但有区别的责任。

2.《京都议定书》及其修正案的主要目标是什么？

通过设定具有法律约束力的减排目标，减少发达国家和经济转型国家的温室气体排放，以应对全球气候变暖。具体而言，《京都议定书》要求在第一承诺期（2008～2012 年），缔约方的温室气体排放量相较于 1990 年的水平平均减少约 5.2%。修正案（即多哈修正案）则设定了第二承诺期（2013～2020 年）的减排目标，继续推动发达国家履行减排承诺，以应对气候变化带来的长期影响。

3.《巴黎协定》的主要目标是什么？

《巴黎协定》确立了 2020 年后全球应对气候变化国际合作的制度框架，规定了全球温升幅度的限制和温室气体减排的长期目标，确定了全球平均气温较工业化前水平升高幅度控制在 2℃之内的目标，并提出把升温控制在 1.5℃之内的新目标。《巴黎协定》是一份全面、均衡、有力度、体现各方关切的协定，是继《联合国气候变化框架公约》和《京都议定书》后，国际气候治理历程中第三个具有里程碑意义的文件。

9 《生物多样性公约》及相关多边协定

1.《生物多样性公约》的主要目标是什么？

《生物多样性公约》的主要目标包括：①保护生物多样性；②可持续利用生物多样性的组成成分；③以公平合理的方式共享遗传资源的商业和其他形式的利用。公约的目标涵盖广泛，涉及人类未来的重大问题，成为国际法中的重要里程碑。

2.《生物多样性公约》主要包括哪些议定书？

该公约的议定书包括《卡塔赫纳生物安全议定书》《关于获取遗传资源和公正

和公平分享其利用所产生惠益的名古屋议定书》《卡塔赫纳生物安全议定书关于赔偿责任与补救的名古屋–吉隆坡议定书》等。

3.《昆明–蒙特利尔全球生物多样性框架》的主要目标是什么？

《昆蒙框架》立足于"与自然和谐共生"的"2050 愿景"，以"到 2030 年使生物多样性走上恢复之路"为使命，制定了四项长期目标，并在生物多样性保护、可持续利用、公平公正地惠益分享及主流化工具和解决方案三方面提出了 23 个具体行动目标。其中，最受关注的行动目标是，到 2030 年，至少 30%的陆地、内陆水域、海岸带和海洋区域得到有效保护（即"3030"目标）。

10　《联合国防治荒漠化公约》

1.《联合国防治荒漠化公约》的主要目标是什么？

该公约的目的包括以下三个方面：

（1）防止土地的荒漠化和土地退化：通过采取综合的土地管理措施，减少土地的退化和荒漠化，维护土地的生产力和可持续利用。

（2）恢复受荒漠化和土地退化影响的土地：通过恢复和改善荒漠化和土地退化的土地，增加土地的生产力和可持续性。

（3）加强抗干旱能力：提高地区和国家抵御干旱影响的能力，减少干旱对生计、生态系统和经济的负面影响。

2.《联合国防治荒漠化公约》的原则和主要义务是什么？

公约的原则包括以下四个方面：①缔约方应确保公众和地方社区参与防治荒漠化和/或缓解干旱影响方案的设计和实施决策，并在更高层级为国家和地方行动创造支持性环境。②缔约方应本着国际团结与伙伴关系的精神，改善分区域、区域和国际的合作与协调，更有效地集中资金、人力、组织和技术资源用于有需要的地区。③缔约方应在各级政府、社区、非政府组织和土地所有者之间建立合作，以更好地理解受影响地区土地和稀缺水资源的性质和价值，并努力以可持续的方式利用这些资源。④缔约方应充分考虑到受影响的发展中国家，特别是最不发达国家的特殊需求和状况。

公约的部分义务主要分为四类：①一般义务：采取措施治理荒漠化，加强各方合作，并为受影响的发展中国家提供援助。②受影响国家的义务：优先关注防治荒漠化和缓解干旱的影响，重视社会经济影响，加强教育并完善相关法律法规。③发达国家的义务：支持受影响的发展中国家缔约方，提供资金、技术等支持。④非洲国家的优先地位：考虑到非洲地区的特殊情况，缔约方在履行公约时应优先关注受影响的非洲国家缔约方，同时也需顾及其他受影响的区域发展中国家缔约方。

3.《中国履行〈联合国防治荒漠化公约〉国家行动方案（2005—2010）》的战略目标是什么？

其具体的战略目标是：力争到 21 世纪中叶，建成稳定的生态防护、高效的沙产业和完备的生态环境保护与资源开发利用的体系，整治好全国的可治理荒漠化地区，使荒漠化地区实现人口、资源、环境与国民经济协调发展[17]。其目标分"三步走"：

近期目标：从现在起到 2010 年，完成治理荒漠化土地 2200 万公顷，新增林网化面积 170 万公顷，在风蚀荒漠化地区封育保护面积 372 万公顷，重点治理一批影响较大、危害较为严重的荒漠化土地，控制人为因素产生新的荒漠化，遏制荒漠化的扩展趋势，重点治理区生态状况明显改善。

中期目标：2011～2020 年，用 10 年左右的时间，完成治理荒漠化土地 2000 万公顷，新增林网化面积 120 万公顷，封沙育林育草 1100 万公顷，重点是完善生态防护林体系，形成初具规模的沙产业体系，荒漠化地区生态环境有较大的改善。

远期目标：到 2050 年，治理开发荒漠化土地 3500 万公顷，新增林草面积 3400 万公顷，新增林网化面积 180 万公顷，封沙育林育草面积 1900 万公顷，适宜的荒漠化土地基本得到治理，重点是建设比较完备的生态防护体系和比较发达的沙产业体系，使荒漠化地区的生态环境有极为明显的改善。